"十三五"国家重点出版物
出版规划项目

现代生物质能高效利用技术丛书

广州市科学技术协会
广州市南山自然科学学术交流基金会   资助出版
广州市合力科普基金会

Efficient Utilization Technology of Modern Biomass Energy

生物质厌氧发酵制备生物燃气技术

袁振宏 等编著

U0194361

BIOGAS
PRODUCTION
TECHNOLOGY
FROM ANAEROBIC
DIGESTION OF BIOMASS

化学工业出版社
·北京·

本书为"现代生物质能高效利用技术丛书"中的一个分册,在概述生物燃气、生物质的定义及特点、厌氧发酵微生物学的基础上,详细介绍了生物质燃气制备的厌氧发酵工艺、生物燃气的利用工艺、厌氧发酵剩余物利用技术及工艺,最后分析了我国生物燃气政策与产业现状。

　　本书具有较强的技术性、可操作性和针对性,可供从事生物燃气基础研究、技术开发、工程建设的科研技术人员、工程人员参考,也可供高等学校生物工程、能源工程、再生资源科学与工程及相关专业师生参阅。

图书在版编目（CIP）数据

生物质厌氧发酵制备生物燃气技术/袁振宏等编著. —北京：
化学工业出版社，2020.7
（现代生物质能高效利用技术丛书）
ISBN 978-7-122-36470-8

Ⅰ.①生…　Ⅱ.①袁…　Ⅲ.①生物能源-制备　Ⅳ.①TK6

中国版本图书馆 CIP 数据核字（2020）第 051000 号

责任编辑：刘兴春　刘　婧　　　　　文字编辑：汲永臻
责任校对：王素芹　　　　　　　　　装帧设计：尹琳琳

出版发行：　化学工业出版社
　　　　　　　（北京市东城区青年湖南街 13 号　邮政编码 100011）
印　　装：北京新华印刷有限公司
787mm×1092mm　1/16　印张 15½　字数 321 千字
2020 年 7 月北京第 1 版第 1 次印刷

购书咨询：　010-64518888
售后服务：　010-64518899
网　　址：　http://www.cip.com.cn
凡购买本书，如有缺损质量问题，本社销售中心负责调换。

定　　价：　86.00 元

　　随着我国对能源结构优化、生态环境保护的需求，寻求可替代的清洁能源已成为重要的能源发展战略。有机废弃物厌氧发酵制备生物燃气同步实现了能源化、资源化和无害化利用，在减少环境污染、补充常规能源等方面发挥了重要的作用。

　　我国政府对沼气发展给予了高度重视。2017年国家发展和改革委员会发布了《全国农村沼气发展"十三五"规划》，对"十三五"期间我国农村沼气发展提出了总体发展目标。规划指出到2020年将新建规模化生物天然气工程172个、规模化大型沼气工程3150个、认定果（菜、茶）-沼-畜循环农业基地1000个，供气供肥协调发展新格局基本形成。沼气和生物天然气作为畜禽粪便等农业废弃物主要处理方向的作用更加突出，基本解决大规模畜禽养殖场粪污处理和资源化利用问题。

　　本书通过国内外文献资料与笔者及团队多年的科研成果和工程实践相结合，从生物燃气制备的产业链出发，系统介绍了生物燃气制备原料、发酵工艺及装置、高值化利用工艺及装置、剩余物生态化利用技术，同时也从微观角度详述了发酵工艺中涉及的微生物及其代谢产甲烷途径，集宏观与微观、技术与工程、单元及系统于一体，使图书具有较强的知识性、系统性、实用性和针对性。全书共分为7章：第1章概述了生物燃气基本性质，并介绍了国内外生物燃气发展现状；第2章系统介绍了目前可用的生物质资源及其估算方法；第3章介绍了厌氧发酵涉及的不同微生物种类及其相关代谢途径；第4章介绍了生物燃气制备过程中涉及的相关调控工艺及设备；第5章介绍了生物燃气高值化利用技术，主要涉及脱硫、脱氧及脱碳工艺；第6章介绍了厌氧发酵剩余物沼液、沼渣的理化性质及其利用途径；第7章介绍了我国生物燃气政策与产业现状。

　　本书编著者为来自中国科学院广州能源研究所的科研人员，具体分工如下：第 1 章由袁振宏编著；第 2 章由孔晓英编著；第 3 章由李连华和李颖编著；第 4 章由孙永明和邢涛编著；第 5 章由甄峰编著；第 6 章由胡克勤和张宇编著；第 7 章由王瑶编著。全书最后由袁振宏统稿并定稿。

　　鉴于本书编著时间及编著者专业方面的局限，编著过程中难免存在疏漏和不足，衷心期望广大读者对书中不足给予指正，让我们共同努力，促进我国生物燃气技术和产业的发展。

编著者

2019 年 12 月

第 4 章
_____ 093
生物燃气制备的厌氧发酵工艺

第 5 章 ——————————————————————————135

生物燃气的利用工艺

第 6 章 ——————————————————————————183

厌氧发酵剩余物利用技术及工艺

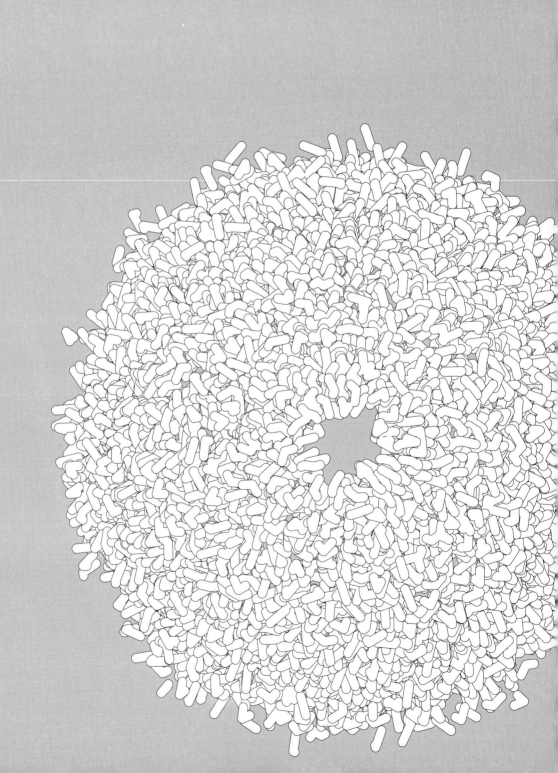

第
1
章

生物燃气概述

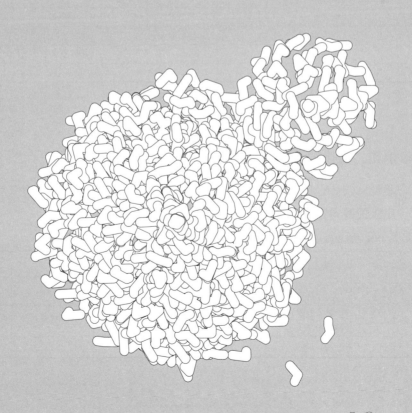

有机物在厌氧和其他适宜条件下，经微生物分解代谢，产生的富含甲烷的清洁可再生气体，我们称之为生物燃气。

1.1 生物燃气的组成与性质

生物燃气是一种混合气体，主要成分为甲烷（CH_4）和二氧化碳（CO_2），同时含有少量如硫化氢（H_2S）等杂质[1,2]。

生物燃气的基本特性如表 1-1 所列。

表 1-1 生物燃气的基本特性

组成	55%～70%甲烷 30%～45%二氧化碳 其他微量气体成分
能量	$6.0～6.5kW \cdot h/m^3$
燃烧当量	$0.60～0.65L/m^3$（油/生物燃气）
爆炸极限	6%～12%生物燃气
燃点温度	650～750℃
临界压力	75～89bar
临界温度	−82.5℃
气味	臭鸡蛋味
摩尔质量	16.043kg/kmol

注：$1bar = 10^5 Pa$，下同。

1.1.1 甲烷和二氧化碳

甲烷（CH_4）是生物燃气的主要成分，当 CH_4 含量高于 45% 时具有可燃性。

甲烷的基本特性如表 1-2 所列。

表 1-2 甲烷的基本特性

熔点/℃	沸点/℃	溶解度 （常温常压）	饱和蒸气压 /kPa	相对密度 （空气=1,标态）	临界温度/℃
−182.50	−161.50	0.03	53.32(−168.80℃)	0.5548	−82.60
临界压力/MPa	爆炸上限 （体积分数）/%	爆炸下限 （体积分数）/%	闪点/℃	引燃温度/℃	燃烧热/(kJ/mol)
4.59	15.40	5	−188	538	890.31

二氧化碳（CO_2）是生物燃气中主要的杂质成分，CH_4 和 CO_2 的含量取决于所使用的原料种类及发酵工艺。

CH_4 和 CO_2 含量变化对生物燃气主要特性参数影响见表 1-3。

表 1-3　CH_4 和 CO_2 含量变化对生物燃气的主要特性参数影响

特性参数		CH_4 与 CO_2 含量		
		$CH_4 50\%$ $CO_2 50\%$	$CH_4 60\%$ $CO_2 40\%$	$CH_4 70\%$ $CO_2 30\%$
密度/(kg/m^3)		1.374	1.221	1.095
相对密度		1.042	0.994	0.847
热值/(kJ/m^3)		17937	21542	25111
理论空气量/(m^3/m^3)		4.760	5.710	6.670
理论烟气量/(m^3/m^3)		6.763	7.914	9.067
火焰传播速度/(m/s)		0.152	0.198	0.243
理论燃烧温度/℃		1807.20～1943.50		
爆炸极限	上限	9.25	8.80	7.00
	下限	26.10	24.44	20.13

生物燃气中 CH_4 和 CO_2 含量可通过适当手段调控，具体如下：
① 添加长链碳水化合物，如富含脂肪的物质可提高生物燃气质量；
② 反应器内高水分含量可提高 CO_2 溶解性，降低生物燃气中 CO_2 含量；
③ 高压可提高 CO_2 在水中的溶解性，高温发酵则降低 CO_2 溶解性。

1.1.2　氮气、氧气、一氧化碳、氨气和硫化氢

通常，生物燃气中氮气（N_2）和氧气（O_2）的含量为 4∶1，主要由通风去除硫化氢（H_2S）时引入的空气所导致，同时气体管道密封性较差时也会渗入少量空气。

一氧化碳（CO）浓度通常低于检测限（0.2% 体积分数）。

氨（NH_3）浓度与原料有关。通常生物燃气中 NH_3 浓度低于 $0.1mg/m^3$，但对某些原料 NH_3 浓度可达到 $1～1.5mg/m^3$，尤其是畜禽养殖粪污或废弃物中 NH_3 含量高于 150mg/L，将严重影响生物燃气燃烧及发电机寿命。

硫化氢（H_2S）浓度与发酵工艺和原料有关。通常生物燃气中 H_2S 浓度高于 0.2%（体积分数），且浓度波动较大。由于 H_2S 对生物燃气下游工艺危害较大，在工程上需添加脱硫单元。

1.1.3 其他气体

通常，生物燃气中氯、氟和硫醇浓度低于检测限（$0.1mg/m^3$）。苯、甲苯、乙苯、二甲苯和异丙基苯浓度也低于检测限（$0.1mg/m^3$），偶尔可检测到甲苯。多环芳烃（PAH）浓度在 $0.01\sim0.03\mu g/m^3$。

硅氧烷是生物燃气中的一类特殊物质。硅氧烷较多应用于化妆品、洗涤剂、印刷油墨和建筑材料，因此随着生活垃圾和污水进入厌氧处理工程中，故可在污水处理工程、填埋气或者含有这些物质的混合发酵工程中检测到高浓度的硅氧烷，其浓度甚至超过生物燃气热电联产工程中建议的聚硅氧烷限制值（$0.2mg/m^3$）。

1.2 国内外生物燃气发展

1.2.1 中国生物燃气发展

生物燃气在我国有着较长的发展历史和广泛的应用基础。我国生物燃气工程建设起步于 20 世纪 70 年代，经历了仓促发展与回落阶段、稳步发展的过渡阶段、快速多功能开发的发展阶段[3]。

我国生物燃气发展历程见图 1-1。

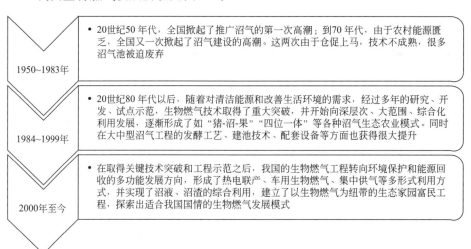

1950~1983年	• 20世纪50年代，全国掀起了推广沼气的第一次高潮；到70年代，由于农村能源匮乏，全国又一次掀起了沼气建设的高潮。这两次由于仓促上马，技术不成熟，很多沼气池被迫废弃
1984~1999年	• 20世纪80年代以后，随着对清洁能源和改善生活环境的需求，经过多年的研究、开发、试点示范，生物燃气技术取得了重大突破，并开始向深层次、大范围、综合化利用发展，逐渐形成了如"猪-沼-果""四位一体"等各种沼气生态农业模式。同时在大中型沼气工程的发酵工艺、建池技术、配套设备等方面也获得很大提升
2000年至今	• 在取得关键技术突破和工程示范之后，我国的生物燃气工程转向环境保护和能源回收的多功能发展方向，形成了热电联产、车用生物燃气、集中供气等多形式利用方式，并实现了沼液、沼渣的综合利用，建立了以生物燃气为纽带的生态家园富民工程，探索出适合我国国情的生物燃气发展模式

图 1-1 我国生物燃气发展历程

　　《全国农村沼气发展"十三五"规划》中，截至 2015 年年底，由中央和地方投资支持建成各类型沼气工程达到 110975 处（表 1-4），原料主要有畜禽粪便（含部分冲洗水）、秸秆、能源草、酒糟、餐厨垃圾、果蔬或其他有机废弃物等，主要用作车用燃料、居民、工业用气；并提出到 2020 年新建规模化生物天然气工程 172 个、规模化大型沼气工程 3150 个，认定果（菜、茶）-沼-畜循环农业基地 1000 个。

表 1-4　2015 年我国各类型沼气工程数量

沼气工程		数量/处
按规模分	中小型	103898
	大型	6737
	特大型	34
按原料分	以秸秆为主要原料的沼气工程	458
	以畜禽粪污为主要原料的沼气工程	110517
	工业废弃物沼气工程	306

　　2000～2016 年中国沼气工程发展情况如图 1-2 所示。

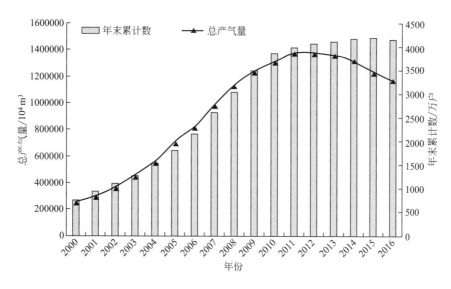

图 1-2　2000～2016 年中国沼气工程发展情况

　　在《可再生能源发展"十三五"规划》中指出，以县为单位建立产业体系，开展生物天然气示范县建设，到 2020 年建设生物天然气示范县 160 个，积极推进生物天然气技术进步和工程建设现代化。

1.2.2 欧洲生物燃气发展

德国、瑞典、丹麦等欧洲国家是当前世界上生物燃气模式发展较为成熟和完善的国家。

欧洲生物燃气的初期发展历程如图 1-3 所示。

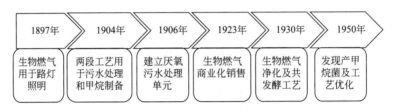

1897年	1904年	1906年	1923年	1930年	1950年
生物燃气用于路灯照明	两段工艺用于污水处理和甲烷制备	建立厌氧污水处理单元	生物燃气商业化销售	生物燃气净化及共发酵工艺	发现产甲烷菌及工艺优化

图 1-3 欧洲生物燃气初期发展历程

20 世纪 70～80 年代，能源危机将原油价格从 50.16 美元/桶抬升至 110.53 美元/桶。生物燃气作为一种可再生能源，需求量开始增加。如德国先后在 1991 年和 1994 年实施了《电力入网法》（Electricity Supply Law，StrEG）和《废弃物处理法》（Closed Substance Cycle Waste Management Act），鼓励可再生能源发电并网，并增加了废物处理成本，从而推进了生物燃气技术发展及应用化进程[4,5]。2000 年，德国出台了《可再生能源法》，是第一部关于可再生能源的专门法律，确定了沼气工程发电上网的电价补贴机制（Feed-in Tariff 或 FIT），即电网必须优先购买可再生能源电力，该法案自颁布到 2017 年已修改五次，对沼气产业发电数量、总装机容量、能源作物种植面积及种植量、政策补贴、市场化程度等方面均产生了重大影响，也推动了德国生物燃气工程发展（见图 1-4）。截至 2016 年德国共有 10344 处沼气-热电联产厂，装机容量为 4538MW，沼气发电量为 333689GW·h。

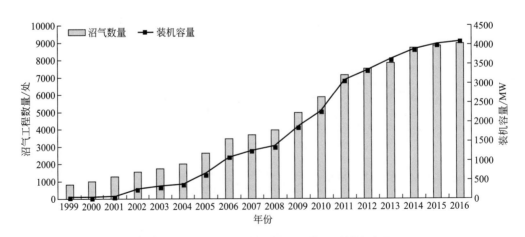

图 1-4 1996～2016 年德国沼气工程数量及其装机容量

参考文献

[1]　王飞，蔡亚庆，仇焕广. 中国沼气发展的现状、驱动及制约因素分析 [J]. 农业工程学报，2012，8（1）: 184-189.

[2]　Dieter Deublein, Angelika Steinhauser. Biogas from Waste and Renewable Resources [M]. Weinheim: Wiley-VCH Verlag GmbH& Co. KGaA, 2008.

[3]　贾敬敦，马隆龙，蒋丹平，等. 生物质能源产业科技创新发展战略 [M]. 北京: 化学工业出版社，2014.

[4]　乔玮，李冰峰，董仁杰，等. 德国沼气工程发展和能源政策分析 [J]. 中国沼气，2016，34（3）: 74-80.

[5]　徐慧，韩智勇，吴进，等. 中德沼气工程发展过程比较分析 [J]. 中国沼气，2018，36（4）: 101-108.

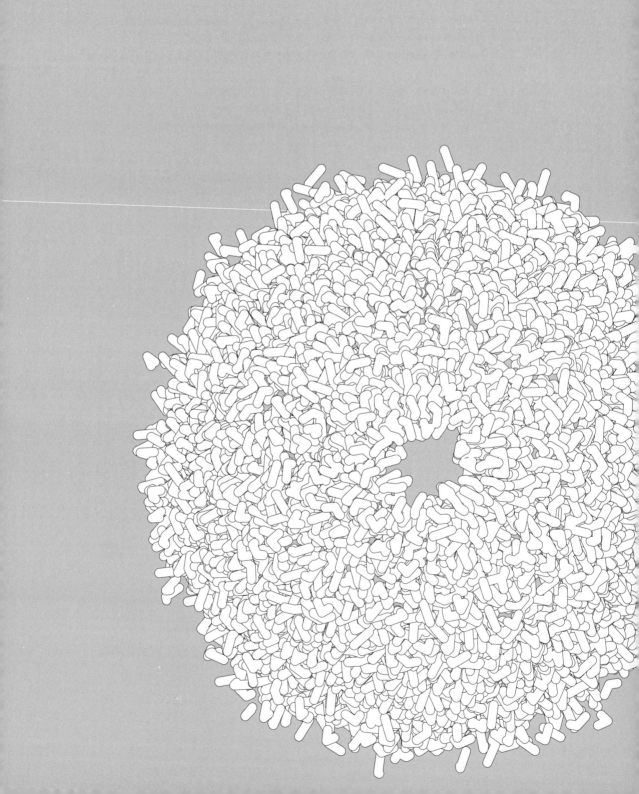

第
2
章

生物质的定义及特点

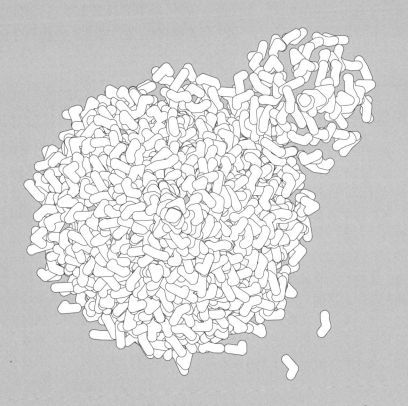

2.1 生物质概述

2.1.1 生物质定义

光合作用指绿色植物利用空气中的二氧化碳（CO_2）和土壤中的水（H_2O），将太阳能转换为碳水化合物等化学能储存起来并释放氧气的过程，其过程如下：

$$x CO_2 + y H_2O \longrightarrow C_x(H_2O)_y + x O_2$$

生物质则是指由光合作用而产生的各种有机体，是有机物中除化石燃料外的所有来源于动植物可再生的物质。生物质能则是以生物质为载体将太阳能以化学能形式贮存在生物中的一种能量形式。在各种可再生能源中，生物质是独特的、唯一可再生的碳源，具有可再生、储量巨大、分布广泛、低硫、低氮、生长快、二氧化碳"零"排放的特点。

地球上的植物每年通过光合作用固碳量达 2×10^{11} t，含能量达 3×10^{21} J，相当于全世界每年消耗能量的 10 倍。生物质遍布世界各地，其蕴藏量极大，仅地球上的植物，每年的生产量就相当于目前人类消耗矿物能的 20 倍，或相当于世界现有人口食物能量的 160 倍。虽然不同国家单位面积生物质的产量差异很大，但地球上每个国家都有某种形式的生物质。在世界能耗中，生物质能是继煤、石油和天然气的第四位能源，约占总消耗的 14%，在不发达地区占 60% 以上，全世界约 25 亿人生活能源的 90% 以上是生物质能[1]。

2.1.2 生物质的特点

生物质能蕴藏量巨大，只要有阳光照射，绿色植物的光合作用就不会停止，生物质能也就永远不会枯竭。特别是在大力提倡植树、种草、合理采樵、保护自然环境的情况下，植物将会源源不断地供给生物质资源。

与矿物能源相比，生物质在燃烧过程中，对环境污染小。生物质挥发分高、碳活性高、易燃、灰分含量低。在 400℃ 左右的温度下大部分挥发分可释出，而煤在 800℃ 时才释放出 30% 左右的挥发分。生物质燃烧后灰分少，不易黏结，可简化除灰设备。生物质中含硫量一般少于 0.2%，而煤的含硫量一般为 0.5%～1.5%，硫在燃烧过程中产生的二氧化硫，是酸雨形成的主要原因，这正是煤燃烧所带来的最主要的环境问题。生物质燃烧时排放的氮氧化物和烟尘比煤少，同时产生的二氧化碳又可被等量生长的植物光合作用所吸收，实现二氧化碳"零"排放。这对减少大气中的二氧化碳含量，降低"温室效应"极为有利。

在可再生能源中，生物质是唯一可以储存与运输的能源，这给其加工转换与连续使用带来一定的方便。

生物质能源也有其弱点，从质量密度的角度来看，与矿物能源相比，生物质是能量密度低的低品位能源。重量轻、体积大，给运输带来一定难度，同时由于风、雨、雪、火等外界因素，生物质的保存是目前亟待解决的问题。

2.1.3 生物质原料类型

世界上生物质资源数量庞大，形式繁多，通常包括：木材及林产加工业废弃物、农业废弃物、禽畜粪便和工业生产有机废水及生活污水，城镇固体有机垃圾及能源植物。但是能够作为能源用途的生物质才属于生物质能资源，其基本条件是资源的可获得性和可利用性。按原料的化学性质分，生物质能资源主要包括糖类、淀粉和木质纤维素物质；按原料来源分，则主要包括以下几类：

① 农业生产废弃物，主要为作物秸秆；

② 薪柴、枝丫柴和柴草；

③ 农林加工废弃物，木屑、谷壳和果壳；

④ 人畜粪便和生活有机垃圾等；

⑤ 工业有机废弃物，有机的废水和废渣等；

⑥ 能源植物，包括所有可作为能源用的作物、林木和水生植物资源等。

（1）废弃生物质资源丰富，清洁高效能源化利用前景广阔

我国是一个农业大国，在稻谷、麦子、玉米、豆类、块茎作物、棉花和甘蔗等农作物生产过程中产生大量的农作物秸秆，目前仍未得到合理利用，许多地区还因就地焚烧而污染环境，是我国潜在生物质资源的重要来源之一。森林砍伐和加工剩余物等林业生物质资源的高效能源化利用水平也很低。另外，畜禽粪便、有机废水等废弃物也普遍存在资源化利用水平低下、污染严重等问题。这些废弃生物质资源的清洁高效利用具有广阔的发展前景。

（2）能源作物、林木具有规模化发展潜力

能源作物、林木是指主要用作能源用途的能源作物、林木，主要是优质高产淀粉、糖类、油料和纤维素类农作物、林木。我国已在选择培育甜高粱、木薯、麻疯树、灌木林等能源作物/林木方面开展了积极工作，取得明显成效，可望实现规模化发展能源农业及能源林业，以夯实扩大生物质资源基础。

其中，各类农林、工业和生活有机废弃物是目前生物质能利用的主要原料，主要提供纤维素类原料。能源植物包括糖类、淀粉和纤维素类原料，是未来建立生物质能工业的主要资源。目前，发达国家对发展能源植物已有实践经验，但距离成为真正的生物质资源还相当遥远，是今后生物质资源发展的主要方向[2]。

2.2 生物质资源量估算方法

生物质资源很分散，随自然条件、生产情况的变化而变化，难以准确地统计出来，目前还只能用估算的方法粗略地计算它的资源量。

2.2.1 农作物资源

农作物秸秆资源量是以农作物产品的产量进行推算的，并且先得宏观地确定产品与秸秆的质量比值，表 2-1 列出常见农作物的经验草谷比。比如产出 1kg 玉米，估计就有 1.04kg 玉米秸秆产生，其草谷比（产率）为 2。农作物秸秆资源量用下式估算[3]：

$$S_n = \sum_{i=1}^{n} S_i d_i \tag{2-1}$$

式中　S_n——秸秆资源量，10^4 t；

　　　i——1,2,3,…,n，资源品种编号；

　　　S_i——第 i 种作物产量，10^4 t；

　　　d_i——第 i 种农作物谷草比（产率），kg/kg。

表 2-1　常见农作物的经验草谷比　　　　　　　　　　　　　　　　单位：kg/kg

作物种类	稻谷	小麦	玉米	豆类	薯类	花生	油料
草谷比	1	1.17	1.04	1.6	0.57	1.14	2.0
作物种类	高粱	棉花	杂粮	麻类	糖类	其他	
草谷比	1.0	3.0	1.0	2.0	0.43	1.0	

2.2.2 薪柴资源

薪柴的来源有 3 种情况：

① 森林采伐和木材加工的剩余物，可用作燃料量按原木产量的 1/3 估算；

② 薪炭林、用材林、防护林、灌木林、疏林的收取或育林剪枝，按林地面积统计放柴量；

③ 四旁树（田旁、路旁、村旁、河旁的树木）的剪枝，按树木株数统计产

柴量。

表 2-2 列出不同地区和不同林地的取柴系数和产柴率。假设有一片较大的地域范围，里面有几个区域，上述情况②和③中各种林木在不同的区域里拥有不同的情况，统计这片地域范围的薪柴资源量，可用下式估算[4]：

$$S_{\mathrm{x}} = \left[\sum_{i=1}^{n}\sum_{j=1}^{m}(F_{ij}B_{ij}Q_{ij} + T_{ij}X_{ij}Y_{ij})\right] + \frac{1}{3}W \tag{2-2}$$

式中　S_{x}——统计地域范围的薪材资源量，10^4 t；

　　　i——$i = 1,2,3,\cdots,n$，统计范围内的区域类别；

　　　j——$j = 1,2,3,\cdots,m$，i 区域内的林地种类，有薪炭林、防护林等种林地；

　　　F_{ij}——在第 i 区域内第 j 种林地所占的面积，10^4 hm^2；

　　　B_{ij}——在第 i 区域内第 j 种林地的产柴率（每公顷一年产柴量），kg/hm^2；

　　　Q_{ij}——在第 i 区域内第 j 种林地可取薪柴面积系数（取柴系数）；

　　　T_{ij}——在第 i 区域内第 j 种四旁林产柴率（每株一年产柴量），kg/株；

　　　X_{ij}——第 i 区第 j 种四旁树株数，万株；

　　　Y_{ij}——第 i 区第 j 种四旁树取柴系数；

　　　W——表示地域范围内年原木产量；

　　　1/3——从原木到加工成才剩余物的比例。

表 2-2　不同地区和不同林地的取柴系数和产柴率

林　　种	南方地区		平原地区		北方地区	
	取柴系数	产柴率/(kg/hm^2)	取柴系数	产柴率/(kg/hm^2)	取柴系数	产柴率/(kg/hm^2)
薪炭林	1.0	7500	1.0	7500	1.0	3750
用材林	0.5	750	0.7	750	0.2	600
防护林	0.2	375	0.5	375	0.2	375
灌木林	0.5	750	0.7	750	0.3	750
疏林	0.5	1200	0.7	1200	0.3	1200
四旁树	1.0	2kg/株	1.0	2kg/株	1.0	2kg/株

2.2.3　人畜粪便资源

人畜粪便资源量，是以人口数、禽畜存栏数、年平均排泄量为基础进行估算，在计算儿童、幼畜的粪便资源量时，要乘以成幼系数，表 2-3 所列为成年人、畜禽每年粪便排泄量中干物质成分的大体数值及成幼系数。统计公式如下[1]：

$$C = \sum_{i=1}^{n}P_iA_i + \sum_{i=1}^{n}R_iA_iB_i \tag{2-3}$$

式中　C——人畜粪便资源量，10^4 t；

　　　i——$i=1,2,3,\cdots,n$，为人、猪、牛……类别数；

　　　P_i——i 种生产资源的成人、成畜数量；

　　　A_i——i 种生产资源的每成人、每成畜年排泄粪便量，10^4 t；

　　　R_i——i 种生产资源的儿童、幼畜数量；

　　　B_i——i 种生产资源的儿童、幼畜的成幼系数。

表 2-3　成年人、畜粪便排泄量中干物质量及成幼系数

人、畜粪便	人	牛	羊	猪	马	水牛	鸡
干物质量/(kg/a)	33	1100	180	220	550	1460	37
成幼系数	0.9	0.7	0.8	0.8	0.7	0.7	0.9

2.2.4　草资源

草资源量受气候、地表状态、放牧情况、割收方式等诸多因素的影响，变化较大。要统计一片地域范围年产草量，可将此地域范围分成几种草地类型，如湿地、岭坡、山涧等分类统计后再叠加，可用下式进行估算[4]：

$$D = \sum_{i=1}^{n} G_i H_i \tag{2-4}$$

式中　D——草资源量，10^4 t；

　　　i——$i=1,2,3,\cdots,n$，统计范围内的草地类型；

　　　G_i——第 i 种类型草地面积，10^4 hm^2；

　　　H_i——第 i 种类型草地当年每公顷面积平均产草量，t/hm^2。

2.3　生物燃气制备原料

2.3.1　农业类发酵原料

2.3.1.1　废弃农作物秸秆

农作物秸秆是籽实收获后剩下的含纤维成分高的残留物，包括禾谷类作物秸秆

（如稻秸、麦秸、玉米秸、高粱秆等）、豆类作物秸秆（如大豆秆、绿豆秆、蚕豆秆、豌豆秆等）、薯类作物秸秆（如甘薯藤、马铃薯藤、红薯藤等）、油料作物秸秆（如花生秆、油菜秆、芝麻秆、胡麻秆等）、麻类作物秸秆（如红麻秆、黄麻秆、大麻秆、亚麻秆等）以及棉花、甘蔗、烟草、瓜果等多种作物的秸秆等。2017 年我国各种作物的种植面积如图 2-1 所示。

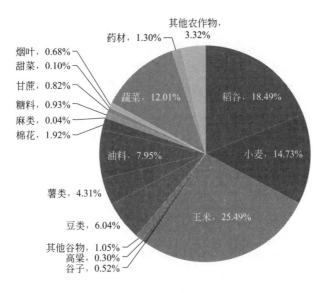

图 2-1　农作物种植面积（2017 年）

由图 2-1 可见，粮食作物占我国播种面积的 70.94％。

农作物秸秆是世界上数量最多的一种农业副产物，我国是农业大国，也是秸秆资源最为丰富的国家之一，秸秆分布主要集中在山东、河南、四川、黑龙江、河北、江苏、吉林、安徽等省。其中东北地区黑龙江以玉米秸和大豆秸为主，华南以稻草为主，西南地区以稻秸和玉米秸为主，西北地区以玉米秸、麦秸和棉花秸为主。作物秸秆总量以华东最高，其次是华中地区、东北地区和西南地区。根据国家统计局、农业部的年度统计资料，对全国及各省的粮食和经济作物的产量进行汇总，并结合谷草比例，得到我国近年各种秸秆的产量比例，如表 2-4 所列。

表 2-4　2017 年我国农作物秸秆产量和可获得量估算　　　　　　　　　　单位：亿吨

项目	稻谷	小麦	玉米	豆类	薯类	糖类	棉花	油料	麻料	其他
作物产量	2.127	1.343	2.591	0.184	0.28	1.138	0.059	0.348	0.002	0.63
秸秆产量	2.127	1.571	2.695	0.294	0.160	0.489	0.171	0.696	0.004	0.63
收集系数	0.7	0.8	0.8	0.8	0.9	0.9	1.0	1.0	1.0	1.0
可获得量	1.489	1.257	2.156	0.236	0.144	0.440	0.171	0.696	0.004	0.63

按 2018 年中国统计年鉴计算[5]，总的农作物秸秆量为 8.84 亿吨，其中稻草 2.127 亿吨，麦秆 1.571 亿吨，玉米秆 2.695 亿吨，这三种农作物秸秆量约为 6.393 亿吨，占总量的 72.32%。

农作物秸秆目前是我国比较可靠的生物质能源，其可用资源量主要取决于农作物产量、收集系数，以及还田（36.6%，为 2018 年流向数据，全书下同）、饲料（22.6%）和工业原料（4.4%）用途消耗等其他用途消耗量。按 2017 年粮食产量计算，我国秸秆资源年产量约为 8.84 亿吨，可获得量约 7.223 亿吨。扣除其他秸秆用途消耗量后，当前可用作能源用途的秸秆资源量约为 2.631 亿吨。但是，由于 6.60% 农作物秸秆已经用作农村居民生活燃料，当前实际剩余可利用农作物秸秆资源量约 2.154 亿吨（见表 2-5），折合约 1.076 亿吨标煤。

表 2-5　2017 年我国农作物秸秆流向和实际剩余可燃用资源量　　　　　　　　单位：亿吨

可获得量	各类用途消耗量			可燃用量	
	还田	饲料	造纸	实际燃用量	剩余可燃用量
7.223	2.644	1.632	0.318	0.477	2.154

从中长期分析，一方面秸秆总量仍将随着人口的增加保持增长势头；另一方面，随着农村现代化水平的提高，农作物秸秆作为现代能源资源的利用率将逐步提高。保守估计，农作物秸秆作为现代化能源的利用率年平均增长率 1%～2%，按最终总量的 60% 可用做现代能源估算，2030 年以后，可实现现代高效能源化利用的农作物秸秆资源量约 4 亿～5 亿吨实物量，折 2 亿～3 亿吨标煤。

值得指出的是，中国秸秆资源的最大特点是既分散又集中，特别是一些粮食产区几乎都是秸秆资源最富裕的地区。黑龙江、河北、山东、河南、江苏、安徽、四川、云南、广西、广东等省（自治区），其秸秆资源量几乎占全国总量的 1/2。因此，中国一些地区具备良好的规模化利用农作物秸秆的条件，但也有许多地区秸秆资源量分布密度低，导致收集半径大，难以实现规模化集中利用[2]。

2.3.1.2　林木剩余物

根据林业废弃物的统计方法，可用于能源用途的林业剩余物主要包括：森林原木采伐剩余物和木材加工剩余物，不同林地（薪炭林、用材林、防护林、灌木林、疏林等）中育林剪枝以及四旁树（田旁、路旁、村旁、河旁的树木）剪枝获得的薪材量。

（1）森林原木采伐剩余物和木材加工剩余物

根据我国"十一五"及"十二五"期间年森林采伐限额（见表 2-6），木材采伐和加工剩余物资源量为 8056 万～8176.3 万吨，折算为 4592 万～4660.5 万吨标准煤。另外，虽有禁令，而超限额和计划外采伐量仍维持较高水平，但数字较难统计[6]。

表 2-6　"十一五"及"十二五"期间年木材采伐限额及采伐、加工剩余物资源量

项　目		采伐量	出材量	出材率	加工剩余物	采伐剩余物	加工剩余物	剩余物合计		折合标煤
		$10^4\,m^3$	$10^4\,m^3$	%	%	$10^4\,m^3$	$10^4\,m^3$	$10^4\,m^3$	$10^4\,t$	$10^4\,t$
十一五	商品材	15770	9983	63.3	40	5787	3993	9780	4890	2787
	非商品材	9046	4523	50.0	40	4523	1809	6332	3166	1805
十二五	商品材	21835.9	15285.1	70.0	40	6550.8	6114	12664.8	6332.4	3609.5
	非商品材	5269.5	2634.7	50.0	40	2634.8	1053	3687.8	1843.9	1051

注：1. 取木材的平均体积密度为 $0.5g/cm^3$。

2. 林木伐区剩余物估算方式为：出材量其余的部分为采伐剩余物。商品材出材率根据国务院批准的国家林业局关于各地区年采伐限额审核意见确定。非商品材主要包括农民自用材及烧材。此处非商品材出材率取值为50%，可能会使剩余物部分估计值偏小。

3. 此处原木加工成木材产品剩余物比率取40%。但是，在计划内与计划外的木材生产中产生的大量剩余物与加工剩余物有相当一部分通过综合利用成为非单板型人造板用材，主要形成纤维板、刨花板等工业生产原料，此处全部作为剩余物处理，会使剩余物部分估计值偏大。

4. 木材的低位热值取 $4000kcal/kg$，则木材与标煤的换算系数取 0.57。

（2）不同林地中育林剪枝和四旁树剪枝获得的薪材量

根据《中国统计年鉴—2018》，第八次全国森林资源清查于 2009 年开始，到 2013 年结束，见表 2-7。历时五年，得到全国森林资源如下：全国森林面积 20768.73 万公顷，森林覆盖率 21.63%；活立木总蓄积 164.33 亿立方米，森林蓄积 151.37 亿立方米。

表 2-7　第八次全国森林资源连续清查统计数据

地区	林地面积 /$10^4\,hm^2$	森林面积 /$10^4\,hm^2$	人工林面积 /$10^4\,hm^2$	活立木总蓄积量 /$10^4\,m^3$	森林蓄积量 /$10^4\,m^3$	人工林蓄积量 /$10^4\,m^3$	天然林蓄积量 /$10^4\,m^3$
全国合计	31259	20768.73	6933.38	1643280.62	1513729.72	248324.85	1229583.97
北京	101.35	58.81	37.15	1828.04	1425.33	785.65	639.68
天津	15.62	11.16	10.56	453.98	374.03	354.89	19.14
河北	718.08	439.33	220.9	13082.23	10774.95	5683.81	5091.14
山西	765.55	282.41	131.81	11039.38	9739.12	2665.79	7073.33
内蒙古	4398.89	2487.9	331.65	148415.92	134530.48	9798.18	124732.3
辽宁	699.89	557.31	307.08	25972.07	25046.29	9487.54	15558.75
吉林	856.19	763.87	160.56	96534.93	92257.37	10397.42	81859.95
黑龙江	2207.4	1962.13	246.53	177720.97	164487.01	16423.73	148063.28
上海	7.73	6.81	6.81	380.25	186.35	186.35	0
江苏	178.7	162.1	156.82	8461.42	6470	6320.85	149.15
浙江	660.74	601.36	258.53	24224.93	21679.75	6831.76	14847.99

地区	林地面积 /$10^4 hm^2$	森林面积 /$10^4 hm^2$	人工林面积 /$10^4 hm^2$	活立木总蓄积量 /$10^4 m^3$	森林蓄积量 /$10^4 m^3$	人工林蓄积量 /$10^4 m^3$	天然林蓄积量 /$10^4 m^3$
安徽	443.18	380.42	225.07	21710.12	18074.85	9374.77	8700.08
福建	926.82	801.27	377.69	66674.62	60796.15	24853.23	35942.92
江西	1069.66	1001.81	338.6	47032.4	40840.62	11121.88	—
山东	331.26	254.6	244.52	12360.74	8919.79	8709.27	210.52
河南	504.98	359.07	227.12	22880.68	17094.56	10465.76	6628.8
湖北	849.85	713.86	194.85	31324.69	28652.97	6007.07	22645.9
湖南	1252.78	1011.94	474.61	37311.5	33099.27	14094.46	19004.81
广东	1076.44	906.13	557.89	37774.59	35682.71	15467.69	20215.02
广西	1527.17	1342.7	634.52	55816.6	50936.8	22272.16	28664.64
海南	214.49	187.77	136.2	9774.49	8903.83	2313.16	6590.67
重庆	406.28	316.44	92.55	17437.31	14651.76	3591.72	11060.04
四川	2328.26	1703.74	449.26	177576.04	168000.04	15964.49	152035.55
贵州	861.22	653.35	237.3	34384.4	30076.43	11557.35	18519.08
云南	2501.04	1914.19	414.11	187514.27	169309.19	11020.33	158288.86
西藏	1783.64	1471.56	4.88	228812.16	226207.05	156.75	226050.3
陕西	1228.47	853.24	236.97	42416.05	39592.52	2812.14	36780.38
甘肃	1042.65	507.45	102.97	24054.88	21453.97	2831.83	18622.14
青海	808.04	406.39	7.44	4884.43	4331.21	430.72	—
宁夏	180.1	61.8	14.43	872.56	660.33	317.44	5.72
新疆	1099.71	698.25	94	38679.57	33654.09	6026.66	142.15
香港	2.49	2.49	—	—	—	—	—
澳门	0.09	0.09	—	—	—	—	—
台湾	210.24	210.24	—	35874.4	35820.9		

注:"—"数据不详。

根据不同地区和不同林地类型面积以及取柴系数和产柴率等参数(见表2-2),以全国林地面积、产柴率按 $750kg/hm^2$、取柴系数 0.5 来计算,可测算出全国薪柴年产出量约为7788万吨。扣除其中薪炭林的薪柴可采则为7063万吨,排在前十位的省份(自治区)依次为云南、四川、西藏、广西、江西、湖南、广东、内蒙古、福建和黑龙江。排在前四位的西南三省(自治区)和广西合占全国薪柴总产出量的39%[7]。

综上所述,林业剩余物中的森林采伐及木材加工剩余物的实物量为8056万吨,折4592万吨标煤;不同林地产薪柴的实物量为7063万吨,折4026万吨标煤,二者合计实物量为1.5亿吨,折8618万吨标煤。

实际上,目前相当部分的林木剩余物已被利用,主要是用作为农民炊事燃料或复合木材制造业等工业原料。一方面,由于普通民用炉灶技术较落后,效率较低,污染环境,迫切需要采用高效清洁技术取而代之,以便进一步提高资源利用效率;但另一方面，森林采伐和木材加工剩余物作为加工复合木材的原料，具有较高的经济附加值。因此，这些资源究竟应该用于何处，不仅应从国家资源保护和合理利用的观点出发，而且应站在全社会立场，统筹资源供应与社会需求关系，以求得最佳的利用途径。

2.3.1.3　畜禽粪便

畜禽粪便是一类生物质资源，其资源量与畜牧业生产发展情况有关。畜禽粪便主要来源于鸡、牛和猪，不仅浪费资源，而且为环境的主要污染源之一，除少数地方进行处理利用外，80％的粪便污水被直接排入各类水体环境中。

据《中国统计年鉴—2018》，我国畜产品产量平稳增长，图 2-2、图 2-3 和表 2-8 分别为 2005 年以来肉类产量及猪、牛、羊年底存栏量及 2017 年全国各省区牛、猪、羊饲养头数及占比。近 10 年来，猪、牛、羊养殖量是相对稳定的，因此畜禽粪便量的资源潜力也是相对稳定的。

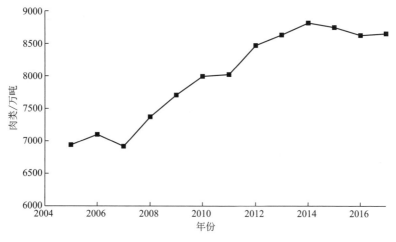

图 2-2　我国肉类产量

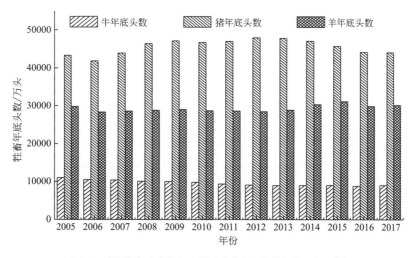

图 2-3　我国每年畜禽的年底数量（《中国统计年鉴—2018》）

表 2-8 2017 年全国各省区牛、猪、羊饲养头数及占比

地区	牛年底头数/万头	牛占比/%	猪出栏头数/万头	猪占比/%	羊年底只数/万只	羊占比/%
北京	12.8	0.14	242.1	0.34	35.2	0.12
天津	25.8	0.29	297.2	0.42	43.5	0.14
河北	359.5	3.98	3785.3	5.39	1228.1	4.06
山西	100.7	1.11	822.8	1.17	943.2	3.12
内蒙古	656.2	7.26	919	1.31	6111.9	20.22
辽宁	227.8	2.52	2627.2	3.74	792.6	2.62
吉林	337.6	3.73	1691.7	2.41	399.9	1.32
黑龙江	489.3	5.41	2090.5	2.98	835.2	2.76
上海	6.5	0.07	189.7	0.27	19.6	0.06
江苏	30.5	0.34	2805.5	4.00	398.5	1.32
浙江	14.9	0.16	1022.4	1.46	133.8	0.44
安徽	80.6	0.89	2828.9	4.03	505.1	1.67
福建	32.6	0.36	1606.1	2.29	89	0.29
江西	241.4	2.67	3180.5	4.53	95.3	0.32
山东	401.5	4.44	5180.7	7.38	1754	5.80
河南	372.7	4.12	6220	8.86	1682	5.56
湖北	238	2.63	4448	6.34	543.5	1.80
湖南	379.4	4.20	6116.3	8.71	661.7	2.19
广东	120.7	1.34	3712	5.29	93.3	0.31
广西	326.6	3.61	3355.1	4.78	222.4	0.74
海南	52.8	0.58	547.8	0.78	68.4	0.23
重庆	108.5	1.20	1751.1	2.49	327	1.08
四川	853.2	9.44	6579.1	9.37	1599.3	5.29
贵州	492.4	5.45	1825.2	2.60	383.5	1.27
云南	810.9	8.97	3795.1	5.41	1240.2	4.10
西藏	592.6	6.56	19.1	0.03	1105.3	3.66
陕西	151.2	1.67	1141	1.63	868.5	2.87
甘肃	424.3	4.69	682.7	0.97	1839.9	6.09
青海	546.6	6.05	110.6	0.16	1387.4	4.59
宁夏	118.3	1.31	113.7	0.16	506.6	1.68
新疆	433	4.79	495.11	0.71	4317.9	14.28
全国	9038.9	100.00	70201.51	100.00	30231.8	100.00

注：香港、澳门及台湾地区的数据未统计。

我国有大中型奶牛、猪、鸡养殖场约 6300 家，猪、牛、羊养殖年出栏 10.95 亿头，蛋鸡、肉鸡 90.97 亿只，畜禽粪便主要来自牛、猪和鸡，可按其存栏数及不同月龄的日排粪量估算出实物量、可开发量以及标煤的折算。

由于目前对于畜禽粪便的应用方式中，厌氧发酵制备沼气是最方便与成熟的使用方式。如以产沼气计算，具体参数如表 2-9 所列。

表 2-9　畜禽粪便的有关数据

项目	猪	牛	羊	鸡	鸭
畜禽粪便的日产量/kg	2	20	2.6	0.12	0.13
畜禽粪便的年产量/kg	730	7300	950	25.2	27.3
粪水日产量/kg	15	75	—	1	1
鲜粪中的干物质比例/%	20	18	40	20	20
单位干物质的沼气产量/(m^3/kg)	0.3	0.2	0.24	0.36	—
可利用系数	1	0.6	0.6	0.6	—

注：1. 干物质是畜禽粪便的水分蒸发掉以后剩下的部分。可通过将畜禽粪便加热到 150℃ 进行烘干得到。
2. 可利用系数取决于不同的畜禽种类和饲养方式。

据《中国统计年鉴—2018》，我国 2017 生猪年底存栏量 44158.9 万头，比上年同期略有下降，而牛年底存栏量为 9038.7 万头，比上年同期增长 204.2 万头，增长 2.26%，羊年底存栏量为 30231.7 万头，比上年同期增加 301.2 万头，增加 0.997%，家禽（含鸡、鸭、鸽等）存栏量为 126.2 亿只。

根据上述参数和我国家禽的出栏量，可得 2017 年我国畜禽粪便沼气资源潜力的估算，如表 2-10 所列。主要禽畜粪便的排放量为 16.03 亿吨，其干物质重 2.55 亿吨。如折算标煤，畜禽粪便的化学需氧量（COD）含量近 9000 万吨，约为全国工业和生活污水排放的 3.8 倍。不同畜禽粪便的热值不同，牛、猪、鸡分别为 3300kcal/kg、3000kcal/kg 和 4500kcal/kg（1cal＝4.186J），分别折算的年产能是 3836 万吨标煤、3404 万吨标煤和 1082 万吨标煤，加上羊粪的产能量 1472 万吨标煤，合计为 9794 万吨标煤；人的粪便的清运量为 2500 万吨，未处理量为 1592 万吨，年产能约 100 万吨标煤。从技术潜力分析，可生产沼气 651.9 亿立方米（甲烷含量 58%），折合甲烷生产量 348.1 亿立方米。

表 2-10　2017 年我国畜禽粪便沼气资源潜力

项目	猪	牛	羊	鸡	合计
年底数量/百万头	441.6	90.4	302.3	9097	
粪便排泄量/[kg/（只·d）]	2	20	2.6	0.1	
年排泄物量/Mt	322.37	659.92	286.88	332.04	1600.21
收集系数	1	0.6	0.6	0.6	
干物质含量/%	20	18	40	20	
总干物质重量/Mt	64.47	71.27	68.85	39.84	244.43
单位干物质沼气产量/(m^3/kg)	0.3	0.2	0.24	0.36	
沼气生产的资源潜力/$10^9 m^3$	19.34	14.25	16.52	14.34	64.45

　　如果不算羊的存栏量，则排放量为 13.16 亿吨，其干物质重为 1.76 亿吨，从技术潜力分析，可生产沼气 484.4 亿立方米。

　　根据畜牧业发展规划，全国畜禽粪便量到 2020 年预计将达到 25 亿吨，届时可收集利用畜禽资源量相当于 1.8 亿吨标煤[8]。但由于畜禽粪便相对秸秆等固体生物质来说，成分复杂，含水量高，能源利用率低很多。所以这些生物质资源作为能源利用的潜力不能简单按总量计算。

　　据 2014 年国家可再生能源中心统计资料，截至 2014 年年底，沼气总量 157 亿立方米，相当于当年天然气消费量的 15%，相当于替代 3697 万吨标准煤。如果按现有潜在资源量计，则畜禽粪便资源量的使用量占潜在资源量的 21.42%。根据 2016 年 12 月发布的《生物质能发展"十三五"规划》，到 2020 年，生物质能要基本实现商业化和规模化利用，年利用量约 5800 万吨标准煤，仅占年可利用量的 12.6%。

　　目前，我国畜禽粪便用于能源消费很少，只有少量被用作沼气发酵原料或被风干后燃烧。如果合理利用这一资源，每年可产生 700 亿立方米沼气，可以补充城乡特别是城镇清洁能源。这对改善城镇生活环境，降低生活能耗，促进人畜健康，建设美丽洁净的社区环境，提高人民生活质量具有重要意义[9]。

2.3.2　工业类发酵原料

2.3.2.1　工业固体废弃物

　　据《中国统计年鉴—2018》，2017 年，全国工业固体废弃物产量达到 33.16 亿吨，排放量为 73.04 万吨；中国工业固体废物综合利用量、储存量和处置量分别为 18.12 亿吨、7.84 亿吨和 7.98 亿吨，工业固体废物利用率达 54.64%，工业固体废弃物每年的储存量维持在 4.5 亿吨以上。表 2-11 是 2017 年我国工业固体废弃物产生量及处理情况。

表 2-11　2017 年全国工业固体废物产生量及处理情况　　　　　　　　　　单位：万吨

产生量		综合利用量		储存量		处置量	
合计	危险废物	合计	危险废物	合计	危险废物	合计	危险废物
331592	6939.89	181187	4043.42	78397	870.87	79798	2551.56

　　我国工业固体废弃物产生量近年呈现缓慢上升趋势，随着我国农副产品和食品加工业的发展，到 2020 年我国工业固体废弃物产生量预计将达到 35 亿吨。

　　尽管我国工业固体废弃物产量达到 33.16 亿吨，但仅有农副产品及食品加工业、纺织业、木材加工和造纸工业等具有可再生和可燃的废弃生物质资源适于制备生物能源，如粮食、糖、纸、酒、淀粉等在生产中都会产生大量的有机废渣。按照行业，适于制备生物能源的固体废物产生总量约 7000 万吨，占总固体废弃物的 2.11%。按一般固体废弃物热值 3500～6000kJ/kg，取平均值 4500kJ/kg 计，标煤热值 29.4MJ/kg，可用于制备生物能源的工业固体废弃物产生量约相当于 1071 万吨标准煤。

2.3.2.2　工业污水

就污水方面，目前是采取常规的厌氧-好氧污水处理工艺，降解水中的有机质达标后直接排放，并没有得到有效的资源回收。近几年来，我国污水排放量稳定，均在 700 亿吨左右。

2017 年度，全国污水排放总量为 699.7 亿吨，比 2016 年污水排放量减少约1.6%，其中工业污水排放量为 181.6 亿吨，约占污水排放总量的 25.95%，城镇生活污水排放量约为 518.1 亿吨，占污水排放总量的 74.05%。随着环境的治理及污水回用，污水排放量将保持现有量或将逐渐减少。近几年具体污水资源量见表 2-12。

表 2-12　全国近几年废水和主要污染物排放量

年份	废水排放量/亿吨			化学需氧量排放量/万吨			氨氮排放量/万吨		
	合计	工业	生活	合计	工业	生活	合计	工业	生活
2009	589.1	234.4	354.7	1277.54	439.68	837.86	122.61	27.35	95.26
2010	617.3	237.5	379.8	1238.1	434.8	803.3	120.3	27.3	93.0
2011	659.2	230.9	427.9	2499.9	354.8	2124.9	260.4	28.1	230.4
2012	684.8	221.6	462.7	2423.7	338.5	2066.6	253.6	26.4	225.2
2013	695.4	209.8	485.1	2352.7	319.5	2015.6	245.7	24.6	219.3
2014	716.2	205.3	510.3	2294.6	311.3	1966.8	238.5	23.2	213.6
2015	735.3	199.5	535.2	2223.5	293.5	1930.0	229.9	21.7	208.2
2016	711.1	186.4	524.7	1046.5	—	—	141.8	—	—
2017	699.7	181.6	518.1	1022.0	—	—	139.5	—	—

注："—"表示数据不详；表中数据均来自全国环境统计公报[10]。

2.3.3　市政类发酵原料

2.3.3.1　城市固体有机垃圾

城市固体垃圾（MSW）中含有部分有机物质，是潜在的可利用生物质能资源。我国没有生活垃圾产生量数据，只统计城市生活垃圾清运量数据。2017 年，全国生活垃圾清运量为 21520.9 万吨，比 2016 年清运量增长 5.69%。无害化处理厂 1013 座，处置量 21034.2 万吨，处置率达 97.7%。以 2017 年垃圾清运量计算，城市生活垃圾的低位热值以 4.18MJ/kg 计，总计可约折合 3075 万吨标煤/年。

2018 年中国城市生活垃圾累积堆存量已达 70 亿吨，近 2/3 的城市被垃圾带所包围，1/4 的城市无适合场所堆放垃圾。由于城市垃圾的产生量远大于清运量和无害化处理量，大量垃圾露天堆放，破坏城市环境，损害城市生态系统，危害人体健康等负面影响也日趋严重，这是当前城市建设和管理部门需要解决的城市生态环境恶化的难题之一，也是综合防治城市垃圾负面影响的当务之急。充分利用垃圾资源，进行垃圾填埋气发电或直燃发电，是今后中国大多数城市要面临的问题之一。

2.3.3.2 废弃动植物油脂

废弃动植物油脂也是我国生物液体燃料一种重要原料资源，可分为生产性废弃油和生活性废弃油。

① 生产性废弃油主要指工业生产中常见的柴油、汽油、机油和化工油脂等剩下的油渣，包括生产机械洗涤油、传动润滑老油等。

② 生活性废弃油主要指常见的植物油、动物油这两大剩余和排放的废弃油渣和泔脂水，包括煎炸废油、餐饮废油和地沟油。据专家计算，这些废弃油脂的量约占食用油消费总量的 20%～30%[11]。2018 年我国消费食用油量为 3433.4 万吨，最近几年仍将保持快速增长，以每年我国年均消费食用油量为 3400 万吨计，则每年产生废油 647 万吨，能够收集起来作为资源的废弃油脂量在 643.6 万吨左右，绝大部分尚未得到收集利用，既污染环境，又威胁饮食安全，应加以收集利用。

另外，我国 2018 年产棉花约 610.28 万吨，其中新疆和黄淮海地区等棉花集中种植区的棉籽油产量即可达到 203 万吨。估计全国可收集利用 150 万吨棉籽油用作生物柴油。

因此，全国可利用废弃油脂资源量约 800 万吨。如果全面建立废油收集体系，估计可满足年产 650 万吨生物柴油的原料需求，生物柴油热值 39MJ/kg，标煤热值 29.4MJ/kg，相当于 862 万吨标煤。近年来，国内一些企业已经开始收集利用废油生产生物柴油。目前全国生物柴油生产厂家有 50 多家，总产能已经超过 350 万吨。据统计，现产能超过 10 万吨的生物柴油企业有 16 家，最大规模为 30 万吨，山东省为生产企业数量最多的省份，其次为江苏、河北和广东。除了现有产能外，中国还有多项生物柴油项目正在建设，累计约为 180 万吨[12]。

2.3.4 水生植物发酵原料

藻类是一类重要的生物质资源，种类繁多，分布广泛，主要由微型藻和大型藻类组成。按生长环境主要为淡水藻和海藻，其中海藻在生物量上占绝对优势。海藻按色素种类和含量不同分属褐藻门（Ochrophyta）、红藻门（Rhodophyta）和绿藻门（Chlorophtya）三类。据藻类数据库统计，目前全世界定义的藻类物种，红藻门共有 6150 种，绿藻门共 4335 种，褐藻为 1765 种，中国发现和记录的海藻中红藻共 569 种，绿藻共 163 种，褐藻共 260 种，其中常见的海藻有 100 多种，经济价值较高的只有 20 多种[13]。

海藻作为第三代生物质能的研究与开发原料，具有第一代和第二代原料所不具有的特点和优势。海藻能源的原料包括微藻和大型海藻。与陆生植物相比，微藻可以在非耕种土地生长，而且不需要除草除虫，消耗的水资源也更少。由于微藻全年生长，其细胞中可积累大量油脂，因此多被研究作为提炼生物柴油的原料。大型海藻则指生长在潮间带或亚潮带的肉眼可见的海藻，其木质素含量很少，可转化的碳水化合物含量丰富，容易预处理，在能量转化上具有优势。大型海藻生存范围广，生长迅速，单位面积的产量高；生产技术成熟，并且不与农作物竞争耕地、水源、肥料等生产资源；还可以固定大气和海水中的二氧化碳，能有效缓解温室效应和海水酸化的问题，具有良好的环境效益和生态效益[14]。

据2013年联合国粮农组织（FAO）的数据[15]，2012年全球海藻鲜重产量为2377.6万吨（表2-13），中国养殖海藻鲜重产量为1413.7万吨，占世界养殖海藻的59.46%，产量居世界第一。2003～2012年，全球大型海藻的产量稳步增长，海藻的产量翻了一番，而绝大部分来自人工养殖，其中红藻和褐藻的产量要远远高于绿藻。褐藻中的海带、裙带菜和红藻中麒麟菜、江蓠的产量超过了大型海藻总产量的80%，而其中绿藻不足总量的2%，见表2-14和图2-4。全球由于具有比较完善的大型海藻养殖产业，并且养殖成本较低，因而其产量占总产量的99%。微藻大部分通过开放塘和光密闭系统养殖，由于受培养技术和成本的限制，微藻产量相对较低，而其中美国和欧盟占微藻总产量的90%[16]。

表2-13　2006～2012年全球养殖海藻鲜重产量

项目	2006	2007	2008	2009	2010	2011	2012
绿藻	32	20	23	22	24	20	20
红藻	5350	6050	6500	7500	8600	9300	10100
蓝藻	6300	6200	6350	6300	6300	6200	6600
海藻总产量	13900	14550	15600	17250	19000	21300	23776

表2-14　全球大型海藻和微藻的产量

海藻种类	分类	产量（鲜重）/t
Laminaria japonica（海带）	褐藻	5146883
Eucheuma sp.（麒麟菜）	红藻	3489388
Kappaphycus alvarezii（长心卡帕藻）	红藻	1875277
Undaria pinnalifda（裙带菜）	褐藻	1537339
Gracilaria verrucosa（真江蓠）	红藻	1152108
Porphyra sp.（紫菜）	红藻	1072350
Gracilaria sp.（江蓠）	红藻	565366
Porphyra tenera（甘紫菜）	红藻	564234
Eucheuma denticulatum（细齿麒麟菜）	红藻	258612

海藻种类	分类	产量(鲜重)/t
Sargassum fusiforme（羊栖菜）	褐藻	78210
Phaeophyceae	褐藻	21747
Enteromorpha clathrata（浒苔）	绿藻	11150
Monostroma nitidum（礁膜）	绿藻	4531
Caulerpa spp.（蕨藻）	绿藻	4309
Codium fragile（刺松藻）	绿藻	1394
Gelidium amansii（石花菜）	红藻	1200
Arthrospira sp.（螺旋藻）	蓝藻	3000
Haematococcus pluvialis（雨生红球藻）	蓝藻	3000
Chlorella sp.（小球藻）	蓝藻	2000
Dunaliella salina（杜氏盐藻）	蓝藻	1200

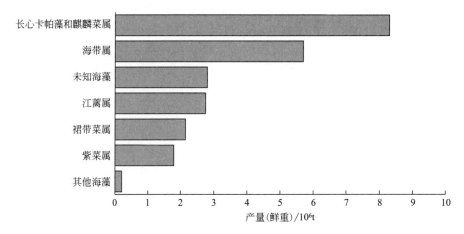

图 2-4　2012 年全球大型海藻和微藻的产量

目前中国养殖海藻鲜重产量为 1477.8 万吨，占世界海藻养殖产量的 59.9%，居世界第一，其中海带、裙带菜、紫菜和江蓠四个属的海藻产量高达 760 万吨。一直以来有限的耕地和淡水是中国发展生物质能的障碍，而海藻不与农作物竞争耕地、水源、肥料等生产资源，这对缓解我国耕地和水资源缺乏的矛盾，具有非常好的实际意义。自 20 世纪 50 年代以来，以曾呈奎为首的我国藻类学工作者解决了一系列海藻养殖理论性问题，并在此基础上发明了海藻养殖的关键性技术，形成规模巨大的海藻养殖产业。据《2018 年中国渔业统计年鉴》[17]，我国海藻养殖面积为 14.526 万公顷，比 2017 年增加 1.185 万公顷、增长 8.88%，但还不足可养殖海藻水面的千分之一，进一步扩大海藻养殖潜力巨大。因此，在中国实现海藻的能源化具有非常大的前景。

参考文献

[1]　袁振宏，吴创之，马隆龙，等.生物质能利用原理与技术［M］.北京：化学工业出版社，
　　　2005：15-17.
[2]　王亚静，毕于运，唐华俊.中国能源作物研究进展及发展趋势［J］.中国科技论坛，2009
　　　（3）:124-129.
[3]　胡曾曾，于法稳，赵志龙.畜禽养殖废弃物资源化利用研究进展［J］.生态经济，2019，
　　　35（8）:186-193.
[4]　王红彦，左旭，王道龙，等.中国林木剩余物数量估算［J］.中南林业科技大学学报，
　　　2017，37（2）:29-38，43.
[5]　中华人民共和国国家统计局.中国统计年鉴—2018［M］.北京：中国统计出版社，2018.
[6]　国家林业局.2017中国林业发展报告［M］.北京：中国林业出版社，2017.
[7]　国家林业和草原局.2018中国林业年鉴［M］.北京：中国林业出版社，2008.
[8]　宇博智业集团.2016—2021年中国畜牧、养殖业机械行业市场需求与投资咨询报告［R/
　　　OL］.（2016-09）［2016-10-04］.http://www. chinabgao. com/report /2400568. html.
[9]　王仲颖.中国工业化规模沼气开发战略［M］.北京：化学工业出版社，2009.
[10]　国家统计局，生态环境部中国环境统计年鉴—2018［M］.北京：中国统计出版
　　　社，2018.
[11]　郭枫晚，陈道勇.废弃油脂的综合利用现状.［J］石油化工应用，2009，28（5）:4-6.
[12]　智研咨询集团.2016—2022年中国生物柴油市场供需预测及投资前景预测报告［EB/OL］.
　　　（2016-07）［2016-08-29］.http://www. chyxx. com/industry/201608/442617. html.
[13]　钱树本，刘东艳，孙军.海藻学［M］.青岛：中国海洋大学出版社，2005.
[14]　Williams P J L. Biofuel: microalgae cut the social and ecological costs ［J］.Nature,
　　　2007，450（7169）：478-478.
[15]　段德麟，付晓婷，张全斌，等.现代海藻资源综合利用［M］.北京：科学出版社，2016.
[16]　Jones S B, Roesigadi G, Snowden-Swan L J, et al. Macroalgae as a biomass feedstock:
　　　a preliminary analysis ［M］. Washington: Pacific Northwest National Laboratory, 2010.
[17]　农业部渔业局.2018年中国渔业统计年鉴［M］.北京:中国农业出版社，2019.

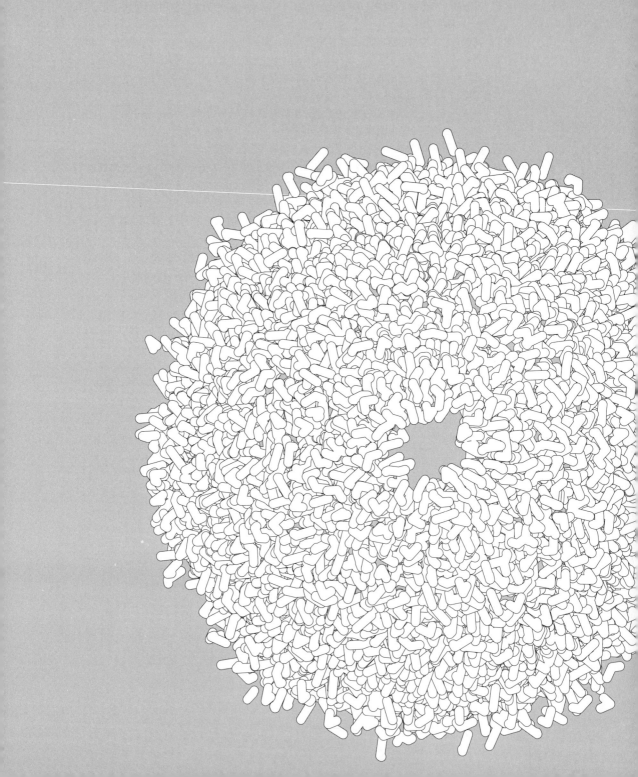

第
3
章

厌氧发酵微生物学
概述

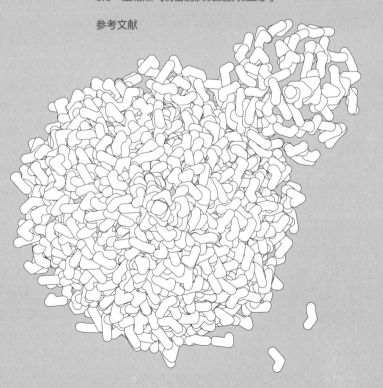

生物燃气制备与微生物息息相关，参与厌氧条件下有机物降解的是种类和功能不同的复杂微生物体系。本章主要介绍厌氧发酵原理、微生物种类、代谢途径等。

3.1 生物燃气制备的厌氧发酵理论

厌氧发酵过程有二阶段、三阶段、四阶段理论[1,2]。

(1) 二阶段理论

二阶段理论于 1906 年提出，该理论将厌氧发酵分成两个阶段或两组代谢菌群进行解释，其中两个阶段为产酸阶段 (acidogenic phase) 和产气阶段 (methanogenic phase)；两组代谢菌群为不产甲烷的发酵性细菌和产甲烷菌。

① 产酸阶段的微生物菌群（第一类细菌）将复杂有机物水解和发酵，形成挥发性脂肪酸、醇类、二氧化碳、氢气和硫化氢等组分。

② 产气阶段的微生物菌群将前一阶段的发酵产物转化成甲烷和二氧化碳，因此称为产甲烷菌群。

(2) 三阶段理论

三阶段理论在 1979 年由 Bryant 提出。

第一阶段：水解发酵菌群将复杂有机物水解并转化为小分子有机物，其中纤维素、淀粉等碳水化合物水解成糖类；蛋白质等有机氮类物质水解成氨基酸，再经脱氨基作用形成有机酸和氨；脂类水解后形成甘油和脂肪酸；有机酸类物质进一步降解成小分子有机酸和醇，如丁酸、丙酸、乙酸、乙醇等，以及氢气和二氧化碳等。

第二阶段：产氢产乙酸菌群将第一阶段产生的丁酸、丙酸、醇类等小分子有机酸醇物质分解成乙酸和氢气等。

第三阶段：参与该阶段微生物为产甲烷菌群，该菌群将第二阶段的产物转化成甲烷；产甲烷菌群利用的基质包括二氧化碳、氢气、一碳化合物（如 CO、甲醇、甲酸、甲基胺等）及乙酸等。

(3) 四阶段理论

四阶段理论认为，在第一阶段水解发酵菌群将复杂有机物水解成小分子化合物（见图 3-1）；第二阶段产氢产乙酸菌群将第一阶段产生的多种有机酸分解成乙酸和氢气；第三阶段同型产乙酸菌起主导作用，将氢气和二氧化碳转化为乙酸；第四阶段参与微生物为产甲烷菌，将二氧化碳、氢气、一碳化合物及乙酸等转化为甲烷。

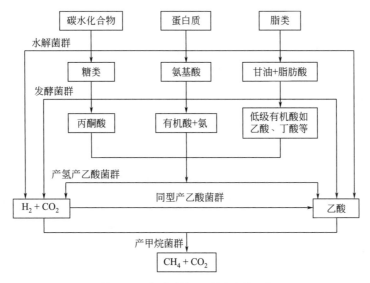

图 3-1　沼气发酵过程四阶段理论示意

3.2　有机化合物厌氧生物降解途径

在厌氧发酵过程中所涉及的大分子物质主要有蛋白质类、脂类、碳水化合物类等。这些物质在没有溶解氧情况下，在微生物作用下通过水解、产酸、产乙酸和产甲烷阶段转化为甲烷。

3.2.1　脂类化合物的厌氧降解

脂类化合物是有机废弃物中的主要成分之一。厌氧发酵过程中脂类化合物在脂肪酶等胞外酶作用下水解为甘油和长链脂肪酸（long chain fatty acid，LCFA）。长链脂肪酸根据碳链类型可分为不饱和脂肪酸和饱和脂肪酸，其中饱和脂肪酸有十八烷酸和十六烷酸等，不饱和脂肪酸有 α-亚麻酸和亚油酸等。厌氧发酵过程中 LCFA 通过活化作用和 β-氧化方式转化为乙酸和氢。长链脂肪酸可对厌氧发酵过程中的微生物产生抑制作用，其抑制机理有：

① 合成 LCFA 引起的竞争性抑制微生物生长；

② 由于 LCFA 具有类似于厌氧微生物细胞壁的结构，LCFA 吸附到细胞膜或细胞壁上，影响细胞膜的传输功能，破坏菌体的细胞膜结构，抑制厌氧微生物活性，甚至直接杀死厌氧微生物；

③ LCFA 的缔合形式起抑制作用，抑制是 LCFA 在生物细胞表面吸收的结果。运行良好的厌氧发酵系统通过逐步驯化可实现高脂类化合物降解[3,4]。

3.2.2　蛋白质类化合物的厌氧降解

蛋白质类化合物在蛋白质水解酶作用下降解并生成多肽、二肽，再经肽酶水解多肽和二肽为氨基酸（图 3-2）。

$$蛋白质 \xrightarrow{\text{蛋白质水解酶}} 多肽、二肽 \xrightarrow{\text{肽酶}} 氨基酸$$

图 3-2　蛋白质类化合物厌氧转化示意

氨基酸生物脱氨有氧化脱氨、水解脱氨和还原脱氨三种途径，其中氧化脱氨由好氧微生物完成，水解脱氨和还原脱氨由厌氧微生物完成[1]。

各反应如下。

（1）氧化脱氨

$$RCHNH_2COOH + \frac{1}{2}O_2 \longrightarrow RCOCOOH + NH_3$$

$$RCHNH_2COOH + O_2 \longrightarrow RCOOH + CO_2 + NH_3$$

（2）水解脱氨

$$RCHNH_2COOH + H_2O \longrightarrow RCHOHCOOH + NH_3$$

$$RCHNH_2COOH + H_2O \longrightarrow RCH_2OH + CO_2 + NH_3$$

（3）还原脱氨

$$RCHNH_2COOH + H_2 \longrightarrow RCH_2COOH + NH_3$$

氨基酸降解产物包括有机酸和氨，也是厌氧发酵系统中氨氮的主要来源之一。高浓度氨氮使发酵液呈碱性，并易导致系统"氨中毒"。当 pH 值为 6.5～8.5 时，随着氨氮浓度增加，产甲烷活性降低：当氨氮浓度为 1670～3717mg/L 时，产甲烷活性明显下降；当氨氮浓度为 4086～5550mg/L 时，产甲烷活性下降 50%；当氨氮浓度为 5870～6600mg/L 时，产甲烷活性被完全抑制。

3.2.3　碳水化合物的厌氧降解

碳水化合物由碳、氢和氧三种元素组成，通式为 $C_x(H_2O)_y$，主要有纤维素、半纤维素、淀粉、复合多糖、寡糖、单糖及糖衍生物等。

厌氧发酵过程中，碳水化合物首先降解为小分子单糖，单糖转化起始于糖酵解。目前微生物中糖酵解为丙酮酸的途径有二磷酸己糖途径（又称糖酵解途径，embden-meyerhof-parnas，EMP 途径）、磷酸戊糖途径（hexose monophosphate pathway，HMP 途径）、2-酮-3-脱氧-6-磷酸葡萄糖裂解途径（entner-doudoroff，ED 途径）和磷酸解酮酶途径（phosphoketolase，PK 途径）[1]。

EMP 途径是专性厌氧微生物产能的唯一途径。EMP 途径中，1 分子葡萄糖可生成 2 分子丙酮酸、2 分子 ATP 和 2 分子 NADH＋H$^+$，总反应式如下：

$$C_6H_{12}O_6+2NAD^++2ADP+2Pi\longrightarrow 2CH_3COCOOH+2NADH+2H^++2ATP+2H_2O$$

HMP 途径为循环途径，葡萄糖分子以 6-磷酸葡萄糖的形式参与反应。该途径主要是提供生物合成所需的还原力（NADPH＋H$^+$）和碳架原料。微生物中往往同时存在 HMP 和 EMP 途径。HMP 途径总反应式为：

$$6\text{-磷酸葡萄糖}+12NADP^++6H_2O\longrightarrow 5,6\text{-磷酸葡萄糖}+12NADPH+12H^++12CO_2+Pi$$

ED 途径的产能效率低，转化 1mol 葡萄糖仅产生 1mol ATP。ED 途径仅存在于少量微生物中，如嗜糖假单胞菌（*Pseudomonas saccharophila*）、运动发酵单胞菌（*Zymomonas mobbillis*）等。ED 途径总反应式为：

$$C_6H_{12}O_6+ADP+Pi+NAD^++NADP^+\longrightarrow 2CH_3COCOOH+NADH+2H^+$$
$$+ATP+NADPH$$

磷酸解酮酶途径有磷酸戊糖解酮酶途径和磷酸己糖解酮酶途径之分。磷酸戊糖解酮酶途径可转化 1mol 葡萄糖生成各 1mol 的乳酸、乙醇、ATP 和 NADH＋H$^+$，而磷酸己糖解酮酶可转化 1mol 葡萄糖为 1mol 乳酸、1.5mol 乙酸以及 2.5molATP。其中磷酸戊糖解酮酶途径总反应式为：

$$C_6H_{12}O_6+ADP+Pi+NAD^+\longrightarrow CH_3CHOHCOOH+CH_3CH_2OH+CO_2$$
$$+NADH+H^++ATP$$

纤维素和半纤维素作为碳水化合物中的一类，是木质纤维素类原料的主要组成成分，影响木质纤维素类原料的厌氧发酵性能。纤维素为同型多聚体，脱水纤维二糖是其基本组成单位。半纤维素的构成单元为多缩戊糖（木糖和阿拉伯糖），多缩己糖（半乳糖和甘露糖）以及多缩糖醛酸等。厌氧发酵系统中，纤维素和半纤维素的厌氧转化如图 3-3 所示，其中纤维素经纤维素酶及其他微生物作用下逐步降解为纤维二糖、葡萄糖等，半纤维素经半纤维素酶和多缩糖酶水解为单糖和糠醛酸等，葡萄糖、单糖和糠醛酸等被微生物转化为挥发性有机酸等。

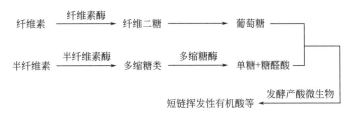

图 3-3　纤维素和半纤维素厌氧转化示意

木质素是三种苯丙烷单元通过醚键和碳碳键相互连接形成的具有三维网状结构的生物高分子，由于木质素-碳水化合物复合体（lignin-carbohydrate complex，LCC）及木质素对纤维素和半纤维素的包裹作用等，同时木质素在厌氧条件下并不发生降解，所以木质素将影响原料的厌氧发酵性能。

3.3　厌氧发酵过程中的微生物种类

按照厌氧的不同阶段分别介绍发酵产酸微生物、产氢产乙酸微生物、同型产乙酸微生物及产甲烷微生物的分类、生理生化特性及作用等。

3.3.1　发酵产酸微生物

发酵产酸微生物可在厌氧条件下将多种复杂有机物水解为可溶性物质，并将可溶性有机物转化生成乙酸、丙酸、丁酸、氢和二氧化碳，所以也称其为水解发酵性细菌。

3.3.1.1　发酵产酸微生物种类

厌氧发酵过程中涉及的大分子物质包括碳水化合物（淀粉、纤维素、半纤维素和木质素等）、脂类及蛋白质等，因此，将其降解产酸的微生物也为混合菌群。目前已报道的参与产酸发酵过程中的微生物有几百种，如梭菌属（*Clostridium*）、拟杆菌属（*Bacteroides*）、丁酸弧菌属（*Butyrivibrio*）、胃瘤球菌属（*Ruminococcus*）和互营单胞菌属（*Syntrophomonas*）。在中温厌氧发酵系统的污泥中发酵性细菌数量可达 $10^8 \sim 10^9$ 个/mL，其中蛋白质分解菌约 10^7 个/mL，纤维素分解菌约 $10^5 \sim 10^6$ 个/mL。

按照微生物可转化底物可将其分为木质纤维素分解微生物、果胶分解微生物、淀粉分解微生物、脂类分解微生物、蛋白质分解微生物，如表 3-1 所列[5-9]。

表 3-1　发酵产酸微生物典型菌种

种类	典型微生物
木质纤维素分解微生物	解纤维乙酸弧菌（*A. cellulolyticus*）、粪堆梭菌（*Clostridium stercorarium*）、产琥珀酸拟杆菌（*Bacteroides succinogenes*）、溶纤维丁酸弧菌（*Butyrivibrio fibrisolvens*）、黄色瘤胃球菌（*Ruminococcus flavefaciens*）、洛氏梭菌（*Clostridium lochheadii*）、长孢梭菌（*Clostridium longisporum*）、小生纤维梭菌（*Clostridium cellobioparus*）、嗜纤维梭菌（*Clostridium cellulovorans*）、白杨梭菌（*Clostridium populeti*）、溶纸梭菌（*Clostridium papyrosolvens*）、溶纤维拟杆菌（*Bacteroides cellulosolvens*）、腐殖梭菌（*Clostridium stercorarium*）、栖瘤胃拟杆菌（*Bacteroides ruminicola*）、溶纤维拟杆菌（*Bacteroides fibrisolvens*）、解木糖拟杆菌（*Bacteroides xylanolyticus*）等
果胶分解微生物	多对毛螺菌（*Lachnospira multiparus*）、溶纤维拟杆菌（*Bacteroides fibrisolvens*）、产琥珀酸拟杆菌（*Bacteroides succinogenes*）、蚀果胶梭菌（*Clostridium pectinovorum*）、费新尼亚梭菌（*Clostridium felsineum*）、嗜果胶拟杆菌（*Bacteroides petinophilus*）、半乳糖醛酸拟杆菌（*Bacteroides galacturonicus*）等

续表

种类	典型微生物
淀粉分解微生物	嗜淀粉拟杆菌（*Bacteroides amylophilus*）、牛链球菌（*Streptococcus bovis*）、反刍月形单胞菌（*Selenomonas ruminantium*）、溶淀粉琥珀酸单胞菌（*Succinomonas amylolytica*）、栖瘤胃拟杆菌（*Bacteroides ruminicola*）等
蛋白质分解微生物	腐败梭菌（*Clostridium putrificum*）、嗜热腐败梭菌（*Clostridium thermoputrificum*）、类腐败杆菌（*Clostridium paraputificum*）、栖瘤胃拟杆菌（*Bacteroides ruminicola*）、嗜淀粉拟杆菌（*Bacteroides amylophilus*）等
脂类分解微生物	解脂假丝酵母（*Candida lipolytica*）、阿氏假囊酵母（*Eremothecium ashbyii*）、卷枝毛霉（*Mucor circinelloides*）、液化沙雷氏菌（*Serratia liquefaciens*）、白地霉（*Geotrichum candidum*）、溶脂厌氧弧菌（*Anaerovibrio lipolytic*）、枯草芽孢杆菌（*Bacillus subtilis*）等

（1）木质纤维素分解微生物

目前已分离到 200 多种可降解木质纤维素的微生物，多为细菌和真菌，主要分离于瘤胃液、厌氧污泥、堆肥和土壤样品。

1）细菌降解木质纤维素特性

细菌降解木质纤维素具有繁殖周期短、结构简单、抗逆性强等优点，应用潜力巨大。根据微生物的需氧程度可分为好氧木质纤维素降解菌与厌氧木质纤维素降解菌。好氧木质纤维素降解菌有虫拟蜡菌（*Ceriporiopsis subvermispora*）、黄孢原毛平革菌（*Phanerochaete chrysosporium*）、密黏褶菌（*Gloeophyllum trabeum*）、多孔菌属（*Polyporus brumalis*）等。厌氧木质纤维素降解菌具有降解效率高、不易被杂菌污染等优点，主要有解纤维乙酸弧菌（*Acetivibro cellulolyticus*）、嗜纤维梭菌（*Clostridium cellulovorans*）、白杨梭菌（*Clostridium populeti*）、溶纸梭菌（*Clostridium papyrosolvens*）、粪堆梭菌（*Clostridium stercorarium*）、溶纤维拟杆菌（*Bacteroides cellulosolvens*）、产琥珀酸拟杆菌（*Bacteroides succinogenes*）、溶纤维丁酸弧菌（*Butyrivibrio fibrisolvens*）、洛氏梭菌（*Clostridium lochheadii*）、长孢梭菌（*Clostridium longisporum*）、小生纤维梭菌（*Clostridium cellobioparus*）、溶纤维真杆菌（*Eubacterium cellulosolvens*）、黄色瘤胃球菌（*Ruminococcus flavefaciens*）和白色瘤胃球菌（*Ruminococcus albus*）等。

2）真菌降解木质纤维特性

真菌也是降解木质纤维素的主要微生物，具有木质纤维素降解功能的真菌有曲霉（*Aspergillus*）、木霉（*Trichoderma*）和瘤胃真菌（*Neocallimastix frontalis*）等，但真菌具有产酶效率低、酶活低和致病性（曲霉）等缺点，影响真菌的应用和开发。

3）几株代表性菌株

下面介绍几株代表性菌株。

① 解纤维乙酸弧菌（*Acetivibro cellulolyticus*）。此菌为专性厌氧菌，生长 pH 值为 6.5～7.7，生长温度为 20～40℃，发酵纤维素、纤维二糖和葡萄糖，产物为 H_2、CO_2、乙酸和少量乙醇、丙醇和丁醇。生长于纤维素上时可形成黄色色素而使

纤维颗粒着色。

② 白杨梭菌（*Clostridium populeti*）。白杨梭菌分离于以杂交白杨为原料的厌氧反应器中。白杨梭菌为革兰氏阴性，菌落不规则、不透明，具有黄色色素中心，具有椭圆形芽孢，可运动，可利用阿拉伯糖、木糖、果糖、半乳糖、葡萄糖、纤维素、纤维二糖、木聚糖、果胶等，发酵产物有 H_2、CO_2、乙酸、丁酸和乳酸等，（G＋C）含量为 28%（摩尔比）。

③ 小生纤维梭菌（*Clostridium cellobioparus*）。小生纤维梭菌为厌氧菌，适宜生长温度为 37～47℃，适宜生长 pH 值为 6.8～7.2。可降解纤维素、葡萄糖，并生成氢气、二氧化碳、乙酸以及少量丙酸、乳酸。此外，也可利用纤维二糖、木聚糖、棉子糖、阿拉伯糖、果糖等，但不可利用淀粉、果胶、核糖醇、甘露醇、鼠李糖等。

④ 瘤胃厌氧真菌（*Neocallimastix frontalis*）。瘤胃厌氧真菌为厌氧菌，适宜生长 pH 值为 6.5～6.8，适宜生长温度为 33～41℃。可利用粗纤维、淀粉和蛋白质。可分泌纤维素酶、半纤维素酶、木聚糖酶、半乳糖醛酸酶等 13 种降解纤维素的酶；利用 α-淀粉酶及淀粉葡萄糖苷酶降解淀粉，并生成麦芽糖、麦芽三糖和长链低聚糖。瘤胃厌氧真菌同时具有蛋白质降解能力。

⑤ 解木糖拟杆菌（*Bacteroides xylanolyticus*）。解木糖拟杆菌为厌氧菌，革兰氏阴性，无芽孢，通过周生鞭毛运动，适宜生长 pH 值为 6.5～7.5，适宜生长温度为 25～40℃。该菌种可分泌羧甲基纤维素酶和木聚糖酶，尤其是在以木聚糖为底物时。可利用木聚糖和其他可溶性糖类（葡萄糖、纤维二糖、甘露糖、木糖、阿拉伯糖），并生成二氧化碳、氢气、乙酸和乙醇；不可利用纤维素。

木聚糖相比于纤维素易于降解，可降解纤维素的微生物大多都可降解木聚糖，部分微生物仅可降解木聚糖。分离到的半纤维素厌氧分解菌有瘤胃拟杆菌（*Bacteroides ruminicola*）、溶纤维拟杆菌（*Bacteroides fibrisolvens*）和溶纤维丁酸弧菌（*Butyrivibrio fibrisolvens*），这些菌种都可降解木聚糖，并利用其产物 D-木聚糖作为碳源和能源。

（2）果胶分解微生物

果胶是一种高分子酸性多糖聚合物，主要结构由光滑区和须状区组成，其中，光滑区主要由高聚半乳糖醛酸组成；须状区侧链通常由芹菜糖、鼠李糖、木糖、半乳糖和岩藻糖组成。不同物种来源的果胶结构和酯化度不尽相同，可将其分为以下 4 种主要类型：

① 原果胶，不溶于水，经原果胶酶水解后降解为可溶性果胶或果胶酸；
② 果胶为半乳糖醛酸的高聚物，甲基化程度较高；
③ 果胶质酸为聚半乳糖醛酸链；
④ 果胶酸是高度聚合的 D-半乳糖醛酸，可溶于水。

果胶存在于所有植物的细胞壁和细胞间质中，在薄壁组织中含量丰富。

分解果胶微生物种类繁多，主要有多对毛螺菌（*Lachnospira multiparus*）、溶纤维素拟杆菌（*Bacteroides fibrisolvens*）、产琥珀酸拟杆菌（*Bacteroides succino-*

genes)、蚀果胶梭菌（*Clostridium pectinovorum*）、费新尼亚梭菌（*Colstridium felsineum*）、嗜果胶拟杆菌（*Bacteroides petinophilus*）和半乳糖醛酸拟杆菌（*Bacteroides galacturonicus*）等。

几种典型果胶分解微生物如下。

1）蚀果胶梭菌（*Clostridium pectinovorum*）

蚀果胶梭菌为厌氧菌，生长温度为 20～45℃，发酵底物主要为葡萄糖、蔗糖、乳糖、淀粉等碳水化合物，发酵产物为甲酸、乳酸等。

2）半乳糖醛酸拟杆菌（*Bacteroides galacturonicus*）

半乳糖醛酸拟杆菌为专性厌氧菌，适宜生长温度为 35～40℃，适宜生长 pH 值为 8.2～8.5。发酵底物为果胶、聚半乳糖和 D-葡糖酸，其中多聚半乳糖酸和果胶的发酵产物为乙酸和甲酸，葡糖酸发酵产物为乙酸、甲酸、乳酸和少量乙醇。该菌生长需要叶酸、泛酸和生物素。

（3）淀粉分解微生物

淀粉是高等植物能量储存的主要方式，在根和种子中含量较高。淀粉主要通过微生物产生的各种酶分解，如 α-淀粉酶（1,4-糊精酶），该酶通过内切水解 α-1,4 糖苷键分解淀粉产酸。降解淀粉的微生物有嗜淀粉拟杆菌（*Bacteroides amylophilus*）、解淀粉芽孢杆菌（*Bacillus amyloliquefaciens*）、牛链球菌（*Streptococcus bovis*）、反刍月形单胞菌（*Selenomonas ruminantium*）、溶淀粉琥珀酸单胞菌（*Succinomonas amylolytica*）、栖瘤胃拟杆菌（*Bacteroides ruminicola*）等。同时产生淀粉降解酶的微生物还有曲霉属（*Aspergillus*）、根霉属（*Rhizopus*）等。

几种典型淀粉分解微生物如下。

1）嗜淀粉拟杆菌（*Bacteroides amylophilus*）

嗜淀粉拟杆菌适宜生存温度为 39～45℃，适宜生长 pH 值为 6.8～7.8，可转化淀粉、麦芽糖为乙酸、甲酸和乙醇等。

2）溶淀粉琥珀酸单胞菌（*Succinomonas amylolytica*）

溶淀粉琥珀酸单胞菌为厌氧菌，革兰氏阴性，适宜生长温度为 37～40℃，该菌生长需要二氧化碳，乙酸可促进其生长。发酵底物为葡萄糖、麦芽糖、糊精和淀粉，但不发酵其他碳水化合物，产物为琥珀酸和少量乙酸。

（4）脂类分解微生物

脂类也是物质主要组成成分之一，在作物茎叶中脂类含量约占干物质的 0.5%～2%，在果实和种子中可达 50% 以上。

脂类降解微生物都产生脂肪酶。目前可产脂肪酶的微生物包括酵母菌、放线菌、细菌以及真菌等约 65 个属，其中细菌有 28 个属、真菌有 23 个属、酵母菌有 10 个属、放线菌有 4 个属。主要微生物有解脂假丝酵母（*Candida lipolytica*）、阿氏假囊酵母（*Eremothecium ashbyii*）、卷枝毛霉（*Mucor circinelloides*）、液化沙雷氏菌（*Serratia liquefaciens*）、白地霉（*Geotrichum candidum*）、溶脂厌氧弧菌（*Anaerovibrio lipolytic*）、枯草芽孢杆菌（*Bacillus subtilis*）等，还有假单胞菌属（*Pseudomonas*）、地霉（*Geotrichum*）、青霉（*Penicillium*）中的部分菌种。

几种典型脂类分解微生物如下。

1）溶脂厌氧弧菌（*Anaerovibrio lipolytic*）

溶脂厌氧弧菌分离于瘤胃液，具有较高的甘油三酯水解活性，但不水解磷脂和半乳糖。该菌菌体弯曲，革兰氏阴性，最适生长 pH 值为 7.4，最适生长温度为 38℃。发酵底物有甘油、核糖、果糖和乳酸，其中甘油的发酵产物主要为丙酸酯和琥珀酸酯，而核糖、果糖和乳酸发酵产物为乙酸酯、丙酸酯和二氧化碳。

2）卷枝毛霉（*Mucor circinelloides*）

卷枝毛霉为厌氧菌，生长温度为 25～37℃，最适生长 pH 值为 6.0。发酵底物为葡萄糖、木糖、麦芽糖等。

（5）蛋白质分解微生物

蛋白质分解微生物主要有腐败梭菌（*Clostridium putrificum*）、嗜热腐败梭菌（*Clostridium thermoputrificum*）、类腐败杆菌（*Clostridium paraputificum*）、栖瘤胃拟杆菌（*Bacteroides ruminicola*）、嗜淀粉拟杆菌（*Bacteroides amylophilus*）等，同时还有月形单胞菌属（*Selenomonas*）、真杆菌属（*Eubacterium*）、琥珀酸弧菌属（*Succinivibrio*）、毛螺菌属（*Lachnospira*）和杆菌属（*Bacilius*）中的部分菌种。

几种典型蛋白质分解微生物如下。

1）栖瘤胃拟杆菌（*Bacteroides ruminicola*）

栖瘤胃拟杆菌为厌氧菌，革兰氏阴性，适宜生长温度为 30～37℃，适宜生长 pH 值为 6.0～6.5，发酵底物为淀粉、木糖、阿拉伯糖、葡萄糖、麦芽糖等，产物主要为琥珀酸、乙酸、甲酸和少量乙醇。该菌是瘤胃内主要的蛋白质分解菌。

2）类腐败梭菌（*Clostridium paraputrificum*）

类腐败梭菌为专性厌氧菌，适宜生长温度为 37℃，适宜生长 pH 值为 7.0～7.5，发酵底物为葡萄糖、蔗糖、淀粉等，不具备降解纤维素和木质素的作用，产物主要为乙酸。

3.3.1.2 发酵产酸微生物的功能与生存环境

在厌氧消化过程中，发酵产酸微生物具有重要作用，主要有以下两个方面。

① 将大分子有机物水解成小分子有机物。水解作用是在通过各种胞外酶作用，在细胞表面或周围介质中完成的。

② 水解产物被细菌吸收至细胞内，经细胞内部代谢系统转化为有机酸、醇、酮等，并排出体外作为下一阶段微生物菌群的利用基质。

发酵产酸菌群主要是专性或兼性厌氧菌，优势种属随环境条件和发酵基质变化而不同，其中温度和发酵基质影响显著。

3.3.2 产氢产乙酸微生物

产氢产乙酸菌是参与互营产氢产乙酸过程的微生物，主要是将两个碳以上的有机酸（除乙酸）和醇转化为乙酸、氢气和二氧化碳等[10]，并产生新的细胞物质。厌氧发酵系统中乙醇、丙酸、丁酸、戊酸、乳酸的产氢产乙酸反应方程式如下：

$$CH_3CH_2OH+H_2O \longrightarrow CH_3COOH+2H_2$$

$$CH_3CH_2COOH+2H_2O \longrightarrow CH_3COOH+CO_2+3H_2$$

$$CH_3CH_2CH_2COOH+2H_2O \longrightarrow 2CH_3COOH+2H_2$$

$$CH_3CH_2CH_2CH_2COOH+2H_2O \longrightarrow CH_3COOH+CH_3CH_2COOH+2H_2$$

$$CH_3CHOHCOOH+H_2O \longrightarrow CH_3COOH+CO_2+2H_2$$

3.3.2.1　产氢产乙酸微生物的作用

产氢产乙酸菌是一类严格厌氧微生物，生长周期长，且大部分产氢产乙酸菌为互营菌，即其生长和代谢需依赖 H_2、甲酸盐等消耗菌的活性，故又称"专性互营细菌"（syntrophicacetogenic bacteria，SAB）。产氢产乙酸菌在营养生态位上位于发酵产酸微生物和产甲烷微生物之间，在功能生态位上起到承上启下作用，可将发酵产酸菌群代谢产生的丙酸、丁酸等挥发性有机酸（VFAs）和乙醇等转化为乙酸、H_2、CO_2，为产甲烷菌群提供可直接利用的底物。强化产氢产乙酸菌群功能可促进反应系统的产乙酸过程，提升产甲烷菌群活性，从而提高厌氧发酵系统的处理效能。

厌氧消化过程中乙酸可被乙酸营养型产甲烷菌直接利用，而丙酸和丁酸需由产氢产乙酸菌转化为乙酸和氢后被产甲烷菌利用。产甲烷菌消耗 H_2 是拉动产氢产乙酸菌催化反应进行的主要动力，由能斯特方程计算可知，丙酸和丁酸氧化可耐受的 H_2 分压分别为 14.5Pa 和 45Pa，而产甲烷过程可使 H_2 分压低至 10Pa，因而产氢产乙酸菌和产甲烷菌是理想互营伙伴。

3.3.2.2　降解丁酸的产氢产乙酸微生物

丁酸包括正丁酸和异丁酸，目前已经分离培养的正丁酸氧化菌有 14 株，其中有 2 株能同时氧化异丁酸。大部分互营丁酸氧化菌都属于互营单胞菌属（*Syntrophomonas*），主要有布氏互营单胞菌（*Syntrophomonas bryantii*）、沃式互营单胞菌（*Syntrophomonas wolfei*）、食肥皂互营单胞菌（*Syntrophomonas sapovorans*）、直立互营单胞菌（*Syntrophomonas erecta*）、栖酒窖互营单胞菌（*Syntrophomonas cellicola*）、棕榈酸互营单胞菌（*Syntrophomonas palmitatica*）等。该类菌株与氢营养型产甲烷菌共培养时通过 β-氧化途径降解 $C_4 \sim C_{18}$ 脂肪酸为乙酸、丙酸和 H_2。互营丁酸氧化菌多为弯曲杆状，适宜生长 pH 值为 $7.0 \sim 7.6$，适宜生长温度为 $35 \sim 40\,^{\circ}C$，但从碱性环境、温泉、永冻层土壤中分离的互营丁酸氧化菌适宜生长条件有所不同。目前分离培养的互营丁酸氧化菌都能与氢营养型产甲烷菌互营共生，少部分还可与硫酸盐还原菌共培养。大部分丁酸氧化菌可以丁酸和戊酸等大于五碳脂肪酸作为电子供体，产物有乙酸、丙酸和 H_2。

其他转化丁酸的微生物如碱性脱硫菌（*Desulfobotulus alkaliphilus*）、丁酸脱硫弧菌（*Desulfovibrio butyratiphilus*）、丁酸脱硫杆菌（*Desulfatirhabdium butyrativorans*）、嗜丁酸脱硫杆菌（*Desulfoluna butyratoxydans*）等，通过以硫酸、硫代

硫酸盐和亚硫酸盐等为电子受体，氧化丁酸为乙酸[11]。

正丁酸的氧化分解途径是 β-氧化（图3-4）。丁酸在辅酶A转移酶、脱氢酶、烯酰辅酶A水化酶、硫解酶、底物水平磷酸化等作用下，依次生成丁酰辅酶A、巴豆酰基辅酶A、羟基丁酰辅酶A、乙酰乙酰辅酶A、乙酰辅酶A、乙酸等。1mol正丁酸经 β-氧化途径氧化分解最终生成2mol乙酸和2mol H_2。

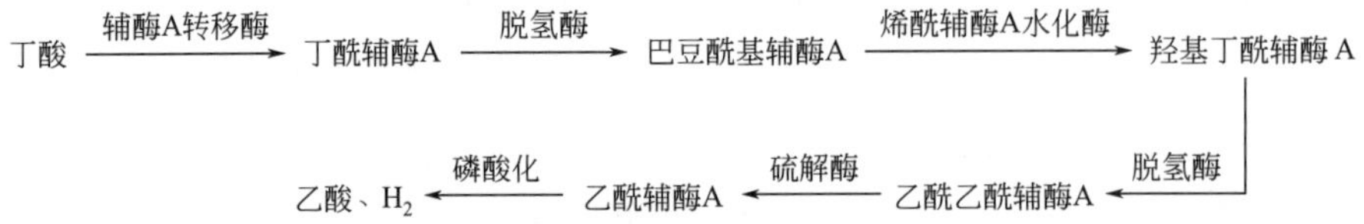

图 3-4　正丁酸 β-氧化途径示意

3.3.2.3　降解丙酸的产氢产乙酸微生物

丙酸转化被认为是厌氧消化过程的主要抑制因子之一，当丙酸等挥发酸浓度达到 $6.7\sim9.0\,mol/m^3$ 时可抑制厌氧微生物活性，降低产甲烷菌对有机酸和 H_2、CO_2 的转化速率。

目前已分离到的丙酸氧化菌有 *Pelotomaculum schinkii* sp.（暂无中文细菌名）和 *Algorimarina butyrica*（暂无中文细菌名）。*Algorimarina butyrica* 为革兰氏阴性菌，该菌属于低温菌，最适生长温度为15℃，超过25℃不会生长，适宜生长pH值为6.2～7.1。该菌属可在丁酸盐和异丁酸盐基质上生长，此时种间 H_2 以给电子反应的形式转移到产甲烷菌上。但这些丙酸氧化菌无法单独实现厌氧系统中的丙酸降解。而史密斯氏菌属（*Smithella*）、互营杆菌属（*Syntrophobacter*）和 *Pelotomaculum*（暂无中文属名）中部分菌种可与产甲烷菌互营生长实现丙酸降解。

丙酸互营代谢有两种途径：一种是甲基丙二酰-辅酶A途径（methylmalonyl-CoA）；另一种是歧化途径。甲基丙二酰-辅酶A途径将丙酸氧化为乙酸和 CO_2，在该途径中，通过底物水平磷酸化作用生成1个ATP，通过琥珀酸氧化为延胡索酸、苹果酸氧化为草酰乙酸和丙酮酸还原为乙酰辅酶A生成2个电子（NADH）。甲基丙二酰-辅酶A途径多见于互营丙酸氧化菌中。而歧化代谢途径在史密斯氏菌属（*Smithella*）中观察到，通过丙酸歧化作用产生乙酸和丁酸。研究发现，当同位素标记在丙酸盐的不同位置时，乙酸和丁酸上发现了不同的标记物，出现这种情况的主要原因是两个丙酸分子必须缩聚成六碳中间体，该中间体在断裂成乙酸和丁酸之前需经过重排形成3-酮基己酸。

3.3.3　同型产乙酸微生物

同型产乙酸菌（homoacetogen）是混合营养型微生物，既可利用有机底物进行异养生长，也可利用 H_2、CO_2 自养生长。同型产乙酸菌对乙酸浓度影响较大，如在泥炭地中由同型产乙酸菌合成的乙酸占其总产乙酸量的16%～63%，这为乙酸营养型产甲烷菌提供了形成甲烷的基质。同型产乙酸菌广泛分布于土壤、海底沉积物、厌氧反应器、极地、动物瘤胃和人类肠道等环境中。同型产乙酸菌在污泥中含量可达 $10^5 \sim 10^6$ 个/mL，其对乙酸的合成有重要意义。至今，已报道和发现 100 多株同型产乙酸菌，分布于 22 个属，有醋香肠菌属（*Acetitomaculum*）、厌氧醋菌属（*Acetoanaerobium*）、醋酸杆菌属（*Acetobacterium*）、醋盐杆菌属（*Acetohalobium*）、醋丝菌属（*Acetonema*）、*Bryantella*、丁酸杆菌属（*Butyribacterium*）、伍德乙酸杆菌（*Acetobacterium woodii*）、威林格乙酸杆菌（*Acetobacterium Wieringae*）、乙酸梭菌（*Clostridium aceticum*）、嗜热自养梭菌（*Clostridium thermoautotrophicum*）、嗜甲基丁酸杆菌（*Butyribacterium methylotrophicum*）、永达尔梭菌（*Clostridium jungdahlii*）等。

同型产乙酸菌需要通过厌氧乙酰辅酶 A 途径，以 CO_2 作为电子受体，产生能量和生物量。

$$2CO_2 + 4H_2 \longrightarrow CH_3COOH + 2H_2O$$
$$C_6H_{12}O_6 \longrightarrow 3CH_3COO^- + 3H^+$$

几种典型同型产乙酸微生物如下。

1）伍德乙酸杆菌（*Acetobacterium woodii*）

伍德乙酸杆菌的最适生长温度为 30℃，最适生长 pH 值为 5.0，需要在培养基中加入矿物质，泛酸是必需营养物质。发酵底物有果糖、葡萄糖、乳酸、甘油酸和甲酸，产物是乙酸。

2）永达尔梭菌（*Clostridium jungdahlii*）

永达尔梭菌为厌氧菌，革兰氏阳性，适宜生长 pH 值为 5.0 ~ 7.0，最适生长温度为 37℃。该菌可利用 CO 或者 CO_2/H_2 作为碳源，还可以利用甲酸、乙醇、丙酮酸、木糖、葡萄糖和果糖等。

3.3.4　产甲烷微生物

3.3.4.1　产甲烷菌的分离选育及其生理特性

产甲烷菌为对氧极端敏感的严格厌氧菌，其分离需要预还原培养基。通常采用以下两种方法。

① 富集培养基是常用的方法，因为很少有微生物在厌氧条件下可利用产甲烷菌的生长基质。此外，可通过不含硫酸盐、硫、硝酸盐的富集培养基或在黑暗中培养的方法抑制硫酸盐还原菌、硫还原菌、反硝化细菌或光合细菌等微生物的生长。而在这些培养条件下仍可生长的无机化能产乙酸菌则可借助添加抗生素等方法排除。

② 抗生素可用作细菌的选择性抑制剂。因产甲烷菌为古细菌，大部分常用的抗生素对它们的许多酶系统无明显抑制作用。

富集需在接近样品来源和模拟环境 pH 值、盐浓度和温度的培养基中进行，通过气相色谱分析培养瓶顶部气体成分，确定富集培养瓶中产甲烷菌的存在。H_2/CO_2

的消耗和乙酸或甲胺的气体产物则不可作为产甲烷菌活性指示剂。例如，产乙酸菌在相同条件下同样也会消耗 H_2/CO_2。同样地，在含有沉积物或大量其他有机物时发酵菌也可产生气体。如果已确定样品中含有大量的产甲烷菌，首先要在培养基中进行连续的稀释，然后再进行培养。无机盐培养基可用于培养自养型产甲烷菌。尽管大多数的非自养杂菌可通过连续转移排除，一些杂菌可依靠产甲烷菌的分泌物或自溶细胞保持低水平生长。因为乙酸、氨基酸、挥发性脂肪酸或维生素是许多产甲烷菌的必需营养成分，复杂的富集培养基通常是比较适合的。如若产甲烷菌需要更复杂营养的营养成分，富集培养基需额外补充 30% 的瘤胃流体或污泥提取物。此时，可采用抗生素抑制非自养杂菌生长。

荧光显微镜可用于富集培养物中产甲烷菌的观察。适宜的荧光激发波长在 350～420nm 间。富含辅酶 F_{420} 的微生物其自发荧光为蓝绿色。而以乙酸生长的甲烷鬃毛菌属（*Methanosaeta*）中未观察到荧光。在衰老期和无活性存在的细胞中荧光迅速变淡。尽管存在这些限制，荧光显微镜是确定富集培养中是否存在一种产甲烷菌或检查培养基相对纯度的有效手段。

固体培养基上单菌落的分离对于获得产甲烷菌的纯培养物是必需的。通过滚筒技术或厌氧培养箱准备固体培养基。滚筒技术的优点是由于它们的荧光性通过滚筒壁可见产甲烷菌的菌落。很难在基本培养基上获得可分离的菌落，因为产甲烷菌需要由杂菌所生产的营养物。如在缺乏乙酸的培养基上，乙酸可由杂菌进行的氨基酸发酵获得，此时如果乙酸是产甲烷菌生长所必需的，菌落就是两种微生物的混合物。

除标准的无菌培养物的生物学检测方法，某些生长检测可用于确定培养物纯度。在无甲烷生成基质的复杂培养基上不应观察到产甲烷菌种的生长。在无甲烷生成基质的复杂培养基上可进行生长意味着非自养杂菌的存在。产甲烷菌在富集培养基上的出菌率（plating efficiency）应在 50% 以上，若低于该值可能是生长了和产甲烷菌营养共生的其他微生物[12,13]。

（1）产甲烷菌生长的富集培养基

许多不同类型的培养基已用于产甲烷菌培养。适宜的培养基需要根据产甲烷菌需求调整。培养淡水及海水生境中的产甲烷菌培养基分别如表 3-2 及表 3-3 所列[13-15]。

表 3-2　培养淡水、污泥和肠道内的产甲烷菌培养基

成分	用量
酵母膏	2.0g
胰化酪蛋白	2.0g
盐溶液(具体配制见 a. 盐溶液配制)	10mL
磷酸盐缓冲液(200g/L $K_2HPO_4 \cdot 3H_2O$)	2mL
刃天青溶液(0.5g/L)	2mL
乙酸溶液(136g/L)	10mL

续表

成分	用量
微量元素溶液（具体配制见 b. 微量元素配制）	10mL
维生素（具体见配制 c. 维生素溶液配制）	10mL
$NaHCO_3$	5.0g
半胱氨酸盐酸盐	0.5g
a. 盐溶液配制（每升溶液）：	
NH_4Cl	100g
$MgCl_2 \cdot 6H_2O$	100g
$CaCl_2 \cdot 2H_2O$	40g
b. 微量元素配制（每升溶液）：	
氨三乙酸	1.5g
$Fe(NH_4)_2(SO_4)_2 \cdot 6H_2O$	0.2g
Na_2SeO_3	0.2g
$CoCl_2 \cdot 6H_2O$	0.1g
$MnSO_4 \cdot 2H_2O$	0.1g
$Na_2MoO_4 \cdot 2H_2O$	0.1g
$Na_2WO_4 \cdot 2H_2O$	0.1g
$ZnSO_4 \cdot 7H_2O$	0.1g
$AlCl_3 \cdot 6H_2O$	0.04g
$NiCl_2 \cdot 6H_2O$	0.025g
H_3BO_3	0.01g
$CuSO_4 \cdot 5H_2O$	0.01g
c. 维生素溶液配制（每升溶液）：	
对氨基苯甲酸	10mg
烟酸	10mg
泛酸钙	10mg
盐酸吡哆醇	10mg
核黄素	10mg
盐酸硫胺素	10mg
维生素 H	5mg
叶酸	5mg
α-硫辛酸	5mg
维生素 B_{12}（5℃保存在黑暗处）	5mg

表 3-3　海洋环境中产甲烷菌分离的培养基

成分	用量(每升)
盐溶液(具体配制见 a. 盐溶液配制)	500mL
磷酸盐缓冲溶液(14g/L $K_2HPO_4 \cdot 3H_2O$)	10mL
微量元素	10mL
维生素溶液	10mL
Fe 储备溶液(具体配制见 b. Fe 储备液的配制)	5mL
乙酸溶液(136g/L 三水乙酸钠)	10mL
刃天青溶液(0.5g/L)	2mL
NaCl 溶液(293g/L)	75mL
酵母膏	2g
$NaHCO_3$	5g
半胱氨酸盐酸盐	0.5g
a. 盐溶液组成(每升溶液):	
$CaCl_2 \cdot 2H_2O$	0.28g
KCl	0.67g
NH_4Cl	1.00g
$MgCl_2 \cdot 6H_2O$	5.50g
$MgSO_4 \cdot 7H_2O$	6.90g
b. Fe 储备液的配制(每升溶液):	
$Fe(NH_4)_2(SO_4)_2 \cdot 6H_2O$	2g
浓硫酸	1mL

　　如上所述,培养基中不含有产甲烷菌生长所需的基质。在以 H_2/CO_2 [80 : 20 (体积比)]为基质生长时,培养基配制且灭菌后再加入混合气体,培养滚管加压至 100kPa,加入接种物后培养滚管加压至 240kPa。当以乙酸为生长基质时,添加 50mL 的乙酸钠溶液(1mol/L)。在甲醇上生长时,添加 4mL/L 甲醇。在 2-丙醇、 1-丙醇、乙醇、2-丁醇和 1-丁醇上生长时乙醇的最终添加浓度为 20~30mmol/L。在 甲酸上生长时,添加 4g/L 的甲酸钠。除了基质,还必须注意培养皿的压力限制。如 含有 50mmol/L 乙酸的 10mL 培养基若完成转化为 CO_2 和 CH_4 可产生将近 15mL 的 气体,因此培养皿的顶部必须留有足够空间以避免压力增加导致爆炸。在以 H_2/ CO_2 生长时,因为产甲烷菌每生成 1mol CH_4 消耗 5mol 的气体,培养皿很快成为负 压状态;同时因为 CO_2 分压降低,培养基呈现强碱性,这将抑制产甲烷生长并导致 细胞自溶。为减少这种影响,培养皿顶部的体积至少应是培养基体积的 5 倍,并在 生长期间定期地给培养皿加压。为了更好地控制 pH 值,顶部应用 H_2/CO_2 [75 : 25 (体积比)]加压以补充消耗的 CO_2。对于嗜热产甲烷菌必须注意高温下气体的 膨胀。

产甲烷菌培养基采用相同的方法配制。除了气体、还原剂、半胱氨酸盐酸盐、硫化物溶液，其余组分事先配好。配好的培养基在 N_2/CO_2 [80∶20（体积比）]条件下煮沸。添加固体半胱氨酸盐酸盐，并且培养基在 N_2/CO_2 气体流下冷却，此时氧指示剂刃天青由蓝色变为粉红色至无色。当培养基冷却到 50℃可以在无氧的 N_2/CO_2 气体流或厌氧手套箱中进行厌氧倒培养管。在以 H_2/CO_2 为基质生长时培养管中气体要在灭菌前进行置换。灭菌后用碳酸氢盐-CO_2 缓冲液调节培养基的 pH 值至 6.8～7.0。

对于需要复杂营养的产甲烷菌，每升培养基需补充 100～300mL 瘤胃流体、10mL 的挥发性脂肪酸混合物或 2mL 产甲烷菌的煮沸细胞提取物。对于瘤胃流体的准备，首先从动物中获得瘤胃内含物样品，获得样品经 8 层纱布过滤后在缺氧条件下 10000g 离心 20min，以便去除流体中的微生物细胞和小颗粒物。离心后的上清液用 CO_2 鼓吹过夜后灭菌。挥发性脂肪酸的化合物主要含有以下物质：奶油 46mL、异丁酸 46mL、异戊酸 55mL、DL-2-甲基丁酸 55mL、丙酸 37mL 和戊酸 54mL，在通风橱将这些物质添加到 500mL 水中，用 2mol/L NaOH 调至中性（石蕊指示），最后定容至 1L。

一些产甲烷菌生长所需营养成分仅可由其他产甲烷菌提供。这些营养成分可从瘤胃流体或产甲烷菌的煮沸细胞提取物中获得。对于产甲烷菌的煮沸细胞提取物的制备，首先湿重为 10g 的产甲烷菌悬浮液在 20mL 磷酸钾缓冲液（20mmol/L）、pH 值为 7.0 和 N_2 气中沸水浴 1h，之后悬浮液冷却后在无氧和 4℃条件下 20000g 离心 30min，离心后所得上清液在无氧−20℃条件下保存备用。

无机培养基通过排除有机成分而获得，这些有机成分有酵母提取物、胰酪胨、乙酸和半胱氨酸。而半胱氨酸同样用作还原剂，因此培养基在加入硫化物溶液前都一直保持氧化态。故硫化物需在加入接种物前的 24h 内加入。

对于嗜碱性产甲烷菌，其培养基需在 N_2 条件下准备。$NaHCO_3$ 的浓度增加至 10g/L（pH=8.5）或用 3g/L $NaHCO_3$＋3g/L Na_2HCO_3（pH=9.3）取代。若以 H_2 为基质时，培养基的初始压力为 50kPa。开始不添加 CO_2 以避免培养基酸化。在生长时补充 H_2/CO_2 [75∶25（体积比）]气体，培养基量大时用恒 pH 培养工艺控制气体添加。通过在培养基中添加琼脂制备固体培养基。

（2）产甲烷菌生长的测量

常规下产甲烷菌的生长可用微生物学技术测量。一些生长为聚集体或细胞量较少时，用生长浊度或其他常规技术就较难测定。其他方法有气相色谱测定顶部甲烷含量。用产物形成评估生长速率的方法比较复杂。

（3）产甲烷菌的保存

用于保存其他厌氧菌的技术也适用于产甲烷菌的保存。尽管 N_2 气流的冷冻保存是非常可靠的方法，其他方法可用于实验室菌种保存。马血清＋7.5%葡萄糖和 3mg/L 硫化亚铁在 8℃保存或−70℃冻干法适合甲烷杆菌科（Methanobacteriaceae）和甲烷八叠球菌属（Methanosarcina）中产甲烷菌种的保存。但此法不适用于甲烷球菌属（Methanococcus）和甲烷螺菌属（Methanospirillum）。许多产甲烷菌也可在琼脂斜面上无氧 4℃下保存 1 年。同样在−18℃并含有 50%甘油的密封玻璃安瓿可有效保存 20 个月。甲烷球菌属（*Methanococcus*）培养物可在−70℃并含有 25％甘油的带有螺旋盖的小瓶储存 30 个月，并不需任何预防措施。甲烷短杆菌（*Methanobrevibacter*）菌种和其他一些产甲烷菌可在两相培养基中−76℃储存 6～12 个月。

3.3.4.2 产甲烷细菌的营养特性

（1）碳源

产甲烷菌最突出的生理学特征是它们末端的分解代谢特性。尽管不同类型产甲烷菌在系统发育上差异性较大，然而作为一个类群，它们只能利用几种简单的化合物，大部分是只含有一个碳的化合物。许多产甲烷菌只利用一种或两种基质，但甲烷八叠球菌属（*Methanosarcina*）的某些菌株则可以利用 7 种基质。产甲烷菌的这种特殊生理功能，导致大多数厌氧生境中的产甲烷菌都要依赖其他微生物为它们提供基质。因此，复杂有机物需要不同类群微生物相互作用的食物链，才能最终转化成甲烷。而在一个好氧生态系统中，一种单一的微生物通常就能将一种复杂的有机化合物完全氧化成 CO_2。

目前人们尚不清楚，为什么产甲烷细菌不能将如葡萄糖等复杂有机物转化成 CH_4 和 CO_2。产甲烷细菌最普遍而常见的分解代谢反应是以 H_2 作为还原剂还原 CO_2 生成 CH_4。H_2 是厌氧微生物、真菌和原生动物的主要发酵产物。大多数能够利用 H_2/CO_2 生成 CH_4 的产甲烷菌（氢营养型产甲烷菌），也能够利用甲酸作为电子供体还原 CO_2。甲酸也是植物代谢物草酸的发酵产物。

热自养甲烷杆菌（*Methanobacterium thermoautotrophicum*）和巴氏甲烷八叠球菌（*Methanosarcina barkerio*）可利用 CO 生长，但其生长缓慢。此外一些氢营养型产甲烷细菌还可利用短链醇类作为电子供体，这一发现推翻了除甲醇外的其他醇都不能被产甲烷菌直接利用的看法[13-15]。

乙酸是许多发酵途径的重要终产物之一，在许多生境中都能够作为重要的 CH_4 前体物。已知只有两个产甲烷菌属利用乙酸，即甲烷八叠球菌属（*Methanosarcina*）和甲烷丝菌属（*Methanothrix*）。其中，甲烷八叠球菌属生长较快，菌体产量较高，并能利用如甲基化合物等几种不同的基质，还可利用 H_2/CO_2。甲烷丝菌属也被称为甲烷鬃毛菌属（*Methanosaeta*）。

甲基营养型产甲烷菌能够利用甲醇和甲胺，而有些产甲烷菌还可以利用甲基硫化物。甲基营养型产甲烷菌包括甲烷八叠球菌属、拟甲烷球菌属（*Methanococcoides*）、甲烷叶菌属、甲烷嗜盐菌属（*Methanohalophilus*）。甲醇不是厌氧生境中产 CH_4 的主要前体物，*Methanosphaera stadmanii*（暂无中文名）在系统发育上与其他甲基营养型产甲烷菌无关，它只有利用甲醇和 H_2 才能够生长。甲胺，特别是三甲胺，是甲基化的氨基化合物（如胆碱和甜菜碱）的厌氧降解产物。胆碱是重要类脂化合物卵磷脂的组成成分，而且很容易被降解成三甲胺。甜菜碱是一种常见的渗透防护剂，许多生长于高盐环境中的微生物细胞内都具有较高浓度的甜菜碱。三甲胺 *N*-氧化物也是鱼类中常见的一种可分解的渗透防护剂，这种化合物很容易被厌氧微生物还原成三甲胺。甲基硫化物是蛋氨酸的末端甲硫基的降解产物，它们是较次要的甲烷前体物，因为不是所有的甲基营养型产甲烷细菌都能利用甲基硫化物。

（2）氮源

产甲烷菌均能利用 NH_4^+-N 作为氮源，但对于氨基酸的利用能力较差。瘤胃甲烷短杆菌属（*Methanobrevibacter*）的生长需要氨基酸。布氏甲烷杆菌（*Methanobacterium bryantii*）等一些产甲烷菌的生长可被酪蛋白的胰消化物即胰酶解酪蛋白刺激。一些产甲烷菌可利用尿素、嘌呤和双氮。一般来说，生长培养基中的氨基酸可缩短世代时间，且可增加细胞产量，但对热自养甲烷杆菌无影响。热自养甲烷杆菌（*Methanobacterium thermoautotrophicum*）中存在谷氨酸合酶，使得该菌可利用谷氨酸为唯一的氮源。

（3）硫源

产甲烷菌的培养中硫化物是常用的还原剂和硫源。一些产甲烷菌可利用其他的无机硫源，如单质硫、硫酸盐、亚硫酸盐和硫代硫酸盐。有机硫源包括蛋氨酸和半胱氨酸。

（4）生长因子

有些产甲烷细菌还需要添加维生素或者微量元素，有些需要加入瘤胃液方能旺盛生长。

3.3.4.3　产甲烷菌生长的影响因素

（1）盐度

从淡水到高盐环境，几乎都发现产甲烷菌。典型的淡水产甲烷菌至少需要 1mmol/L Na^+ 存在。尽管有多种产甲烷菌，但已知的极端嗜盐产甲烷菌却不多，这类极端嗜盐产甲烷菌都是甲基营养型产甲烷菌，属于甲烷八叠球菌科。甲基营养型产甲烷菌可在高盐环境中进行厌氧转化，是因为嗜盐微生物中含有极其丰富的渗透防护剂，如甜菜碱。马氏甲烷嗜盐菌（*Methanohalophilus mahii*）能够在盐浓度高达 3mol/L 的条件下良好生长。同时 16S 和 23S rRNA 序列比较研究发现，好氧的极端嗜盐古细菌（如盐杆菌属）和甲烷微菌目之间具有特别的相关关系，这说明嗜盐细菌和甲基营养型产甲烷菌或许来自同一祖先。此外，甲烷八叠球菌是迄今为止唯一具有细胞色素的产甲烷菌，而嗜盐细菌中也存在细胞色素。

甲烷八叠球菌属（*Methanosarcina*）中产甲烷菌种可逐渐适应高盐环境。嗜热甲烷八叠球菌（*Methanosarcina thermophilia*）被认为是淡水产甲烷菌，经过一定时间适应后也可在高盐培养基中生长。适应了高盐培养基后微生物的最高生长温度从 55℃降到 45℃，同时适应了高盐环境的微生物也可缓慢地适应淡水条件而生长。

产甲烷菌对盐环境的适应性是通过细胞质内累积了亲和性溶质，使细胞内外的渗透性达到平衡。热自养甲烷球菌（*Methanococcus thermolithotrophicus*）同时存在 β-谷氨酸与 α-谷氨酸。而在嗜热甲烷八叠球菌（*Methanosarcina thermophilia*）、卡里亚科产甲烷菌（*Methanogenium cariaci*）、甲烷嗜盐菌属（*Methanohalophilus*）和德尔塔甲烷球菌（*Methanococcus deltae*）中检测到 N-乙酰-β-赖氨酸。在低渗透性下，α-谷氨酸是主要的细胞质溶质，高盐环境时 N-乙酰-β-赖氨酸在细胞质中的浓度接近 0.6mol/L。同时产甲烷菌在高盐培养基中生长时还会累积甜菜碱。马氏甲烷嗜盐菌（*Methanohalophilus mahii*）中，同时检测出 N,N-二甲基甘氨酸和甜菜碱。嗜热甲烷八叠球菌和卡里亚科产甲烷菌在含有甜菜碱的培养基中生长时，未检测到 N-乙酰-β-赖氨酸的合成[13,15]。

（2）温度

产甲烷菌广泛分布于各种不同温度的生境中，从长期处于 2℃ 的海洋沉积物到温度达 100℃ 以上的地热区，已分离到多种嗜温产甲烷菌和嗜热产甲烷菌。一般来讲，嗜热产甲烷菌比嗜温产甲烷菌的生长更快，例如沃氏甲烷球菌（*Methanococcus voltae*）在 37℃ 条件下利用 H_2/CO_2 生长的倍增时间接近 2h，而热自养甲烷球菌在 65℃ 下的倍增时间约为 1h，詹氏甲烷球菌（*Methanococcus jannaschii*）在 85℃ 无机盐培养基中生长的倍增时间小于 30min，比在葡萄糖无机盐培养基中生长的大肠杆菌要快得多。嗜热乙酸营养型产甲烷菌的生长速率，也高于相应的嗜温乙酸营养型产甲烷菌。

热自养甲烷杆菌（*Methanobacterium thermoautotrophicum*）是一株嗜热产甲烷菌，为氢营养型产甲烷菌，最适生长温度 65℃，在地球上分布广泛，在世界各地温泉中都有发现。从中国农村常温沼气池中分离到一株嗜热甲酸甲烷杆菌 CB12 菌株（*Methanobacterium thermoformicicum* CB12），最适生长温度 56℃，利用基质为 H_2/CO_2 和甲酸；同时还分离到一株嗜热甲烷八叠球菌 CB 菌株（*Methanosarcina thermophilia* CB），最适生长温度 50℃，能够利用甲醇、甲胺和乙酸生长。詹氏甲烷球菌（*Methanococcus jannaschii*），属甲烷球菌目，分离自海底扩散中心，最适生长温度 85℃；炽热甲烷嗜热菌（*Methanothermus fervidus*），属甲烷杆菌目，分离自冰岛的温泉，最适生长温度接近 83℃；坎氏甲烷嗜热菌（*Methanopyrus kandleri*），从浅海热液系统中分离到，最适生长温度接近 100℃，它已不属于以前所描述的产甲烷菌目。目前还未分离到属于甲烷微球菌目的极端嗜热产甲烷菌，特别是从将乙酸营养型产甲烷菌归属于甲烷微球菌目之后。目前，认为利用乙酸产甲烷作用的温度上限为 70℃，尽管人们还期待在更高温度下利用乙酸的产甲烷菌的存在。

嗜热产甲烷菌的普遍存在并不令人吃惊，因为它们广泛分布于古菌中。一种生物要适应高温条件，必须保证其体内的大分子物质（蛋白质、核酸和类脂化合物等）能在高温下维持其结构和功能。一般来讲，嗜热细菌的蛋白质在活体外高温下是稳定的，而且这种热稳定性反映在蛋白质氨基酸序列的细微变化上。迄今为止，还未发现极端嗜热产甲烷菌的蛋白质中具有新型氨基酸。

高温使双链 DNA 变成单链的 DNA，而且 DNA 中（G+C）碱基对含量高可以提高 DNA 的变性温度，因此，人们假设嗜热菌中的 DNA 具有较高的（G+C）含量。实际上炽热甲烷嗜热菌（*Methanothermus fervidus*）DNA 的（G+C）含量只有 33%（摩尔分数）左右。值得注意的是，一些嗜热产甲烷菌含有一种新的高浓度的代谢产物——环-2,3-二磷酸甘油酸盐（cDPG），从而提高 DNA 稳定性。中等嗜热产甲烷菌，如热自养甲烷杆菌（*Methanobacterium thermoautotrophicum*），其非磷酸盐限制性细胞的细胞质中 cDPG 浓度约为 65mmol/L，而在坎氏甲烷嗜热菌（*Methanopyrus kandleri*）细胞内的 cDPG 浓度为 1.1mol/L。炽热甲烷嗜热菌（*Methanothermus fervidus*）中含有 0.3mol/L cDPG 时，就会使甘油醛-3-磷酸脱氢酶和苹果酸脱氢酶在 90℃ 高温下变得稳定而不变性，但是它的起因及其与嗜热稳定性相关性还需进一步研究。此外，产甲烷菌能产生一些如"热休克蛋白"（"heat shock protein"）、伴侣蛋白（chaperonin-like protein）、组蛋白样蛋白（histone-like protein）等物质维持蛋白质的稳定性，以适应高温环境。组蛋白样蛋白被称为 HMf，其非专一性地与 DNA 结合，在低离子强度缓冲液中可使线型化 pUC18 的溶解温度提高近 25℃，但类似 HMf 的蛋白质是否更广泛地存在于嗜热产甲烷菌中需进一步研究。在炽热甲烷嗜热菌和坎氏甲烷嗜热菌等超高温古菌中还发现一种新的拓扑异构酶（topoisomerase），称之为反向旋转酶（reverse gyrase）。这种酶使 DNA 产生一种正的超螺旋作用，使螺旋化 DNA 变得更为紧密，具有更高的稳定性。

产甲烷菌和其他古菌都有以醚键相连接的类异戊二烯酯，这类酯可使古菌在 90℃ 以上温度下保持细胞膜的完整性并生长。许多嗜热产甲烷菌都具有末端基团以共价键相连接的酯，从而形成含有四醚键分子的单个跨膜物质。如詹氏甲烷球菌（*Methanococcus jannaschii*）与生长于 45℃ 时相比，生长于 75℃ 时细胞膜含有更高的四醚键分子与二醚键分子比率。然而值得注意的是，在 100℃ 以上生长的坎氏甲烷嗜热菌却不存在任何四醚键酯类分子。

地球生物圈中约 75% 地域为低温环境，需关注来源于嗜冷产甲烷菌对自然界甲烷排放的贡献量，故有关嗜冷产甲烷菌的生理生化特性、适冷机制及分子生物学特征的研究引起了重视。嗜冷产甲烷菌的研究起步较晚，1992 年分离培养到第一株嗜冷产甲烷菌。目前已分离到 6 种嗜冷产甲烷菌，均分离自永久性低温（5℃ 以下）的自然环境中。除了湖沉积甲烷八叠球菌（*Methanosarcina lacustris*）分离自淡水环境以外，其他 5 种均来自海洋或咸水湖。嗜冷产甲烷菌的最大增长速率大多为 12～14d^{-1}，增长速率随利用底物不同而变化。如 *Methanogenium marinum* 以甲酸盐为底物的生长速率（11d^{-1}）低于其利用 H_2/CO_2 作为底物时的生长速率（14d^{-1}）。

嗜冷产甲烷菌可在较低温度下具有较高的活性，是因为其形成了一系列独特的适冷机制，主要涉及细胞膜组成、嗜冷酶特性、tRNA 结构及冷休克蛋白（cold shock protein，CSP）功能等。

1) 细胞膜组成

细胞膜脂肪酸组成对嗜冷产甲烷菌低温环境的适应机制表现为：不饱和脂肪酸及支链脂肪酸的比例有所增加，而碳链长度有所降低。通过这种改变，脂类的熔点有所降低，从而可以保证细胞膜在低温下保持良好的流动性。现已证实布氏拟甲烷球菌（*Methanococcoides burtonii*）的细胞膜中含有较大比例的不饱和脂肪酸。

2) 嗜冷酶

嗜冷酶对低温环境的适应机制表现为：氢键和盐桥的数量有所增加，芳香环之间的相互作用有所减弱，极性氨基酸残基含量的相对增加及非极性氨基酸残基含量的相对降低。通过这种改变，酶的疏水性减弱，亲水性增强，这使得酶与溶剂的相互作用增强，接触反应的效率增加，因此，酶在低温下容易被底物诱导产生催化作用。研究表明，与嗜温、嗜热产甲烷菌相比，布氏拟甲烷球菌（*Methanococcoides burtonii*）和 *Methanogenium frigiidum* 含有更高浓度的极性氨基酸谷氨酸（Gln）、苏氨酸（Thr）及更低浓度的非极性氨基酸亮氨酸（Leu）。

3）tRNA 结构

tRNA 的成分组成对嗜冷产甲烷菌的热稳定性具有重要影响，主要表现为：tRNA 中（G+C）含量越高，其稳定性越高，但流动性越差；反之亦然。与极端嗜热产甲烷菌依赖（G+C）含量的提高以增加 tRNA 的稳定性不同，由于一定含量的（G+C）对于 tRNA 维持基本的稳定性是必需的，嗜冷产甲烷菌不能通过降低（G+C）含量以提高 tRNA 的流动性。但增加 tRNA 的流动性对于低温条件下其功能的实现具有十分重要的意义，这就要求嗜冷产甲烷菌必须通过其他途径来改善 tRNA 的流动性。研究发现，布氏拟甲烷球菌（*Methanococcoides burtonii*）中（G+C）的含量与嗜温、嗜热产甲烷菌相比并没有减少，但在 tRNA 转录后结合的二氢脲嘧啶含量远远高于其他对照古菌，因此这可能是嗜冷产甲烷菌改善 tRNA 局部构象从而增加 tRNA 流动性的关键之一。

4）冷休克蛋白

嗜冷产甲烷菌等嗜冷微生物在温度突然降低时，会诱导冷休克蛋白的高表达。有研究者已在 *Methanogenium frigidum* 中鉴定出一种冷休克蛋白，而在布氏拟甲烷球菌（*Methanococcoides burtonii*）中鉴定了两个冷休克蛋白折叠（CSP folds）。可以推测，冷休克蛋白在嗜冷产甲烷菌的适冷机制中发挥着重要作用，但冷休克蛋白的功能和作用机制尚需进一步研究[16-19]。

（3）pH 值

大多数产甲烷菌生长的最适 pH 在中性范围，但是有的产甲烷菌生存于极端 pH 值环境，如泥炭沼泽的 pH 值为 4.0 或 4.0 以下，却仍然能够产生 CH_4。泥炭样品（初始 pH=3.9）在 pH=3.0 下仍显示出较明显的产甲烷活性，尽管它的产甲烷作用最适 pH 值接近 6.0。放射性示踪元素研究沼泽沉积物（pH=4.9）的碳原子流向证明，这些沉积物 pH 值为 4.0 时，CO_2 还原成 CH_4 和乙酸产甲烷作用同时发生，虽然其最佳产甲烷作用出现在 pH 值为 5～6。

自然界还存在一些偏碱性的产甲烷菌，如嗜热碱甲烷杆菌（*Methanobacterium thermoalcaliphicum*），它的最适生长 pH=8，而在 pH=9 时也能生长。许多高盐生境呈碱性，如织里甲烷嗜盐菌（*Methanohalophilus zhilinae*）的最适生长 pH 值为 9.2，是从埃及的一个碱性高盐湖中分离到的。

（4）氧

产甲烷细菌是世人熟知的严格厌氧菌，一般认为产甲烷菌生长介质中的氧化还原电位应低于 -0.3V。在此氧化还原电位下 O_2 的浓度理论上为 $10^{-56}mol/L$，因此可以这样说，在良好的还原生境中 O_2 是不存在的。

尽管产甲烷菌在有氧气条件下不能生长或不能产生 CH_4，但是它们暴露于氧时也有着相当的耐受能力。沃氏甲烷球菌（*Methanococcus voltae*）、万氏甲烷球菌

（*Methanococcus vanielii*）暴露于空气 10h，其存活率下降至 1‰左右；嗜树木甲烷短杆菌（*Methanobrevibacter arboriphilus*）和热自养甲烷杆菌在死亡前维持活力几小时；巴氏甲烷八叠球菌（*Methanosarcina barkeri*）维持活力 24h 以上，它能维持较长时间活力是因为它们形成多细胞团。可见不同产甲烷细菌对 O_2 的敏感性有着相当大的差异。

（5）微量元素

某些金属在微生物生长和代谢过程中具有促进作用，而在高浓度时又会对微生物起毒害作用。从完整微生物的细胞组分可粗略估计所需的微量金属元素。所需的微量元素根据它们在微生物代谢途径涉及的酶和辅因子的作用而定。表 3-4 列举了产甲烷菌、同型产乙酸菌和硫酸盐还原菌生长所需的微量元素及它们的功能。这些金属元素中，Co、Ni、W 和 Mo 是产甲烷菌和同型产乙酸菌途径中的重要金属元素。大多数金属都存在于酶或辅因子的金属中心上，如钴在类咕啉中，Ni 在 F_{430}、氢化酶和一氧化碳脱氢酶中。其他金属不能取代这些金属元素。但 W 和 Mo 在甲酰基甲基呋喃脱氢酶中可相互取代。Speece 对产甲烷菌所需的营养给出一个顺序：N、S、P、Fe、Co、Ni、Mo、Se、维生素 B_2、维生素 B_{12}。缺乏上述某一种营养，甲烷发酵仍会进行但速率会降低，特别指出的是只有当前面一个营养元素足够时，后面一个才能对甲烷菌的生长起激活作用[16-19]。

表 3-4　产甲烷菌、同型产乙酸和硫酸盐还原菌生长所需的微量元素及它们的功能

酶或者基团	金属	存在形式	反应
甲基转移酶	Co		$MeOH + CoM \longrightarrow CH_3 - CoM$
甲基辅酶 M 还原酶	Ni	F_{430}	$CH_3\text{-}S\text{-}CoM + HS\text{-}CB \rightleftharpoons$ $CoM\text{-}S\text{-}S\text{-}CoB + CH_4$
甲酰基甲基呋喃脱氢酶	W(Se,Fe)	tungstopterin	$CO_2 + 2H^+ + Fd_{red}^{2-} + MF \longrightarrow$ $HCO - MF + H_2O + Fd_{ox}$
	Mo(Se,Fe)	亚钼嘌呤	
CO 脱氢酶	Ni,Fe	Fe-Ni-S	$CO + H_2O \rightleftharpoons CO_2 + 2e + 2H^+$
氢化酶	Fe	Fe-S	$H_2 \rightleftharpoons 2e + 2H^+$
	Fe,Ni,Se	Fe-S-Se	
甲酸脱氢酶	W,(Se,Fe)	tungstopterin	$HCOOH \rightleftharpoons CO_2 + 2e + 2H^+$
	Mo,(Se,Fe)	亚钼嘌呤	
碳酸酐酶	Zn		$CO_2 + H_2O \rightleftharpoons HCO_3^- + H^+$
固氮酶	Mo		$N_2 + 8H^+ + 8e + 16ATP \longrightarrow$ $2NH_3 + H_2 + 16ADP + 16Pi$
过氧化物歧化酶	Cu,Zn		$H_2O_2 \longrightarrow O_2 + 2e + 2H^+$
细胞色素	Fe	血红素,Fe-S	电子转移链
铁氧化还原蛋白	Fe	Fe-S	电子转移链

1) 甲基转移酶中类咕啉中的 Co

类咕啉有时也被称为钴胺素或维生素 B_{12}，类咕啉的催化中心是钴离子。从厌氧生物中已确定了 8 种不同的类咕啉结构，它们根据种和所利用的代谢基质不同而改变。类咕啉的合成已在薛氏丙酸杆菌（*Propionibacterium shermanii*）中进行了详细的研究，该合成至少需要 25 种酶和 40 多个催化步骤。总钴含量中有 98% 的 Co 以类咕啉形式存在。产甲烷菌和同型产乙酸菌中的类咕啉含量与种、生长基质和培养条件有关。当以甲醇为基质时含量最高。已对由巴氏甲烷八叠球菌（*M. barkeri*）产生的维生素 B_{12} 进行了大量的研究。

依赖 Co 的甲基转移反应对于产甲烷菌和同型产乙酸菌都是非常重要的。产甲烷菌中，一种类咕啉衍生物，以还原态 Co（Ⅰ）形式存在的辅酶Ⅲ接受来源于甲基-H_4MTP 或甲醇的甲基，从而生成甲基-Co（Ⅲ）中间体。这个中间体再与 HS-CoM 反应导致甲基辅酶 M 的形成和 Co（Ⅰ）的再生。

2) 甲基辅酶 M 还原酶中辅因子 F_{430} 上的 Ni

在许多酶中发现了 Ni，这些酶包括尿素酶、氢化酶、所有微生物中的 CO 脱氢酶和产甲烷菌中甲基辅酶 M 还原酶。F_{430} 是黄色的含 Ni 的无荧光性四吡咯。F_{430} 与类咕啉有着相似的结构和生物合成路线，而在金属插入途径上有所不同。在嗜热自养甲烷杆菌（*Methanothermobacter thermoautotrophicus*）中所标记的 Ni 的 70% 在辅因子中存在。F_{430} 中的 Ni（Ⅰ）可被甲基化形成甲基-Ni（Ⅲ），然后该物质转化为甲烷和 Ni（Ⅱ）-F_{430}。

3) 甲酸脱氢酶中 W 和 Mo

Mo 和 W 是各种微生物生长所需的微量元素，这些微生物包括产甲烷菌、超高温古菌、革兰氏阳性菌、硫酸盐还原菌和固氮生物。W 和 Mo 对产甲烷菌的刺激作用，主要与甲酸脱氢酶（FDH）和甲酰基甲基呋喃脱氢酶（FMDH）有关。带有 W 或 Mo 的同工酶可存在于同一菌中。其中，在 FMDH 的 Mo 同工酶中发现 W 可代替 Mo，但是 W 的代替可导致同工酶的失活，这是酶中金属中心可被其他功能金属取代的唯一例子。

目前已普遍认同游离态金属离子可进行跨膜运输，此外，不稳定的、亲脂的甚至亲水复合体也可进行跨膜运输。金属离子可通过微生物所具有的各种运输系统进行吸收。转运载体被分为非特异性转运载体和特异性高亲和力转运载体两类。非特异性转运载体可转运所有的二价阳离子，按 $Mg^{2+} > Co^{2+} > Zn^{2+} > Mn^{2+} > Ni^{2+} > Ca^{2+}$ 的顺序亲和力逐渐降低。因此，如有 Mn 存在时 Co 和 Ni 的吸收受到影响。当金属元素浓度为生长限制时，微生物表现为吸收的特异高亲和力转运载体。所有这些转运载体可被高浓度的金属元素影响，如被特异性转运载体 Nik 和 HoxN 吸收的 Ni 可被 Co 抑制。W 和 Mo 等元素的吸收目前还很少研究，它们可通过非特异性的硫酸盐转运系统和特异性 ABC 转运系统运输。

（6）抗生素对产甲烷菌的影响

产甲烷菌与典型的真菌和细菌相比，细胞壁组成结构的分子基础、细胞膜的结构成分、16Sr RNA 序列、依赖 DNA 的 RNA 聚合酶等辅酶都具有独特的生化特征，因而各种抗生素在产甲烷菌中不能被吸收和运输，甚至可使某些抗生素失去作用，因此产甲烷菌对于各种抗生素的敏感性与真菌和细菌不同。

产甲烷菌与其他微生物在细胞壁化学结构上的差异使得产甲烷菌对于那些细胞壁抑制剂不敏感（见表 3-5）。例如，热自养甲烷杆菌（*Methanobacterium thermoautotrophicum*）中细胞壁组成成分假胞壁质的交联结构降低了抗生素的抑制作用，使其可耐受青霉素 G。然而，抗生素如杆菌肽抑制了真细菌中胞壁质的脂质键合前体物质的形成，也可抑制产甲烷菌中脂质和糖蛋白生物合成所需相同的前体物质的形成。

表 3-5　产甲烷菌、真菌以及真核生物的抗生素敏感性的比较

目标	抗生素	抑制空间的大小/mm									
		产甲烷菌				真菌				真核生物	
		A	B	C	D	E	F	G	H	I	J
细胞壁	磷霉素	—	—	—	—	—	—	10	12	—	—
	D-环丝氨酸	—	—	—	9	—	—	13	16	—	—
	万古霉素	—	—	—	—	—	—	—	10	—	—
	青霉素 G	—	—	—	—	—	—	7	26	—	—
	头孢菌素 C	—	—	—	—	—	—	2	22	—	—
	诺卡杀菌素 A	—	—	—	—	—	—	2	—	—	—
	枯草杆菌抗生素	40	27	40	17	—	—	—	8	—	—
	圆霉素	30	16	6	—	—	—	—	3	—	—
	尼生素	11	8	10	3	—	—	—	3	—	—
	持久杀菌素	20	16	10	5	—	8	—	10	—	—
	黄霉素	—	—	—	—	—	—	3	16	—	—
	枯草菌素	4	7	5	10	—	—	—	6	—	—
聚合酶	α-蝇蕈素	—	—	—	ND	—	ND	ND	ND	ND	ND
	利福平	2	—	—	2	—	—	9	22	—	—
蛋白质的合成	放线（菌）酮	—	—	—	—	—	—	—	—	23	22
	氯霉素	25	13	22	28	4	40	11	10	—	—
	维及霉素	5	14	—	15	—	—	5	19	—	—
	庆大霉素	—	25	12	—	—	—	9	13	—	—
	四环素	—	—	8	8	—	—	13	18	—	—
	竹桃霉素	—	—	—	—	—	—	—	13	—	—
	红霉素	—	—	—	3	—	—	3	17	—	—
	卡那霉素	—	—	—	—	—	—	9	13	—	—

目标	抗生素	抑制空间的大小/mm									
		产甲烷菌				真菌				真核生物	
		A	B	C	D	E	F	G	H	I	J
膜	短杆菌肽 S	7	7	15	10	4	16	—	4	3	4
	短杆菌肽 D	—	—	11	—	—	—	—	4		
	多黏菌素	—	—	8	—	—	—	5	—	4	3
	两性霉素 B	—	—	—	—	—	—	—	—	6	5
	缬氨霉素	—	—	—	—	—	—	2	2	—	—
	无活菌素	—	—	—	—	—	—	2	5	—	—
	莫能菌素	—	5	25	12	15	25	—	6		
	拉沙里菌素	22	25	42	21	40	40	—	15	—	—

除了遗传同源性，依赖 DNA 的 RNA 聚合酶对抗生素敏感性也反映了产甲烷菌的酶与真核生物的酶的相似性（见表 3-5）。这两种酶都可耐受利福平，一种抑制真核生物 RNA 聚合酶的抗生素。产甲烷菌的酶还可耐受鹅膏蕈碱。

抑制蛋白质合成的抗生素可限制氨酰-tRNA 的合成、延伸或翻译。假胞壁酸（pseudomonic acid）是沃氏甲烷球菌（*Methanococcus voltae*）的有效抑制剂，并且抑制异白氨酰-tRNA 合成酶的活性。产甲烷菌的翻译可耐受许多抑制真细菌 70S 或真核生物 80S 核糖体翻译的抗生素。而在生长时，产甲烷菌对氯霉素敏感，这种抑制不是由于对蛋白质合成的影响，在甲烷杆菌属（*Methanobacterium*）中是由于颗粒氢化酶对这种抗生素和含卤化物化合物的敏感。延伸因子 *a*EF-2 对白喉毒素敏感，这也是真核生物蛋白的特性。编码 *a*EF-2 的基因序列分析显示产甲烷菌的酶与真核生物更接近。此外，所有的古细菌的 *a*EF-2 基因拥有一个组氨酸残基，该残基在翻译后修饰为白喉酰胺，这一现象类同于真核生物种 EF-2。产甲烷菌的翻译也同样可耐受氨基糖苷类如链霉素的抑制，还可耐受四环素和大环内酯类抗生素。对脱氧链霉氨基糖苷类敏感，如庆大霉素、新霉素和维及霉素。因此，产甲烷菌的翻译过程在对抗生素的敏感性方面与真核生物不同。

作用于膜完整性的抗生素会对产甲烷菌和真细菌产生不同的作用。离子载体如莫能菌素、拉沙里菌素和短杆菌肽 S 对产甲烷菌是非常有效的抑制剂，这种抑制是对 Na^+ 运输干扰的影响。莫能菌素和拉沙里菌素抑制产甲烷菌的生长和产甲烷，但这种抑制与培养基的条件有关，因为它们在体内低 Na^+ 浓度时刺激产甲烷。

3.3.5　产甲烷菌的分类

目前已分离到的产甲烷菌可分为 3 个主要的营养类型：

① 氧化 H_2 并还原 CO_2 形成甲烷的氢营养型产甲烷菌种和氧化甲酸形成甲烷的甲酸营养型产甲烷菌种；

② 利用如甲醇、甲胺、二甲基硫化物等甲基化合物的甲基营养型产甲烷菌；

③ 利用乙酸产甲烷的乙酸营养型产甲烷菌。

一些产甲烷菌的营养特性比较复杂，因而不能分在单一的营养类型中。例如，有两种产甲烷菌是氢-甲基营养型，它们可以利用 H_2 还原甲醇形成甲烷。大多数的醇类营养型产甲烷菌可以在有 CO_2 和特定醇类作为氢供体的情况下形成甲烷，这时在 CO_2 还原为甲烷的过程中醇被氧化为挥发性酸类或酮。例如，乙醇氧化为乙酸、1-丙醇氧化为丙酸、2-丙醇氧化为丙酮、2-丁醇氧化为 2-丁酮。CO 同样也可用于生成甲烷，但它不是重要的产甲烷基质[13-27]。

用表型和营养特征区分产甲烷菌种类通常不够充分。Batch 等提出了基于 16S rRNA 寡核苷酸的产甲烷菌的分类，他们将当时可以利用的产甲烷菌分为了 3 个目、4 个科、7 个属和 13 个种。最近，Boone 和 Whitman 提出了一个描述新产甲烷菌种的最低标准，此标准与产甲烷菌分类委员会的方法一致。这些最低标准包括纯培养、形态学、革兰氏染色、电子显微镜、溶解性、运动性、菌落形态特性、营养型特征、抗原指纹图谱、终产物、生长速率、生长条件（培养基、温度、pH 值和 NaCl）、DNA 中的（G+C）含量、脂质分析、聚胺分布、核酸分子杂交、16S rRNA 序列和序列分析。目前研究产甲烷菌各级分类单元最有效的手段是多相分类（polyphasic taxonomy），该方法能较为客观、全面地反映产甲烷菌各个分类单元在自然系统进化中的地位，涉及的数据包括表型类、基因型类和系统发育标记类。其中表型信息主要是指形态和生理生化性状的分析；基因信息包括分子杂交（DNA-DNA 分子杂交、DNA-RNA 分子杂交等）和分子标记（RFLP、SSCP 等）；系统发育信息则主要是指 16S rDNA 的序列分析。利用全面系统的分类鉴定技术可以发现自然界中更多新的产甲烷菌类群，从而丰富产甲烷菌的分类地位。

《伯杰系统细菌学手册》第 9 版在总结近年来研究成果的基础上，建立了以系统发育为主的产甲烷菌最新分类系统，从而将产甲烷菌分成甲烷杆菌目（Methanobacteriales）、甲烷球菌目（Methanococcales）、甲烷微菌目（Methanomicrobiales）、甲烷八叠球菌目（Methanosarcinales）和甲烷火菌目（Methanopyrales）5 个目。

3.3.5.1　甲烷杆菌目 (Methanobacteriales)

甲烷杆菌目的主要特征是可利用的代谢基质有限，通常是氢营养型产甲烷菌，利用 H_2 还原 CO_2 生产甲烷。有些菌种也可利用甲酸、CO 或二元醇作 CO_2 还原的电子供体，而甲烷球状菌属（*Methanosphaera*）可利用 H_2 还原甲醇生产 CH_4。该目中的产甲烷菌为革兰氏阳性，杆状，常形成长链或 $40\mu m$ 的长丝状体，细胞壁聚合体主要为假胞壁质，可分为甲烷杆菌科和甲烷嗜热菌科。

（1）甲烷杆菌科（Methanobacteriaceae）

甲烷杆菌科中存在着化学特性不同于胞壁质的特有的肽聚糖，使得细胞呈现杆状或球杆状，大部分的杆状产甲烷菌归类到甲烷杆菌科。甲烷杆菌科含有甲烷杆菌属（*Methanobacterium*）、甲烷短杆菌属（*Methanobrevibacter*）、甲烷球状菌属（*Methanosphaera*）和甲烷嗜热杆菌属（*Methanothermobacter*）。甲烷杆菌科中的产甲烷菌都可氧化 H_2 用于菌种的生长，有些菌还可氧化甲酸或 CO，可利用 CO_2 作为终端电子受体，但甲烷球状菌属的产甲烷菌可还原甲醇。甲烷杆菌科的菌种在自然界中分布广泛，但很少存在于温度高于 70℃ 的环境中。

1）甲烷杆菌属（*Methanobacterium*）

甲烷杆菌属中的产甲烷菌种在长度上差异显著，通常为不规则的弯曲状，且普遍存在纤毛（filaments）。热聚甲烷杆菌（*M. thermaggregans*）形成大的多细胞聚集体。该属中所有的产甲烷菌都可利用 H_2/CO_2 为基质进行生长和产甲烷，嗜热甲酸甲烷杆菌（*M. thermoformicicum*）可利用甲酸，布氏甲烷杆菌（*M. bryantii*）可利用二元醇，甲酸甲烷杆菌（*M. formicicum*）和沼泽甲烷杆菌（*M. palustre*）可利用甲酸和二元醇。乙酸、半胱氨酸和酵母提取物通常可刺激菌种生长，B 族维生素还可刺激布氏甲烷杆菌（*M. bryantii*）的生长。嗜碱性产甲烷菌 *M. alcaliphilum* 和 *M. thermoalcaliphilum* 的生长需要酵母提取物。该属产甲烷菌可利用铵作为氮源，伊万诺维奇甲烷杆菌（*M. ivanovii*）可用谷氨酸盐作为唯一氮源，热自养甲烷杆菌（*M. thermoautotrophicum*）可以利用谷氨酸盐和尿素。该属产甲烷菌可利用硫化物和元素硫作为硫源，布氏甲烷杆菌（*M. bryantii*）可利用半胱氨酸作为唯一硫源，伊万诺维奇甲烷杆菌（*M. ivanovii*）可以利用半胱氨酸和蛋氨酸作为硫源，热自养甲烷杆菌（*M. thermoautotrophicum*）还可利用半胱氨酸、硫化物和硫代硫酸盐为硫源。

该属产甲烷菌具体生理生化特性见表 3-6。

2）甲烷短杆菌属（*Methanobrevibacter*）

甲烷短杆菌属为球菌或短杆菌，无鞭毛，不产芽孢，革兰氏阳性，细胞壁由假胞壁酸组成；电子供体有 H_2、甲酸盐和 CO；最适生长温度为 $37\sim40$℃；适宜生长的 pH 值为 7.0 左右，嗜树木甲烷短杆菌（*M. arboriphilicus*）的适宜生长 pH 值在 8.0 左右。可利用氨或 N_2 为氮源，硫化物或元素硫可作为硫源。瘤胃甲烷短杆菌（*M. ruminantium*）从瘤胃中分离，所需营养成分复杂，可通过添加瘤胃流体、乙酸、辅酶 M 或氨基酸满足其营养需求。史密斯甲烷杆菌（*M. smithii*）在人体肠道中普遍存在，乙酸、胰酪胨、酵母提取物和 B 族维生素是该菌生长必需的营养成分。

该属产甲烷菌具体生理生化特性见表 3-7。

表3-6　甲烷杆菌属的生理生化特性

特征		M. formicicum	M. alcaliphilum	M. bryantii	M. congolense	M. espanolae	M. ivanovii	M. oryzae	M. palustre	M. subterraneum	M. uliginosum	M. beijingense	M. aarhusense
尺寸/μm	宽	0.4~0.8	0.5~0.6	0.5~1.0	0.4~0.5	0.8	0.5~0.8	0.3~0.4	0.5	0.1~0.15	0.2~0.6	0.4~0.5	0.7
	长	2~15	2~25	10~15	2~10	3~22	1~15	3~10	2.5~5	0.6~1.2	1.9~3.8	3~5	5~18
生长基质	H_2/CO_2	+	+	+	+	+	+	+	+	+	+	+	+
	乙酸	+	-	-	-	-	-	+	+	-	+	+	-
革兰氏染色		+	-	+	+	-	+	ND	+	+	ND	-	+
运动性		-	-	-	-	-	-	-	-	-	ND	-	-
生长 pH 值范围		6.0~8.5	7.0~9.9	ND	5.9~8.2	4.6~7.0	6.5~8.5	6.0~8.5	ND	6.5~9.2	6.0~8.5	6.5~8.0	5~9
适宜 pH 值		7.0	8.1~8.9	6.9~7.2	7.2	5.6~6.2	7.0~7.5	7.0	7.0	7.8~8.8	ND	7.2	7.5~8
生长温度范围/℃		ND	ND	ND	ND	15~50	15~55	20~42	20~45	3.6~45	15~45	25~50	5~48
适宜温度/℃		37~45	37	37~39	37~42	35	45	40	33~37	20~40	40	37	45
NaCl/(mol/L)		ND	0	ND	ND	ND	ND	0~0.4	0.2	0.2	ND	0~0.5	0.05~0.9
(G+C)含量/%		40.7~42	57	32.7	39.5	34	37	31	34	54.5	33.8	38.9	34.9
模式株		MF	WeN4	M.o.H.	C	GP9	Ivanov	FPi	F	A8p	P2St	8~2	HZ-LR

注：生长基质时"+"为可利用，"-"为不可利用；革兰氏染色时"+"为阳性，"-"为阴性；运动性时"+"为具有运动性，"-"为不具有运动性；ND 为未提及。

表 3-7　甲烷短杆菌属的生理生化特性

特征		M.acididurans	M.cuticularis	M.curvatus	M.filiformis	M.gottschalkii	M.thaueri	M.wxesei	M.wolinii	M.oralis	M.smithii	M.arboriphilisus	M.ruminantium	M.olleyae	M.millera
尺寸/μm	宽	0.3~0.5	0.4	0.34	0.23~0.28	0.7	0.5	0.6	0.6	0.5~0.7	0.5	0.7	0.3~1.0	0.5~1.2	0.5~1.2
	长	5	1.2	1.6	4	0.9	0.6~1.2	1.0	1.0~1.4	1.0~1.5	1~3	0.8~1.8			
生长基质 H_2/CO_2		+	+	+	+	+	+	+	+	+	+	+	+	+	+
乙酸		−	+	−	−	−	−	+	−	−	+	−	+	+	+
革兰氏染色		+	+	+	+	+	+	+	+	+	+	+	+	+	+
运动性		−	−	−	−	ND	ND	ND	ND	−	−	−	−	−	−
生长 pH 值范围		5.0~7.5	6.5~8.5	6.5~8.5	6.5~7.5	ND	ND	ND	ND	6.2~8.0	ND	ND	5.5~7.0	6.0~10.0	5.5~10.0
适宜 pH 值		6.0~7.0	7.7	7.1~7.2	7.0~7.2	7	7.0	7.0	7.0	6.9~7.4	7.0	7.5~8.0	6.0~7.0	7.5	7.0~8.0
生长温度范围/℃		25~37	10~37	10~30	10~33	ND	ND	ND	ND	25~39	ND	10~45	33~42	28~42	33~43
适宜温度/℃		35	37	30	30	37	37	37	37	36~38	37~39	30~37	37~39	36~40	36~42
NaCl/(mol/L)		ND	ND	ND	ND	ND	ND	ND	ND	0.01~0.1	ND	ND	ND	0.45	0.45
(G+C)含量/%		ND	ND	ND	ND	29	38	31	33	28	28~31	27.5	31	27~29	31~32
模式株		ATM	RFM-1	RFM-2	RFM-3	HO	CW	GS	SH	ZR	PS	DH1	P2St	KM1H5-1P	ZA-10

注：生长基质时"+"为利用，"−"为不可利用；革兰氏染色时"+"为阳性，"−"为阴性；运动性时"+"为具有运动性，"−"为不具有运动性；ND 为未提及。

3) 甲烷球状菌属 (*Methanosphaera*)

甲烷球状菌属目前仅含有兔甲烷球状菌 (*Methanosphaera cuniculi*) 和斯氏甲烷球状菌 (*Methanosphaera stadtmaniae*)。该属产甲烷菌为革兰氏阳性，球形，偶尔有单生、成对、四分体或小簇出现，细胞壁含有假胞壁质；利用甲醇和 H_2 作为生长基质，生长需要 CO_2、乙酸、维生素和氨基酸，不能利用 H_2/CO_2 或 $H_2/$甲酸产甲烷。*M. stadtmaniae* 还需要 NH_3 作为氮源。目前仅在哺乳动物中发现。

4) 甲烷嗜热杆菌属 (*Methanothermobacter*)

甲烷嗜热杆菌属主要包含如 *M. thermoautotrophicum*、*M. wolfei* 和 *M. thermoformicicum* 等的嗜热产甲烷菌。该属产甲烷菌多为弯曲杆状，形成长丝状，无芽孢，革兰氏阳性，有纤毛，无运动性；细胞壁含有假胞壁质；在 $55\sim65℃$ 之间生长迅速；以 H_2 作为电子供体还原 CO_2 产 CH_4，有些菌种可利用甲酸作为电子供体；氨可作为唯一的氮源。

该属产甲烷菌具体生理生化特性见表 3-8。

表 3-8　甲烷嗜热杆菌生理生化特性

特征		*M. thermoautotrophicum*	*M. marburgensis*[①]	*M. wolfei*	*M. thermoflexum*	*M. defluvii*	*M. thermophilus*
尺寸/μm	宽	$0.4\sim0.6$	0.4	$0.35\sim0.5$	0.4	0.4	0.36
	长	$3\sim7$	$3\sim30$	2.5	$7\sim20$	$3\sim6$	$1.4\sim6.5$
生长基质　H_2/CO_2		＋	＋	＋	＋	＋	
乙酸		－	－	＋	＋	＋	
其他		－	－	－	－	－	－
革兰氏染色		＋	＋	＋	＋	＋	＋
运动性		－	－	－	－	－	
生长 pH 值范围		$6.0\sim8.8$	$5.0\sim8.2$	$6.0\sim8.2$	$6.0\sim8.7$	ND	ND
适宜 pH 值		$7.2\sim7.6$	$7.0\sim7.4$	$7.0\sim7.5$	$7.0\sim8.0$	ND	ND
生长温度范围/℃		$40\sim75$	$38\sim70$	$37\sim74$	$40\sim65$	ND	ND
适宜温度/℃		$65\sim70$	65	$55\sim65$	55	ND	ND
NaCl/(mol/L)		0.6	0.5	—	ND	ND	ND
(G＋C)含量/%		52	52	61	55	62.2	44.7
模式株		ΔH	Marburg	DSM2970	IDZ	ADZ	M

① 为 *Methanothermobacter marburgensis* 菌株 DX01 的生理生物化学特性。

注：生长基质时"＋"为可利用，"－"为不可利用；革兰氏染色时"＋"为阳性，"－"为阴性；运动性时"＋"为具有运动性，"－"为不具有运动性；ND 为未提及。

(2) 甲烷嗜热菌科 (Methanothermaceae)

甲烷嗜热菌科仅有甲烷嗜热菌属 (*Methanothermus*)，为极端嗜热产甲烷菌，目前仅从火山口、地热水和泥浆等特定环境中分离，主要有炽热甲烷嗜热菌 (*Methanothermus fervidus*) 和集结甲烷嗜热菌 (*Methanothermus sociabilis*)。该属产甲烷菌为杆状，双层细胞壁，耐热性能强，最佳生长温度介于 $80\sim90℃$ 之间，温度低于

60℃或者高于97℃都不能生长。作为氢营养型产甲烷菌，仅可以利用 H_2/CO_2 作为营养基质；菌落不在琼脂平板上生长，多使用聚硅酸盐为生长平板；（G+C）含量范围为 33%～34%。

3.3.5.2 甲烷球菌目（Methanococcales）

甲烷球菌目含 2 个科 4 个属，该目中产甲烷菌都是不规则的球形，含有类蛋白质的细胞壁，并可通过极性丛生的鞭毛进行运动。可利用 H_2 和甲酸作为电子供体，甲烷暖球菌属不可利用甲酸。Se 通常可刺激菌种生长。

（1）甲烷球菌科（Methanococcaceae）

甲烷球菌科含有 2 种产甲烷菌属。甲烷球菌属（*Methanococcus*）含有 4 种中温产甲烷菌，它们的（G+C）含量在 30%～41% 之间。目前，甲烷热球菌属已经被提议要包含嗜热自养甲烷球菌（*M. thermolithotrophicus*）。该科产甲烷菌具体生理生化特性见表 3-9。

表 3-9　甲烷球菌科生理生化特性

特征	甲烷球菌属（*Methanococcus*）				甲烷热球菌属（*Methanothermococcus*）	
	aeolicus	*vannielii*	*voltae*	*maripaludis*	*thermolithotrophicus*	*okinawensis*
细胞直径/μm	1.5～2.0	1.3	1.3～1.7	1.2～1.6	1.5	1.0～1.5
运动性	+	+	+	弱	+	+
基质	H_2、甲酸	H_2、甲酸	H_2、甲酸	H_2、甲酸	H_2、甲酸	H_2、甲酸
硫源	S^0、S^{2-}	S^0、S^{2-}	S^0、S^{2-}	S^0、S^{2-}、$S_2O_3^{2-}$	S^0、S^{2-}、$S_2O_3^{2-}$、SO_3^{2-}、SO_4^{2-}	S^{2-}
氮源	N_2、NH_3	NH_3、咖啡碱	NH_3	N_2、NH_3、丙氨酸	N_2、NH_3、NO_3^-	NH_3
温度生长范围/℃	20～55	20～45	20～45	18～47	17～70	40～75
适宜温度/℃	46	36～40	35～45	35～39	60～65	60～65
生长 pH 值范围	5.5～7.5	6.5～8	6.5～8	6.4～7.8	4.9～9.8	4.5～8.5
适宜 pH 值	ND	ND	ND	6.8～7.2	5.1～7.5	6～7
生长 NaCl 浓度/(mol/L)	0.05～1.0	0.6～2	0.6～6	0.6～2	0.1～1.6	ND
适宜 NaCl/(mol/L)	ND	0.3～5	1～2	0.3～5	0.25～0.4	ND
（G+C）含量/%	32	31	30	33	32	33.5
模式株	Nankai-3	SB	PS	JJ	SN1	IH1

注：运动性时"+"为具有运动性；ND 为未提及。

1）甲烷球菌属（*Methanococcus*）

该属产甲烷菌的适宜生长温度为 35～40℃，适宜生长的 pH 值为 6.0～8.0。在稳定生长阶段，细胞为不规则球菌，直径 1～2μm，常成对出现。在静止或富集培养基上，细胞呈不规则状，并可观察到直径达 10μm 的大型细胞。细胞易渗透破碎，在蒸馏水或 0.01％的 SDS 溶液中迅速溶解，可耐受 2％（质量浓度）的 NaCl 溶液。含有蛋白细胞壁或 S 层。万氏甲烷球菌（$M.vannielii$）和沃氏甲烷球菌（$M.voltae$）的外层细胞表面通常由六边形有序结构组成，有运动性。

该属产甲烷菌可利用 H_2 和甲酸作为电子供体，乙酸、甲醇和甲胺不能用作产甲烷基质。不能利用如乙醇、异丙醇、异丁醇和环戊醇等醇类为电子供体还原 CO_2。除沃氏甲烷球菌（$M.voltae$）外，可在以硫化物为唯一还原剂和 CO_2 为唯一碳源的固体无机盐培养基上生长。乙酸和氨基酸可刺激 $M.maripaludis$ 的生长，但不影响万氏甲烷球菌（$M.vannielii$）和 $M.aeolius$ 的生长。沃氏甲烷球菌（$M.voltae$）的生长需要乙酸、异亮氨酸和亮氨酸。

可利用胺、N_2 和丙氨酸为氮源。N_2 和丙氨酸是 $M.maripaludis$ 生长所需的附加氮源。万氏甲烷球菌（$M.vannielii$）不能利用 N_2 或氨基酸作氮源，但可利用咖啡碱。硫化物是所有甲烷球菌属中菌株的有效硫源，单质硫可被还原为硫化物。半胱氨酸、二硫苏糖醇和硫酸盐不能代替硫化物。一些菌株如 $M.maripaludis$ 可利用硫代硫酸盐作为硫源。

高浓度的镁盐可刺激菌株生长。Ca、Fe、Ni 和 Co 为沃氏甲烷球菌（$M.voltae$）生长必需或可刺激菌株生长。W 和 Ni 为万氏甲烷球菌（$M.vannielii$）生长必需或可刺激菌株生长。与其他产甲烷菌类似，甲烷球菌属中菌种可耐受低浓度的普通抗生素，而一些抗生素如阿霉素、氯霉素、莫能菌素、维吉尼亚霉素和吡咯等在低浓度时就会对菌种产生抑制作用。对低浓度的有机含锡化合物如二苯锡、三苯基锡和三乙基锡敏感。

2）甲烷热球菌属（$Methanothermococcus$）

该属目前含有 2 个产甲烷菌。细胞革兰氏染色呈阴性，不规则球菌，通过极生鞭毛运动。在蒸馏水和 SDS 稀溶液中迅速溶解；适宜温度为 $60 \sim 70℃$；NaCl 是生长必需的营养元素；在以 H_2/CO_2 为底物的培养基中自养生长；H_2 和甲酸用作产甲烷的电子供体；乙酸、甲醇和甲胺不能用作产甲烷的基质；有机碳源不能刺激菌种生长；模式种为热自养甲烷嗜热球菌（$M.thermolithotrophicus$）。

（2）甲烷暖球菌科（Methanocaldococcaceae）。

该科含有 2 个嗜热甲烷菌属，（G＋C）含量为 $31％ \sim 33％$。甲烷暖球菌科生理生化特性见表 3-10。

表 3-10　甲烷暖球菌科生理生化特性

特征	甲烷暖球菌属（$Methanocaldococcus$）					甲烷炎菌属（$Methanotorris$）	
	$indicus$	$fervens$	$vulcanius$	$infernus$	$jannaschii$	$igneus$	$formicicus$
细胞直径/μm	$1 \sim 3$	$1 \sim 2$	$1 \sim 3$	$1 \sim 3$	1.5	$1 \sim 2$	$0.8 \sim 1.5$
运动性	＋	＋	＋	＋	＋	－	－
基质	H_2/CO_2	H_2/CO_2	H_2/CO_2	H_2/CO_2	H_2/CO_2	H_2/CO_2	H_2/CO_2、甲酸
硫源	S^0，S^{2-}	S^0，S^{2-}	S^0，S^{2-}	S^0，S^{2-}	S^0，S^{2-}	S^0，S^{2-}	S^{2-}
氮源	NO_3^-、NH_3	NO_3^-、NH_3	NO_3^-、NH_3	NO_3^-、NH_3	NH_3	NH_3	NO_3^-、NH_3、N_2

续表

特征	甲烷暖球菌属（Methanocaldococcus）					甲烷炎菌属（Methanotorris）	
	indicus	*fervens*	*vulcanius*	*infernus*	*jannaschii*	*igneus*	*formicicus*
温度生长范围/℃	50～86	48～92	49～89	55～91	50～91	45～91	55～83
适宜温度/℃	85	85	80	85	85	88	75
生长 pH 值范围	5.5～6.7	5.5～7.6	5.2～7.0	5.25～7.0	5.2～7.0	5.0～7.5	6.0～8.5
适宜 pH 值	6.5	6.5	6.5	6.5	6.0	5.7	6.7
生长 NaCl 浓度	15～50g/L	0.5%～5.0%	6.25～56.25g/L	12.5～50g/L	1.0%～5.0%	0.45%～7.2%	4～60g/L
适宜 NaCl	30g/L	3.0%	25g/L	25g/L	3.0%	1.8%	24g/L
(G+C)含量/%	30.7	33	31	33	31	31	33.3
模式株	SL43	AG86	M7	ME	JAL-1	KoL5	Mc-S-70

注：运动性时"＋"为具有运动性，"－"为不具有运动性。

1）甲烷暖球菌属（*Methanocaldococcus*）

该属目前含有 5 个产甲烷菌，细胞为不规则球菌，通过极生鞭毛运动；在蒸馏水和低浓度 SDS 溶液中易于溶解；生长需添加 NaCl；在含 H_2/CO_2 底物的培养基中自养生长；甲酸、乙酸、甲醇和甲胺不能用作产甲烷的基质；Se 和 W 可刺激菌种生长；链霉素、青霉素 G、卡那霉素或氨苄青霉素（均为 200μg/mL）对该属产甲烷菌生长无影响，而氯霉素和利福平则会对菌种的生长产生抑制作用。该属产甲烷菌种多从深海地热口分离。

2）甲烷炎菌属（*Methanotorris*）

该属目前含有两个产甲烷菌种，即 *Methanotorris formicicus* 和 *Methanotorris igneus*。生长都不需要 Se、W 和维生素，这些成分也不刺激菌株生长。氯霉素和利福平抑制 *Methanotorris formicicus* 生长，但可耐受 200μg/mL 的链霉素和卡那霉素。

3.3.5.3　甲烷微菌目（Methanomicrobiales）

根据 16S rRNA 序列相似性低于 89% 将甲烷微菌目分为甲烷微菌科、甲烷粒菌科和甲烷螺菌科。而甲烷螺菌科根据其含有独特的弯杆形状和外壳的特征进一步与其他两科区别。

（1）甲烷微菌科（Methanomicrobiaceae）

甲烷微菌科分为 6 个属，不同属之间 16S rRNA 基因序列的相似性为 87%～95%，同一个属的不同物种之间 16S rRNA 基因序列的相似性高于 95.4%。甲烷微菌科包含有球形的（*Methanogenium* 和 *Methanoculleus*）、圆盘形的（*Methanoplanus*）、棒状的（*Methanomicrobium* 和 *Methanolacinia*）及螺旋状的（*Methanospirillum*）产甲烷菌。甲烷微菌属和甲烷叶状菌属中都只有一个产甲烷菌，细胞呈杆状。甲烷袋状菌属、甲烷泡菌属和产甲烷菌属中的细胞为不规则球菌，根据表型特征很难区分这 3 个属。甲烷盘菌属根据其特有的盘状而和其他属不同。

1）甲烷微菌属（*Methanomicrobium*）

甲烷微菌属仅含有一个嗜热产甲烷菌，活动甲烷微菌（*M. mobile*），分离于瘤胃流体，革兰氏阴性，稍微弯曲，短杆，通过单极生鞭毛进行缓慢的运动，易溶解。可利用 H_2/CO_2 或甲酸产甲烷。生长需要含醋酸和瘤胃液体或挥发酸的混合物、氨基酸和维生素。生长温度范围为 30～45℃，适宜生长温度为 40℃。适宜生长 pH 值为 6.1～6.9，（G+C）含量为 49%，模式菌株为 DSM1539。

2）甲烷叶状菌属（*Methanolacinia*）

主要含有重新分类的帕氏甲烷叶形菌（*Methanolacinia paynteri*）。该菌从海洋沉积物中分离，为多形、短和高度不规则球状或叶状细胞，直径为 1.5～2.0μm，单生，革兰氏阴性，有鞭毛但运动性弱或无。可利用 H_2/CO_2、2-丙醇/CO_2、2-丁醇/CO_2 或环戊醇/CO_2 产甲烷；不能利用甲酸、乙酸、甲胺、乙醇、丙醇、正丁醇和环己醇生长和产甲烷，生长需要添加乙酸；适宜的生长温度、pH 值和 NaCl 浓度分别为 40℃、7.0 和 0.15mol/L；最小世代时间为 4.8h；（G+C）含量为 44%，模式株为 G-2000。

3）产甲烷菌属（*Methanogenium*）

含有 5 个从不同环境中分离出的产甲烷菌，呈高度无规则的球状，革兰氏阴性，有鞭毛，但无运动性。细胞壁由规则的蛋白质亚单元构成，易在稀释的洗涤剂中溶解，需要生长因子并且可利用甲酸。（G+C）含量在 47%～53% 之间。

4）甲烷袋状菌属（*Methanoculleus*）

该属产甲烷菌为高度不规则的非活动球菌，革兰氏阴性，都可利用甲酸。适宜的生长 pH 在中性偏酸附近。适宜的生长温度范围较宽，*M. receptaculi* 和 *M. thermophilicum* 的适宜生长温度在 50～60℃ 间，而 *M. marisnigri* 则在 20～25℃ 间。（G+C）含量在 59%～62% 之间。模式种为 *M. olentangyi* 和 *M. bourgense*。该属产甲烷菌的生理生化特性见表 3-11。通过 16S rRNA 基因序列分析发现 *M. frittonii* DSM2832 与 *M. thermophilus* DSM2373 在序列方面有 99.9% 的相似性，而两菌株的 DNA-DNA 杂交显示只有 86% 的 DNA-DNA 偶合，因此根据表型和基因特征，建议将 *M. frittonii* 与 *M. thermophilus* 统一为 *M. thermophilus*。目前基于表型、基因型和系统发育特性的研究已证实 *M. bourgensis*、*M. olentangyi* 和 *M. oldenburgensis* 是同种异名。

表 3-11　甲烷袋状菌属生理生化特性

特征	*receptaculi*	*thermophilicum*	*submarinus*	*chikugoensis*	*palmolei*	*marisnigri*	*bourgensis*
尺寸/μm	0.8～1.7	0.7～1.8	0.8～2.0	1.0～2.0	1.25～2.0	1.5	1～2
革兰氏染色	ND	—		—	—	—	—
运动性	—	—或弱	—	—	—		—
pH 值范围	6.5～8.5		5.0～8.7	6.7～8.0	6.5～8.0	6.7～7.6	5.5～8.0
适宜 pH 值	7.5～7.8	6.7～7.2	6.0～7.5	6.7～7.2	6.9～7.5	6.2～6.6	6.7
生长温度范围/℃	30～65		11～55	15～40	22～50	15～45	30～50

续表

特征	*receptaculi*	*thermophilicum*	*submarinus*	*chikugoensis*	*palmolei*	*marisnigri*	*bourgensis*
适宜温度/℃	50~55	55~60	43	25~30	40	20~25	35~40
NaCl 范围/(mol/L)	0~1.3		0.1~0.7	0~0.3	ND	0~0.7	0~0.68
NaCl 适宜/(mol/L)	0.2	0~0.3	0.1~0.4	0.1	ND	0.1	0.17
(G+C)含量/%	55.2	55~59	ND	62.2	59	61.2	59
模式株	ZC-2	CR-1	Nankai-1	MG62	INSLUZ	JR1	MS2

注：革兰氏染色"—"为阴性；运动性时"—"为不具有运动性；ND 表示未提及。

5）甲烷盘菌属（*Methanoplanus*）

甲烷盘菌属含有 3 种产甲烷菌，具有极地绉的鞭毛，呈特色的蜂窝状，显微镜观察对比显示 *M.limicola* 呈长方平板状而 *M.endosymbiosus* 为盘状。可利用 H_2/CO_2 或甲酸盐生成 CH_4。最适 pH 近中性，嗜温，最佳 NaCl 浓度为 0.20~0.25mol/L。酵母膏、蛋白胨和维生素可促进菌种生长。*M.endosymbiosis* 是海洋纤毛虫内共生菌，研究认为产甲烷细菌的功能是作为在纤毛虫中碳流过程中氧化步骤的电子接收器，这些共生关系与海洋沉积物中二氧化碳和甲烷的总代谢转化有关。（G+C）含量在 39%~50%之间，模式种为 *M.limicola*。

该属产甲烷菌的生理生化特性见表 3-12。

表 3-12 甲烷盘菌属和甲烷泡菌属生理生化特性

特征	甲烷盘菌属（*Methanoplanus*）			甲烷泡菌属（*Methanofollis*）				
	petrolearius	*endosymbiosis*	*limicola*	*liminatans*	*formosanus*	*aquaemaris*	*tationis*	*ethanolicus*
尺寸/μm	1~3	1.6~3.4		1.25~2.0	1.2~2.0	1.2~2.0	3	2~3
革兰氏染色	ND	—	—	ND	—	—	—	—
运动性	ND	—	弱	+	—	—	—	—
pH 值范围	5.3~8.4	ND	6.5~7.5	ND	5.6~7.3	6.3~8.0	6.3~8.8	6.5~7.5
适宜 pH 值	7.0	6.8~7.3	7.0	7.0	6.6	6.5	7.0	7.0
生长温度范围/℃	25~45	16~36	17~41	25~45	25~42	20~43	20~45	15~40
适宜温度/℃	37	32	40	40	40	37	37~40	37
NaCl 范围/(mol/L)	0~5%	ND	0.4~5.4		0~4%	0~6%	0~7%	
NaCl 适宜/(mol/L)	1%~3%	0.25	1		3%	0.5	0.8%~1.2%	
(G+C)含量/%	50	38.7	47.5	59.3	59.3	ND	54	60.9
模式株	SEBR4847	DSM3599	DSM2279			N2F9704	DSM2702	HASU

注：革兰氏染色"—"为阴性；运动性时"+"为具有运动性；"—"为不具有运动性；ND 为未提及。

6）甲烷泡菌属（*Methanofollis*）

Zellner 等建议将塔提泥产甲烷菌（*M. tationis*）和泥游产甲烷菌（*M. liminatans*）重新分类为甲烷泡菌属（*Methanofollis*），这些菌种可利用甲酸并且其（G＋C）含量为 54％～60％。该属产甲烷菌的生理生化特性见表 3-12。

（2）甲烷粒菌科（Methanocorpusculaceae）

甲烷粒菌科仅含有甲烷粒菌属，一般为不规则的球菌，直径＜1μm，单鞭毛。可利用 H_2/CO_2 和甲酸，有些菌种可利用 2-异丙酮/CO_2。乙酸、酵母膏、蛋白胨、瘤胃流体是生长必需的营养元或可刺激菌种生长，对 SDS 敏感。

该属产甲烷菌的生理生化特性见表 3-13。

表 3-13　甲烷粒菌科产甲烷菌生理生化特性

特征	甲烷粒菌属（*Methanocorpusculaceae*）				
	parvum	*aggregans*	*bavaricum*	*labreanum*	*sinense*
尺寸/μm	≤1	0.5～2	≤1	0.4～2.0	≤1
革兰氏染色	—	—	—	—	—
运动性	鞭毛,弱运动	—	鞭毛,弱运动	—	鞭毛,弱运动
pH 值范围	ND	6.2～7.5	ND	6.5～7.5	ND
适宜 pH 值	6.8～7.5	6.6	7.0	7.0	7.0
生长温度范围/℃	15～45	27～38	15～45	ND	15～45
适宜温度/℃	37	35	37	37	30
NaCl 范围/(mol/L)	0～47	0～2%	ND	ND	ND
NaCl 适宜/(mol/L)	ND	0%	ND	15	ND
(G＋C)含量/%	48.5	52	47.7	50	52
模式株	XII	Mst	SZSXXZ	Z	CHINAZ

注：革兰氏染色"—"为阴性；运动性时"—"为不具运动性；ND 为未提及。

（3）甲烷螺菌科（Methanospirillaceae）

甲烷螺菌科目前仅含有甲烷螺菌属（*Methanospirillum*）。该属目前仅有亨氏甲烷螺菌（*M. hungatei*），该菌具有未在其他产甲烷菌中发现的独特的螺旋状。

亨氏甲烷螺菌具有极生鞭毛和外壳，革兰氏阴性，运动性弱。属于氢营养型产甲烷菌，对 H_2 亲和力高，可利用甲酸和 H_2/CO_2 为基质产甲烷，不能利用乙酸、甲醇、乙醇产甲烷。酵母膏和胰酪胨可刺激生长，适宜生长温度为 30～37℃，适宜 pH 值为 6.6～7.4。（G＋C）含量为 45％～49％，模式株为 JF1。

3.3.5.4　甲烷八叠球菌目（Methanosarcinales）

甲烷八叠球菌目根据其表型特征和 16S rRNA 基因序列分析目前分为甲烷八叠球菌科和甲烷鬃菌科。该目产甲烷菌为球形或有鞘杆状，一些有外壳包围或有酸性杂多糖，无肽聚糖和假胞壁质。脂质中通常含有以肌醇、乙醇胺和甘油为极性头基的羟基古醇。该目菌种可利用的基质广泛，可利用 H_2 还原 CO_2，可异化甲基化合物，也可分解乙酸。

（1）甲烷八叠球菌科（Methanosarcinaceae）

1）甲烷八叠球菌属（*Methanosarcina*）

该属中产甲烷菌主要是乙酸营养型产甲烷菌，广泛存在于淡水和海水污泥、厌氧土壤、动物废弃物集合池及厌氧消化器等厌氧生态环境中，并占据优势，可将有机质完全降解为 CH_4 和 CO_2。该属产甲烷菌的生理生化特性见表 3-14。

表 3-14　甲烷八叠球菌属生理生化特性

特征	*barkeri*	*acetivorans*	*siciliae*	*thermophila*	*mazeii*	*vacuolata*	*baltica*	*lacustris*	*semesi*
尺寸/μm	1.5~2.0	1.7~2.1	1.5~3.0	1.5~2.5	1.0~3.0	1.0~2.0	1.5~3.0	1.5~3.5	0.8~2.1
革兰氏染色	+	−	−	+	+	+	ND	+	+
运动性	ND	−	−	ND	−	−	ND	−	−
pH 值范围	6.5~7.5	5.4~8.5	5.0~7.8	5.5~8.0	5.8~8.0	6.0~8.0	4~8.5	4.5~8.5	6.2~8.3
适宜 pH 值	7.0	6.5~7.0	6.5~6.8	6.0	6.8~7.2	7.5	6.5~7.5	7.0	6.5~7.5
生长温度范围/℃	25~50	15~48	15~42	35~55	25~45	20~45	4~27	1~35	18~39
适宜温度/℃	45	35~40	40	50	40~42	40	25	25	30~35
NaCl 范围/%	0.1~0.7	0.1~1.0	0.2~0.6	0~1.2	0.1~0.7	0.1~0.5	ND	ND	0~1.4
NaCl 适宜/(mol/L)	<0.2	0.2	0.4~0.6	0.6	0.2~0.4	0.1	0.3~0.4	ND	0.2~0.6
(G+C)含量/%	39~44	41	41~43	42	42	36	ND	43.4	ND
模式株	MS	C2A	T4/M	7M-1		Z-761	GS1-A1	ZS	MD1

注：革兰氏染色"＋"号为阳性；运动性时"－"为不具运动性；ND 为未提及。

所有菌株都不具有运动性，可代谢乙酸、甲醇、甲胺和 CO，其中的一些菌种可以利用 H_2/CO_2。适宜 pH 多在中性附近，而嗜热甲烷八叠球菌（*M.thermophila*）的适宜 pH 则在弱酸性附近（6.0）。适宜的温度多在 30~40℃间，但湖沉积甲烷八叠球菌（*M.lacustris*）和波罗的海甲烷八叠球菌（*M.baltica*）为嗜冷产甲烷菌，适宜生长温度为 25℃。模式株为巴氏甲烷八叠球菌（*M.barkeri*）

2）甲烷叶菌属（*Methanolobus*）

该属产甲烷菌多为革兰氏阴性，除丁达尔甲烷叶菌（*M.tindarius*）和 *M.profundi* 外都不具有运动性。适宜的温度范围为 30~40℃，丁达尔甲烷叶菌（*M.tindarius*）为嗜冷产甲烷菌。适宜的 NaCl 浓度为 0.5mol/L，*M.oregonensis* 可在 NaCl 浓度为 1.5mol/L 时生长良好。可利用甲醇和甲胺生长。不能利用 H_2/CO_2、甲酸、乙酸或乙醇生长。模式株为分离于海岸沉积物中的丁达尔甲烷叶菌（*M.tindarius*）。

该属产甲烷菌的生理生化特性见表 3-15。

表 3-15　甲烷叶菌属生理生化特性

特征	tindarius	bombayensis	oregonensis	taylorii	vulcani	zinderi	profundi
尺寸/μm	0.8～1.25	1.0～1.5	1.0～1.5	0.5～1.0	1.0～1.25	0.5～1.0	0.9～1.2
革兰氏染色	－	－	－	－	－		－
运动性	＋	－	－	－	－		＋
pH 值范围	5.5～8.0	6.2～8.2	8.2～9.2	5.5～9.2	5.8～7.8		6.1～7.8
适宜 pH 值	6.5	7.2	8.6	8	7.0		6.5
生长温度范围/℃	10～45	20～42	25～42	5～42	13～45		9～37
适宜温度/℃	25	37	35	37	40		30
NaCl 范围/%	0.06～1.27	0.2～2.2	0.1～1.6	0.1～1.5	0.1～1.4		0.1～1.0
NaCl 适宜/(mol/L)	0.49	0.5	0.48	0.5	0.5		0.35
(G+C)含量/%	40	39	40.9	40.8	39	42	42.4
模式株		B-1		GS-16	P1-12/M	SD1	MobM

注：革兰氏染色"－"为阴性，运动性时"＋"为具有运动性，"－"为不具有运动性。

3）甲烷类球菌属（*Methanococcoides*）

该属产甲烷菌为不规则的球菌，细胞壁含有厚为 10nm 的蛋白单层。可利用甲胺和甲醇生长，但不能代谢乙酸、二甲基硫化物或甲酸。细胞在 SDS 中溶解。适宜的 NaCl 浓度为 0.2～0.6mol/L，并且其生长需要高浓度的镁（50mmol/L）。

该属产甲烷菌的生理生化特性见表 3-16。

表 3-16　甲烷类球菌属、甲烷嗜盐菌属、甲烷咸菌属和甲烷盐菌属生理生化特性

特征	甲烷类球菌属（*Methano-coccoides*）		甲烷嗜盐菌属（*Methanohalophilus*）			甲烷咸菌属（*Methano-salsus*）	甲烷盐菌属（*Methanohalo-bium*）
	methylutens	burtonii	mahii	halophilus	portucalensis	zhilinae	evestigatum
尺寸/μm	1.0	0.8～1.8	0.5～2.5	0.5～2.0	0.6～2.0	0.75～1.5	ND
革兰氏染色	－	－	－	－		－	ND
运动性	－	ND	－	－		－	ND
pH 值范围	6.0～8.0	6.8～8.2	6.8～8.2	6.3～7.4	ND	8.0～10	6.0～8.3
适宜 pH 值	7.0～7.5	7.7	7.5	6.5～7.4	ND	9.2	7.0～7.5
生长温度范围/℃	15～35	1.7～29.5	10～45	18～42	ND	20～50	25～60
适宜温度/℃	30～35	23.4	35	26～36	ND	45	50
NaCl 范围/%	0.1～1.0	0.2～0.5	0.4～3.5	0.7～2.6	ND	0.2～2.1	1.7～5.1
NaCl 适宜/(mol/L)	0.24～0.64	0.2	2.0	1.2	ND	0.7	4.3
(G+C)含量/%	42	39.6	48.5	39	41	38	37
模式株	TAM-10	DSM6242	SLP	FDF-1	ND	WeN5	

注：革兰氏染色中"－"为阴性；运动性中"－"为不具运动性；ND 为未提及。

4）甲烷嗜盐菌属（*Methanohalophilus*）

该属产甲烷菌为不规则球菌，革兰氏阴性，无运动性，单生或簇状存在。可利用甲胺、甲醇、二甲胺和三甲胺生长和产甲烷，但甲醇浓度高于 40mmol/L 时会产生毒害作用。不能利用二元醇、乙酸、甲酸和 H_2/CO_2。添加 0.05% 的酵母膏和胰蛋白酶胨会抑制生长。Na、Mg、Fe 和 K 等为生长和产甲烷的必需元素，在 Na^+ 为 0.5～2.5mol/L 时生长良好。菌种在 0.05% SDS 和 NaCl 浓度低于 0.3mol/L 时溶解。该属产甲烷菌的生理生化特性见表 3-16。

5）甲烷咸菌属（*Methanosalsus*）

只含有一种嗜碱嗜盐的甲基营养型产甲烷菌，织里甲烷咸菌（*Methanosalsum zhilinae*）。其细胞为不规则球菌，直径 0.75～1.5μm，单生，偶尔丛生或形成四联体。可利用甲胺、甲醇或二甲基硫化物等含甲基化合物生长和产甲烷，而二甲胺浓度在 20mmol/L 时会抑制产甲烷，不能利用乙酸、甲酸或 H_2/CO_2。生长不需要酵母膏、瘤胃流体和胰蛋白酶胨，但添加这些物质可刺激菌株生长。抑制细胞合成的抗生素如青霉素 G、安比西林、环丝氨酸和羧苄西林对细胞无影响，而影响核糖体的化合物如氯霉素和四环素则完全抑制生长。在 SDS 溶液中溶解。该属产甲烷菌的生理生化特性见表 3-16。

6）甲烷盐菌属（*Methanohalobium*）

仅含有一个极端嗜盐菌株，*M. evestigatum*。可利用甲胺生长，但不能利用乙酸、甲酸或 H_2/CO_2，可代谢浓度小于 5mmol/L 的甲醇，不能利用 20mmol/L 或更高浓度的甲醇。B 族维生素或酵母膏为生长的必需营养。

（2）甲烷鬃菌科（Methanosaetaceae）

甲烷鬃菌科主要将所有的专性乙酸型产甲烷菌分类到甲烷鬃菌属（*Methanosaeta*），该属产甲烷菌为革兰氏阴性，无运动性，不产生芽孢。细胞大小为（0.8～1.3）μm×（2～6）μm。细胞呈杆状，形成长链状丝絮，并且易于聚集成团，细胞壁外层由蛋白质组成。乙酸是产甲烷的唯一碳源，37℃ 时的倍增时间为 4～7d。（G+C）含量为 50%～61%。标准种为 *M. concilii*。

3.3.5.5 甲烷火菌目（Methanopyrales）

甲烷火菌目仅含有坎氏甲烷火菌（*Methanopyrus kandleri*）。该菌分离于被地热加热的深海沉积物和浅海地热处，是目前已知的唯一可在高于 110℃ 的条件下生长的耐超高温产甲烷菌种。该菌属于氢营养型，仅利用 H_2 还原 CO_2 产 CH_4，是仅利用 CO_2 为唯一碳源的专性化能无机自养型产甲烷菌种。胺和硫化物可分别用作氮源和硫源。细胞壁为双层结构，内层由一种新型的假胞壁质组成，这种胞壁质主要含有鸟氨酸和赖氨酸，不含有 N-乙酰氨基葡萄糖；外层对清洁剂敏感，主要由蛋白质构成。中心脂由不饱和的萜类脂组成，这种脂被认为是膜进化过程中的主要脂类。该菌为革兰氏阳性，杆状，通过极生鞭毛进行运动；生长温度为 84～110℃，适宜生长温度为 98℃；生长 pH 值范围为 5.5～7.0，适宜 pH 值为 6.5；生长的 NaCl 浓度为 0.2%～4%，适宜生长的 NaCl 浓度为 2.0%（质量浓度）。在有 S 存在时可形成

H_2S。DNA 的 （G＋C） 含量为 60％。模式菌株为 AV19 （DSM 6324）。

目前对于坎氏甲烷火菌 （*M.kandleri*） 的系统发育位置还不明确。基于 16S rRNA 基因、延伸因子和转录因子的系统发育分析显示坎氏甲烷火菌与其他甲烷菌种的相关性较远，而基于甲基辅酶 M 还原酶操纵子、翻译因子和全基因序列的系统发育分析显示坎氏甲烷火菌与其他甲烷菌种相关性较近，尤其是甲烷杆菌目和甲烷球菌目。因此，坎氏甲烷火菌可能属于甲烷菌群中单独的一个分支，而不是古菌根部的一个分支。

3.3.6　产甲烷古菌的基因组研究

基因组是生物体内 DNA 的完整收集。通过确定全部核苷酸序列，基因组序列工程可加深对生物体生理学的了解，并且对于功能基因组学研究是必需的。1996 年美国伊利诺伊大学首次完成了产甲烷古菌詹氏甲烷球菌 （*Methanocaldococcus jannaschii*） 的基因组测序。2006 年开始陆续有较多的产甲烷菌基因组全序列完成测定，目前为止已有 14 个属 19 个种 22 株产甲烷菌完成了全基因组测序 （表 3-17），包括 18 个有效菌种、1 个候选菌种和 1 个来源于宏基因组学工程的重组基因。产甲烷菌的基因组长度为 1.57～5.75Mbp。甲烷球菌目 （Methanococcales） 和甲烷杆菌目 （Methanobacteriales） 中产甲烷菌基因组通常小于 2Mbp。与此相反，甲烷八叠球菌目 （Methanosarcinales） 通常具有较大的基因组，并且甲烷八叠球菌 （*Methanosarcina acetivorans*） 在目前已报道的古细菌中具有最大的基因组。它们的基因组中大部分含有可预测的开放阅读框 （ORFs），这些开放阅读框用于编码那些未分配功能的蛋白质。完整基因组学可提供用于了解不同产甲烷菌种间的相互关系和生活方式的适应性特定性的基因基础信息学。例如，在人体内脏中分离到斯塔曼甲烷球菌 （*Methanosphaera stadmanae*） 可解释为什么这种产甲烷菌仅利用甲醇和 H_2 作为产甲烷基质和 ATP 合成物质。两种嗜热菌 *Methanogenium frigidum* 和布氏拟甲烷球菌 （*Methanococcoides burtonii*） 可利用它们的基因组序列了解它们的热适应机理。同样地，超嗜热产甲烷菌坎氏甲烷火菌 （*Methanopyrus kandleri*） 的基因组分析提供了该菌的单系起源的系统发育依据[25-28]。

表 3-17　产甲烷菌的全基因组工程

项目	菌种	基因长度/bp	蛋白编码基因	RNA 基因	基因库序号
甲烷球菌纲（Methanococci）	海沼甲烷球菌（*Methanococcus maripaludis*）S2	166137	1722	50	BX950229
	海沼甲烷球菌（*Methanococcus maripaludis*）C5	1780761	1813	47	CP000609
	海沼甲烷球菌（*Methanococcus maripaludis*）C6	1744193	1826	48	CP000867
	海沼甲烷球菌（*Methanococcus maripaludis*）C7	1772694	1788	47	CP000745
	沃尔特氏甲烷球菌（*Methanococcus voltae*）A3	1866365	1690	36	ABH00000000
	沃尔特氏甲烷球菌（*Methanococcus voltae*）PS^b	1838893	1700		—

项目	菌种	基因长度/bp	蛋白编码基因	RNA基因	基因库序号
甲烷球菌纲（Methanococci）	风疹甲烷球菌（*Methanococcus aeolicus*）Nankai-3	1569500	1490	46	CP000743
	万氏甲烷球菌（*Methanococcus vannielii*）SB	1720048	1678	51	CP000742
	詹氏甲烷球菌（*Methanocaldococcus jannaschii*）DSM2661	1664970	1729	43	L77117
	热自养甲烷球菌（*Methanothermococcus thermolithotrophicus*）b	1731708	1720		—
甲烷微菌纲（Methanomicrobia）	拉布雷亚甲烷粒菌（*Methanocorpusculum labreanum*）Z	1804962	1793	63	CP000559
	享氏甲烷螺菌（*Methanospirillum hungatei*）JF-1	3544738	3139	66	CP000254
	黑海甲烷袋状菌（*Methanoculleus marisnigri*）JR1	2478101	2489	53	CP000562
	布氏甲诺雷格氏假丝酵母（*Candidatus Methanoregula boonei*）6A8	2542943	2450	53	CP000780
甲烷八叠球菌属（Methanosarcina）	嗜热甲烷鬃菌（*Methanosaeta thermophila*）PT	1879471	1696	51	CP000477
	巴氏甲烷八叠球菌（*Methanosarcina barkeri*）Fusaro	4837408	3606	73	CP000099
	马氏甲烷八叠球菌（*Methanosarcina mazei*）Go1	4096345	3370	66	AE008384
	乙酸甲烷八叠球菌（*Methanosarcina acetivorans*）C2A	5751492	4540	69	AE010299
	布氏拟甲烷球菌（*Methanococcoides burtonii*）DSM6242	2575032	2273	63	CP00300
甲烷杆菌纲（Methanobacteria）	热自养甲烷热杆菌（*Methanothermobacter thermautotrophicus*）Delta H	1751377	1873	48	AE000666
	史密斯甲烷杆菌（*Methanobrevibacter smithii*）ATCC35061	1853160	1793	42	CP000678
	斯氏甲烷球菌（*Methanosphaera stadtmanae*）DSM3091	1767403	1534	52	CP000102
	坎氏甲烷火菌（*Methanopyrus kandleri*）AV19	1694959	1687	38	AE009439

　　随着产甲烷菌全基因组测序的完成，通过基因组注释和同源性比较，可以推测其基本生理代谢途径，分析其垂直进化和水平迁移路径，了解产甲烷菌个体和群落信息。Galagan 等 2002 年报道了乙酸甲烷八叠球菌（*Methanosarcina acetivorans* C2A）的基因组测序和注释分析等组学研究。乙酸甲烷八叠球菌（*Methanosarcina acetivorans*）代谢方式多样，是产甲烷菌中唯一的复杂多细胞结构个体。其基因组中存在着较多基因家族。200 多个基因参与了产甲烷途径酶的

编码，许多都以多拷贝的形式存在，如甲基转移酶系统、乙酰辅酶 A 脱羧酶/合成酶复合体等。这些多基因拷贝表明乙酸甲烷八叠球菌（*Methanosarcina acetivorans*）可以乙酸和各类甲基化合物为底物产甲烷。利用基因组信息还分析了乙酸甲烷八叠球菌的氧代谢、一氧化碳代谢、氢利用和固氮的过程，以及基因转录翻译调控过程中的信息加工。由于乙酸甲烷八叠球菌可以形成多细胞复合囊状体结构，还研究了与之细胞壁合成相关的多糖合成基因和表层蛋白基因。在环境应答和互作方面，还发现感知传导组氨酸激酶（为乙酸甲烷八叠球菌最大的多基因家族）和同类反应调控蛋白质构成的二元系统参与了细胞信号传导。该研究充分表明了基因组学研究有助于理解机体的生化、环境多样性和促成它有这些适应能力的遗传调控机制。对斯氏甲烷球状菌（*Methanosphaera stadtmanae*）基因组测序发现栖息于人肠道中的这类微生物缺少 37 个在其他产甲烷菌中都具有的酶，包括钼蝶呤（molybdopterin）、一氧化碳脱氢酶/乙酰辅酶 A 合成酶复合体等，从而明确了 *M. stadtmanae* 为什么只能利用甲醇和氢气生成甲烷，以及自身依赖乙酸来合成细胞成分的原因。

　　微阵列（DNA 芯片）是全基因途径中用于转录分析的有效工具。利用 *M. maripaludis* 研究了 H_2、磷酸和亮氨酸限制和不同生长速率时完整的 mRNA 水平，结果表明 H_2 限制导致了编码依赖 F_{420} 辅酶的功能蛋白基因的上调，包括 F_{420} 还原氢化酶或 Fru，甲酸脱氢酶或 Fdh 等。此外，H_2 限制也导致了用于具有氧化还原功能基因的 mRNA 丰度增加，如储能氢化酶 b 或 Ehb、CO 脱氢酶-乙酰辅酶 A 合酶或 CODH-ACS、丙酮酸氧化还原酶或 POR。亮氨酸的限制导致用于若干核糖体蛋白和 RNA 聚合酶的 mRNA 的增加。与此相对，而用于氨基酸生物合成功能基因的 mRNA 则影响较少。磷酸限制时引起用于磷酸 ABC 转移蛋白的 mRNA 的极大上调。此外，对一些基因的 mRNA 进行特殊改变可归属于生长速率的影响。

　　海藻甲烷球菌（*Methanococcus maripaludis* S2）在 2004 年完成了基因组测序，利用转录组微阵列芯片技术、蛋白质组学（包括多维毛细管 HPLC 和四级离子陷阱质谱）和 cDNA 芯片等技术分析该菌中的储能功能和膜键合氢化酶等，并比较了突变体与原始模式菌株中基因表达水平和蛋白质丰度差异性。在海藻甲烷球菌（*Methanococcus maripaludis* S2）中 55% 的基因组编码的蛋白质被检测到，其突变体菌株则含有高水平的 mRNA 和参与到碳同化的蛋白质。

　　甲基营养型淡水产甲烷菌马氏甲烷八叠球菌（*Methanosarcina mazei*）利用乙酸、甲醇、甲胺和 H_2 为产甲烷和生长的基质，被用作研究生长基质对表达水平影响的全基因组的模型。DNA 微阵列技术可用于不同基质下产甲烷菌的转录响应研究。以乙酸为基质时产甲烷菌中参与编码乙酸发酵途径的相关酶的基因表达水平上调，这些酶主要有 CODH-ACS、碳酸酐酶、乙酸激酶和磷酸乙酰转移酶等。此外，编码铁氧化还原蛋白、黄素蛋白、醛：铁氧化还原蛋白氧化还原酶、芳香族氨基酸生物合成酶和与吸收 Co、Fe 和寡核苷酸等相关酶的基因也被诱导。在以乙醇为基质时产甲烷菌中参与乙醇歧化作用和翻译的相关酶的基因水平上调。在高盐时，用于 Na 和磷酸的转运蛋白、应激反应和调控的蛋白等相关基因的表达水平上调。在 N₂ 缺乏时，与 N 和 C 代谢、应激反应、转运等相关的基因表达上调。

与已研究的中温产甲烷菌不同，极端产甲烷菌的蛋白质组学分析相对缺乏。超高温的詹氏甲烷球菌（*Methanococcus jannaschii*）在适温生长条件下含量最高的细胞蛋白无特定功能。同样地，嗜冷的 *Methanogenium frigidum* 和布氏拟甲烷球菌（*Methanococcoides burtonii*）的基因组比较分析表明差异主要在氨基酸、tRNA 组成和蛋白质的结构特征上。嗜冷产甲烷菌含有更高比例的无电荷极性氨基酸，尤其是谷氨酸和苏氨酸，如亮氨酸等疏水氨基酸则降低。

3.3.7 产甲烷菌的生态多样性

产甲烷菌具有如好氧菌等微生物所不同的代谢特征。产甲烷菌的甲烷生物合成途径主要是以乙酸、H_2/CO_2、甲基化合物等为基质。产甲烷菌在自然界中分布极为广泛，在与氧气隔绝的环境几乎都有产甲烷菌生长，如海底沉积物、河湖淤泥、水稻田以及动物消化道等。在不同的生态环境下，产甲烷菌群落组成差异性较大，并且其代谢方式也随着微环境不同而体现出多样性[29,30]。

（1）海底沉积物

海底环境由于存在缺氧、高盐等极端条件，易富集产甲烷菌。约有 1/3 的已知产甲烷菌来源于海底沉积物。一般在海洋沉积物中，利用 H_2/CO_2 的产甲烷菌的主要类群是甲烷球菌目（Methanococcales）和甲烷微菌目（Methanomicrobiales）。

甲烷粒菌属（*Methanocorpusculum*）是 Illinois 海峡里的优势类群，并且该海域里还存在有大量未培养产甲烷菌，同时氢营养产甲烷菌的甲烷合成代谢是该海峡里大分子有机质的生物降解产甲烷的主要生化过程。此外，甲基营养型产甲烷菌也是海底沉积物中甲烷产生的主要贡献者，其主要类群有甲烷类球菌属（*Methanococcoides*）和甲烷八叠球菌属（*Methanosarcina*），其中甲基化合物一般来自海底沉积物中的海洋细菌、藻类和浮游植物的代谢产物。

硫酸盐在海水中的浓度为 20～30mmol/L，这种浓度对产甲烷微生物来说是一种较适宜的底物浓度。但是海洋底部还存在大量的硫酸盐还原菌，它们和产甲烷菌相互竞争核心代谢底物，如氢气和醋酸盐等。在美国南卡罗来纳州的 Cape 海底沉积物中，氢气主要是被硫酸盐还原菌所利用，氢气的浓度分压维持在 0.1～0.3Pa，而这样的浓度已经低于海底沉积物中氢营养型产甲烷菌的最低可用浓度。因此，在硫酸盐还原菌落聚集的沉积物上层，产甲烷菌的种类和菌落数量是相对有限的。在一些富含有机物的沉积物中，由于随着深度的增加硫酸盐浓度降低，因此在沉积物底部硫酸盐还原菌生长受限，从而使得产甲烷菌成为优势菌。Kendall 等研究发现二甲硫醚和三甲胺分别来源于二甲基亚砜丙酸盐和甜菜碱，这些化合物并不能直接有效地被硫酸盐还原菌所利用，相反却是这类菌的"非竞争性"代谢底物。正是由于此类硫酸盐还原菌的"非竞争性"底物的存在，使得专性的甲基营养型产甲烷菌才得以出现在不同深度的沉积物中。

（2）淡水沉积物

相对于海洋的高渗环境，淡水里的各类盐离子浓度明显要低很多，其硫酸盐的浓度只有 $100\sim200\mu mol/L$。因此在淡水沉积物中，硫酸盐还原菌将不会和产甲烷菌竞争代谢底物，这样产甲烷菌就能大量生长繁殖。由于在淡水环境中乙酸盐的含量是相对较高的，因而其中的乙酸盐营养型产甲烷菌占了产甲烷菌菌种的 70%，而氢营养型产甲烷菌只占不到 30%。一般在淡水沉积物中，产甲烷菌的主要类群是乙酸营养的甲烷丝状菌科（Methanosaetaceae），同时还有一些氢营养的甲烷微菌科（Methanomicrobiaceae）和甲烷杆菌科（Methanobacteriaceae）的存在。

在淡水沉积物中，不同代谢类型产甲烷菌的生态分布具有一些独特规律。

① 氢营养型产甲烷菌在低 pH 值淡水环境中不易生长繁殖。例如，研究发现，在德国东北部的 Grosse Fuchskuhle 湖底环境的 pH 值小于 5，在沉积物中并没有发现氢营养型产甲烷菌的存在，而只有乙酸营养型产甲烷菌的分布。因为这样偏酸的 pH 环境适宜耗氢产乙酸菌（Homoacetogens）的生长，从而使得大部分 CO_2 转化为乙酸而非甲烷。

② 随着淡水环境里温度的降低，氢营养型产甲烷菌和乙酸营养型产甲烷菌的生长繁殖均受到抑制，这主要是由两方面的因素造成，首先，耗氢产乙酸菌的最适生长温度较低；其次，绝大多数产氢细菌在低温环境里生长受限，从而使得氢营养型产甲烷菌的关键代谢底物——H_2 供应不足。

③ 在一些研究中还发现，氢营养型产甲烷菌的丰度和活性会随着淡水沉积物的不同深度而发生改变。例如在德国的 Dagow 湖底沉积物中，由氢营养型产甲烷菌产生的甲烷量在沉积物的表面是 22%，而在 18cm 深处则是 38%。

④ 淡水环境中产甲烷菌类群的分布也随着季节的变化而变化。Julie Earl 等用 PCR-TGGE 技术对已经富营养化的 Priest 湖泊底部的沉积物和水样进行不同季节产甲烷菌群落变化的研究，结果显示，在冬季沉积物中产甲烷菌的类型要比夏季的多，其优势菌是甲烷微菌目（Methanomicrobiales）。

（3）稻田土壤

稻田土壤是生物合成甲烷的另一个主要场所。在稻田中，O_2、NO_3^-、Fe^{3+} 和 SO_4^{2-} 被迅速消耗掉，并产生大量的 CO_2，为产甲烷菌的生长和繁殖创造了有利条件。甲烷的生成是其微环境主要的生化过程，光合作用固定的碳素有 $3\%\sim6\%$ 被转化为甲烷。由于稻田的氧气分压较大，并且相对干燥，所以稻田的产甲烷菌相对其他生境的产甲烷菌有较强的氧气耐受性和抗旱能力。稻田中的产甲烷菌类群主要有甲烷微菌科（Methanomicrobiaceae）、甲烷杆菌科（Methanobacteriaceae）和甲烷八叠球菌科（Methanosarcinaceae），它们利用的底物一般是 H_2/CO_2 和乙酸。

研究发现稻田里产甲烷菌的生长和代谢具有一定的特殊规律性。

① 产甲烷菌的群落组成能保持相对恒定。当然也有一些例外，如氢营养型产甲烷菌在发生洪水后就会占主要优势。

② 稻田里的产甲烷菌的群落结构和散土里的产甲烷菌群落结构是不一样的。不可培养的水稻丛产甲烷菌群（Rice Cluster Ⅰ）作为主要的稻田产甲烷菌类群，其产生甲烷的主要原料是 H_2/CO_2。而在其他的散土中，乙酸营养型产甲烷菌是主要的类群，甲烷主要来源于乙酸。造成这种差别可能是由于稻田里氧气的浓度要比散土中高，而在稻田里的氢营养型产甲烷菌具有更强的氧气耐受性。

③ 氢营养型产甲烷菌的种群数量随着温度的升高而增大。

④ 生境中相对高的磷酸盐浓度对乙酸营养型产甲烷菌有抑制效应。这些特有的规律有助于人们清楚地了解稻田里甲烷的产生机制，从而采取相关的措施防止水稻田里碳素的流失。

（4）动物消化道

在动物的消化道中，由于营养物质较丰富并且具备厌氧环境，故存在类群较丰富的产甲烷菌。如在人类的肠道中，产甲烷菌的类群主要是氢营养型产甲烷菌，它们利用的底物主要是 H_2/CO_2。从人类的粪便中分离到两种产甲烷菌——史密斯甲烷杆菌（Methanobrevibacter smithii）和斯氏甲烷球菌（Methanosphaera stadtmanae）。其中 M. smithii 是人类肠道中的优势菌种，其总数在肠道厌氧菌总数中占了大约10％。而 M. stadtmanae 的菌群则相对较少，它们既能以 H_2/CO_2 为代谢底物，同时也能利用乙酸和甲醇作为碳源。以上两种产甲烷菌在其代谢的过程里都能编码一种膜黏附蛋白，这种蛋白使其能适应肠道这种较特殊的生态环境。

食草动物利用其瘤胃中的各种微生物来分解纤维素和木质素等难分解的有机质，产生氢气、短链脂肪酸、甲烷等小分子产物。研究发现不同的反刍动物每天的甲烷产量是不同的，如成年母牛每天能产生大约200L甲烷，而成年绵羊每天的甲烷气产生量大约是50L。在反刍动物的瘤胃中，氢营养型产甲烷菌是产甲烷菌群的优势菌，其数量的变化主要受到动物饮食结构的影响。虽然有些文献报道称甲烷杆菌属（Methanobrevibacter）一般是瘤胃中的优势菌，但是一些研究者也发现其他种属的产甲烷菌在瘤胃中也会占有一定的比例。裴彩霞等对晋南牛瘤胃古菌的多样性进行16S rRNA 序列分析发现，在瘤胃中存在 25 类属于广域古菌的未知序列，显示出瘤胃中存在大量的未知产甲烷菌。采用 PCR-TTGE 技术分析瘤胃中产甲烷菌，结果显示有 36 个菌株分属于反刍甲烷杆菌（M. ruminantium）、史密斯甲烷杆菌（M. smithii）等已知产甲烷菌种，其他的 30 个菌株则未判定分类地位。Tajima 等利用古菌引物 Ar1000f/Ar1500 进行克隆测序后发现，绵羊瘤胃中有甲烷杆菌属（Methanobrevibacter）和甲烷微菌属（Methanomicrobium）两个属的产甲烷菌，进一步证实了反刍动物瘤胃中的产甲烷菌具有类群多样性。

（5）地热及其他地矿环境

在地热及地矿生态环境中均存在着大量能适应极端高温、高压的产甲烷菌类群。以往的研究发现大部分嗜热产甲烷菌是从温泉中分离到的。Stetter 等从冰岛温泉中分离出来的甲烷嗜热菌（*Methanothermus* sp.）可在温度高达 97℃ 的条件下生成甲烷。Deuser 等对非洲基伍湖底层中甲烷的碳同位素组成进行研究后指出，这里产生的甲烷至少有 80% 是来自于氢营养型产甲烷菌的 CO_2 还原作用。多项研究显示出，温泉中地热来源的 H_2 和 CO_2 可作为产甲烷菌进行甲烷生成的底物。除陆地温泉中存在有嗜热产甲烷菌外，在深海底热泉环境近年来也发现多种微喷口环境的产甲烷菌类群，它们不但能耐高温，而且能耐高压。例如，一种超高温甲烷菌（*Methanopyrus* sp.）是从加利福尼亚湾 Guaymas 盆地热液喷口环境的沉积物中分离出来的，其生存环境的水深约 2000m（相当于 20.265MPa），水温高达 110℃。甲烷嗜热菌（*Methanopyru skandleri*）也是在海底火山口分离到的，它是以氢为电子供体进行化能自养生活的嗜高温菌，其生长温度可达 110℃。

　　而在地矿环境中，由于存在有大量的有机质，其微生物资源也很丰富并极具特点。甲烷菌在地壳层的分布比较广泛，在地壳不同深度、不同微环境中，其种属及形成甲烷气的途径各异。周蓁虹等报道，在柴达木盆地第四系 1701m 的岩心中仍有产甲烷菌存在，并存在产甲烷的活性。张辉等指出近年来从油藏环境中分离得到的产甲烷菌主要有 3 类，包括氧化 H_2 还原 CO_2 产生甲烷的氢营养型产甲烷菌、利用甲基化合物（依赖或不依赖 H_2 作为外源电子供体）产生甲烷的甲基营养型产甲烷菌和利用乙酸产甲烷的乙酸营养型产甲烷菌。

3.4　甲烷形成的生物代谢途径

　　随着现代生物工程技术的发展进步，对于甲烷形成的途径研究也逐渐深入。现在已知产甲烷菌可以 H_2 和 CO_2、甲酰、甲醇、乙酸及甲基胺为底物生成甲烷：

$$4H_2 + HCO_3^- + H^+ \longrightarrow CH_4 + 3H_2O \tag{3-1}$$

$$4HCOO^- + 4H^+ \longrightarrow CH_4 + 3CO_2 + 2H_2O \tag{3-2}$$

$$4CH_3OH \longrightarrow 3CH_4 + CO_2 + 2H_2O \tag{3-3}$$

$$CH_3COO^- + H^+ \longrightarrow CH_4 + CO_2 \tag{3-4}$$

$$4CH_3NH_3^+ + 3H_2O \longrightarrow 3CH_4 + H_2CO_3 + 4NH_4^+ \tag{3-5}$$

　　基于产甲烷菌对底物的利用情况可分为两类：第一类主要包括甲烷杆菌目、甲烷球菌目、甲烷微菌目和甲烷火菌目，这一类主要是以 $H_2 + CO_2$ 和甲酰为底物；第二类主要为甲烷八叠球菌目，这一类则可以利用如甲醇、甲基胺和乙酸等复杂的底物，并且这些菌中有一些还可以利用 $H_2 + CO_2$[31-37]。

3.4.1　H_2 和 CO_2 产甲烷途径

H_2 和 CO_2 是大多数的产甲烷细菌都可以利用的底物，在氧化 H_2 的同时把 CO_2 还原为 CH_4，在此过程中产甲烷细菌获得能量，并合成细胞物质。实际上在以 H_2 和 CO_2 为底物时，产甲烷细菌的生长效率并不高，CO_2 基本上都转变为 CH_4 了。

除部分产甲烷菌外，如斯氏甲烷球菌（*Methanosphaera stadtmaniae*）利用 H_2 还原甲醇，丁达尔甲烷叶菌（*Methanolobus tindarius*）只能利用甲醇和甲胺，多数产甲烷菌可利用 H_2 和 CO_2 作能源生长。

$$4H_2 + CO_2 \longrightarrow CH_4 + 2H_2O \qquad \Delta G^{\ominus} = -131kJ/mol \qquad (3\text{-}6)$$

在产甲烷生态体系中，氢分压通常在 $1\sim10Pa$ 之间。在此低浓度氢状态下，利用 H_2 和 CO_2 产甲烷过程中自由能的变量为 $-40\sim-20kJ/mol$。在细胞内，从 ADP 和无机磷酸盐合成 ATP 最少需要 $50kJ/mol$ 自由能。因此，在生理生长条件下，产生 1mol 甲烷可以合成不到 1mol ATP。它可作为产能甲烷的形成与吸能 ADP 磷酸化的通过化学渗透机制耦联的证据。

（1）第一阶段：CO_2 还原为甲酰基甲基呋喃（formyl-MF）

$$CO_2 + 2H^+ + MF + Fd_{red}^{2-} \longrightarrow HCO—MF + H_2O + Fd_{ox} \qquad \Delta G^{\ominus} = +16kJ/mol$$
$$(3\text{-}7)$$

这个途径的第一步由甲酰基甲基呋喃脱氢酶催化，还原 CO_2 为甲酰基，共价连接于甲烷呋喃（MF）的氨基基团形成甲酰基甲基呋喃 HCO—MF 和氧化态铁氧化还原蛋白（Fd_{ox}），Fd_{ox} 随后利用 H_2 作为电子供体，在能量转化［NiFe］氢酶（Ech）的催化下产生还原态铁氧化还原蛋白（Fd_{red}）。从反应的标准自由能可见是吸能的。因为典型的产甲烷环境下的氢分压通常低于 1atm（$1atm = 1.01325 \times 10^5 Pa$），在 $10^{-5}\sim10^{-4}atm$ 之间，所以这个反应的实际自由能变化大约为 $40kJ/mol$。甲基呋喃和甲酰基甲基呋喃的结构见图 3-5。

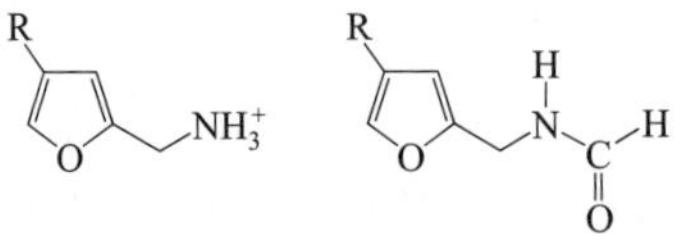

(a) 甲基呋喃　　(b) 甲酰基甲基呋喃

图 3-5　甲基呋喃和甲酰基甲基呋喃的结构

甲酰基甲基呋喃脱氢酶含有一个亚钼嘌呤二核苷酸。从嗜热自养甲烷杆菌（*Methanobacterium thermoautotrophicum*）中分离到这种酶是由表观分子量为 60000 和 45000 的亚基以 $\alpha_1\beta_1$ 形式构建的二聚体，1mol 该二聚体含有 1mol 钼、1mol 亚钼嘌呤二核苷酸、4mol 非亚铁血红素铁和酸不稳定硫。而从沃氏甲烷杆菌（*Methanobacterium wolfei*）中分离到两种甲酰基甲基呋喃脱氢酶：一种由表观分子量为 63000、51000 和 31000 三个亚基以 $\alpha_1\beta_1\gamma_1$ 形成构建的钼酶，该酶含有 0.3mol 钼、0.3mol 亚钼嘌呤二核苷酸和 $4\sim6mol$ 非亚铁血红素铁和酸不稳定硫；第二种为由表观分子量为 64000、51000 和 35000 三个亚基以 $\alpha_1\beta_1\gamma_1$ 三聚物形式构建的钨蛋白，

1mol 三聚物含有 0.4mol 钨、0.4mol 亚钼嘌呤鸟嘌呤二核苷酸和 4～6mol 非亚铁血红素铁和酸不稳定硫。与这些酶相比，从巴氏甲烷八叠球菌（*Methanosarcina barkeri*）中分离到的甲酰基甲基呋喃脱氢酶含有 6 个不确定的亚基，分子量分别为 65000、50000、37000、34000、29000 和 17000，1mol 酶蛋白含有大约 1mol 钼、1mol 亚钼嘌呤鸟嘌呤二核苷酸、28mol 非亚铁血红素铁和 28mol 酸不稳定硫。基因分析显示专性氢营养型甲酰基甲基呋喃通过相同的机制产生。

（2）第二阶段：甲酰基甲基呋喃甲酰基侧基转移到 H_4MPT 形成次甲基-H_4MPT

$$HCO—MF+H_4MPT \longrightarrow HCO—H_4MPT+MF \qquad \Delta G^\ominus = -5kJ/mol \quad (3-8)$$

$$5\text{-formyl-}H_4MPT+2H^+ \longrightarrow CH\equiv H_4MPT^+ +H_2O \qquad \Delta G^\ominus = -5kJ/mol \quad (3-9)$$

甲酰基甲基呋喃中的甲酰基转移给 H_4MPT（四氢甲基喋呤，结构见图 3-6）。这个反应由甲酰基转移酶（Formylmethanofuran：H_4MPT formyltransferase，Ftr）催化，该酶已从多个产甲烷菌和硫酸盐还原菌［*Archaeoglobus fulgidus*（黄球古菌）］中分离纯化到。该酶在空气中稳定，是一种多肽的单聚体或四聚体，表观分子量为 32000～41000，无发色辅基。从嗜热自养甲烷杆菌（*M. thermoautotrophicum*）获得的酶编码基因已经被克隆，并成功地在大肠杆菌中获得了表达。在溶液中，Ftr 是单体、二聚体和四聚体的平衡态，单体不具有活性和热稳定，而四聚体是具有活性和热稳定的。

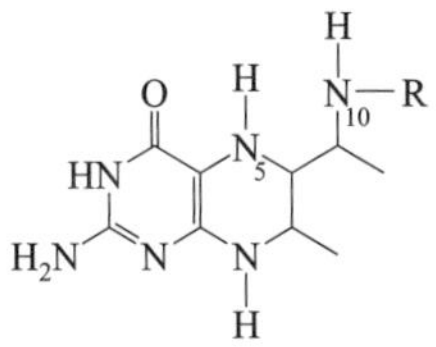

(a) 四氢甲基喋呤

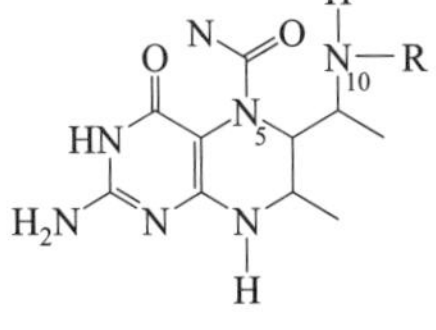

(b) N^5-甲酰基四氢甲基喋呤

图 3-6　四氢甲基喋呤和 N^5-甲酰基四氢甲基喋呤结构

接着是由 N^5,N^{10}-次甲基-H_4MPT 环水解酶催化的 N^5-甲酰基-H_4MPT 可逆水解为 N^5,N^{10}-次甲基-H_4MPT。在碱性条件下，N^5,N^{10}-次甲基-H_4MPT 自动水解为 N^{10}-甲酰基-H_4MPT。在有阴离子存在时，反应速率得到提高。N^5,N^{10}-次甲基-H_4MPT 环化水解酶（Methenyl-H_4MPT cyclohydrolase，Mch）已从嗜热自养甲烷杆菌（*M. thermoautotrophicu*）、马堡甲烷热杆菌（*M. marburgensis*）、巴氏甲烷八叠球菌（*M. barkeri*）、坎氏甲烷火菌（*M. kandleri*）和一个甲基营养型细菌扭脱甲基杆菌（*Methylobacterium extorquens*）AM1 中纯化得到，这种环化水解

酶对溶解氧不敏感，是一种多肽的单聚体或二聚体，表观分子量为40000，并缺少发色辅基。该酶的 N-末端氨基酸序列高度相似，并且酶的催化效率和热稳定性受盐的影响较大。来源于坎氏甲烷火菌（$M.kandleri$）的酶编码基因已在 $E.coli$ 中获得了表达。同源三聚体酶显示该酶的晶体结构为一种新型的 α/β 折叠，该折叠由2个域组成，这2个域在它们之间形成一个大的"囊"（pocket）。Mch的这个域的序列在其他生物中被很好地保存下来。四氢甲基喋呤和 N^5-甲酰基四氢甲基喋呤结构图如图3-6所示。

（3）第三阶段：次甲基-H_4MPT 还原为甲基-H_4MPT

$$5,10\text{-methenyl-}H_4MPT^+ + F_{420}H_2 \longrightarrow 5,10\text{-methylene-}H_4MPT + F_{420} + H^+ \quad \Delta G^\ominus = +6kJ/mol$$
$$(3\text{-}10)$$

$$5,10\text{-methenyl-}H_4MPT + F_{420}H_2 \longrightarrow 5,10\text{-methenyl-}H_4MPT + F_{420} \quad \Delta G^\ominus = -6kJ/mol$$
$$(3\text{-}11)$$

次甲基-H_4MPT 还原为亚甲基-H_4MPT，在进一步还原生成甲基-H_4MPT。在这两个反应中，还原态辅酶 F_{420} 作为还原剂。依赖 F_{420} 的次甲基-H_4MPT 还原反应是可逆的，由亚甲基-H_4MPT 脱氢酶催化。该酶已在嗜热自养甲烷杆菌（$M.thermoautotrophicum$）和巴氏甲烷八叠球菌（$M.barkeri$）中得到了纯化，并进行了表征，在空气中稳定，是一种多肽均聚物，表观分子量为32000，无辅基。此外，在嗜热自养甲烷杆菌（$M.thermoautotrophicum$）中还含有另一种亚甲基-H_4MPT 脱氢酶，这种酶主要与 H_2 氧化次甲基-H_4MPT 还原有关，这种亚甲基-H_4MPT 脱氢酶由1个多肽组成，表观分子量为43000。

$$CH\equiv H_4MPT^+ + H_2 \longrightarrow CH_2 = H_4MPT + H^+ \quad \Delta G^\ominus = -6kJ/mol \quad (3\text{-}12)$$

这个可逆的依赖 $F_{420}H_2$ 的亚甲基-H_4MPT 还原为甲基-H_4MPT 过程由亚甲基-H_4MPT 还原酶（Methylene-H_4MPT reductase，Mer）催化。Mer为可溶性酶，表观分子量为35000～45000，无发色辅基，在空气中稳定。已从嗜热自养甲烷杆菌（$M.thermoautotrophicum$）、马堡甲烷热杆菌（$M.marburgensis$）、巴氏甲烷八叠球菌（$M.barkeri$）、坎氏甲烷火菌（$M.kandleri$）和黄球古菌（$A.fulgidus$）中纯化获得。该酶的一级结构与从嗜热甲烷袋状菌（$Methanoculleus\ thermophilicum$）中纯化的依赖 F_{420} 的乙醇脱氢酶有极大的相似性。次甲基-H_4MPT、亚甲基-H_4MPT 和甲基-H_4MPT 的结构如图3-7所示。

（4）第四阶段：甲基-H_4MPT 上的甲基转移给辅酶M

$$CH_3-H_4MPT + HS-CoM \longrightarrow CH_3-S-CoM + H_4MPT$$
$$\Delta G^\ominus = -30kJ/mol$$
$$(3\text{-}13)$$

在 CO_2 还原途径的下一步，N^5-甲基-H_4MPT 上的甲基转移给辅酶M，生成甲基辅酶M。从甲烷八叠球菌属（$Methanosarcina$）的膜中分离出的转甲基酶可被 Na^+ 激活，并且在 $H_2 + CO_2$ 产甲烷过程中作为钠离子泵。这就意味着在甲基基团转移过程中产生的自由能（$-30kJ/mol$）以跨膜电化学钠离子梯度（$\Delta\mu Na^+$）形式储存，这个梯度可能通过 $\Delta\mu Na^+$-驱动 ATP 合成酶将 $\Delta\mu Na^+$ 作为驱动力用于 ATP 合成。

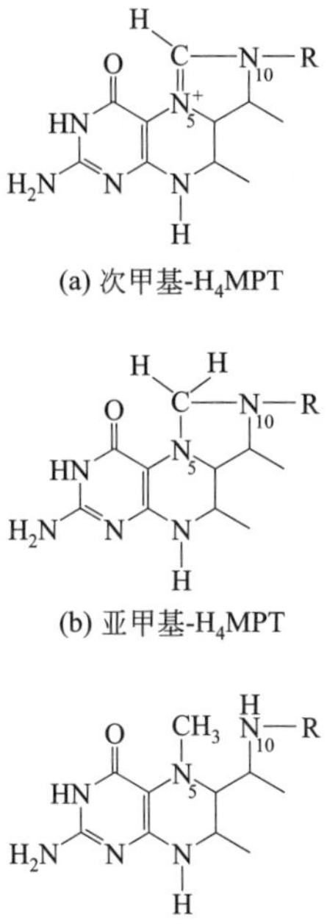

(a) 次甲基-H₄MPT

(b) 亚甲基-H₄MPT

(c) 甲基-H₄MPT

图 3-7 次甲基-H_4MPT、亚甲基-H_4MPT 和甲基-H_4MPT 的结构

基于有关转甲基反应的研究观察到在缺少辅酶 M 时，一种甲基化类咕啉物质出现积累，当加入辅酶 M 时，甲基化类咕啉脱甲基。现已鉴定出这种类咕啉物质是 5-羟基苯并咪唑钴氨酰胺。从这些研究可以假设甲基-H_4MPT 上的甲基转移给辅酶 M 的过程分为两个步骤：首先甲基-H_4MPT 上的甲基侧基转移给类咕啉蛋白，接下来甲基再从甲基化的类咕啉转移给辅酶 M［见方程式（3-14）和式（3-15）］，对于 Na^+ 的转运具体由哪一步驱动还有待进一步研究。甲基-H_4MPT 上的甲基转移给辅酶 M 的过程是非常重要的，是 CO_2 还原途径中的唯一一个能量转换位点。

$$CH_3—H_4MPT+[Co(I)]\longrightarrow CH_3[Co(III)]+H_4MPT \qquad (3-14)$$

$$CH_3—[Co(III)]+H—S—CoM\longrightarrow CH_3—S—CoM+[Co(II)] \qquad (3-15)$$

催化整个反应的酶复合物已从嗜热自养甲烷杆菌中分离到，它由表观分子量为 12500、13500、21000、23000、24000、28000 和 34000 的亚基组成，其中质量为 23000 的多肽可能是结合类咕啉的多肽。每摩尔复合物含有 1.6mol 的 5-羟基苯并咪唑钴氨酰胺、8mol 非血红素铁和 8mol 酸不稳定硫。

（5）第五阶段：甲基辅酶 M 还原产生甲烷

$$CH_3—S—CoM+HS—HTP\longrightarrow CH_4+CoM—S—S—HTP$$

$$\Delta G^\ominus=-45kJ/mol \qquad (3-16)$$

甲基辅酶 M 的还原由甲基辅酶 M 还原酶催化。这个反应包括两个独特的辅酶：一个是 HS—HTP（*N*-7-mercaptoheptanoylthreonine phosphate）（结构见图 3-8），主要作为甲基辅酶 M 还原过程中的电子供体，用于生成甲烷和二硫化物（由 HS—CoM 和 HS—HTP 反应生成 CoM—S—S—HTP）；另一个是 F_{430}，作为发色团辅基。

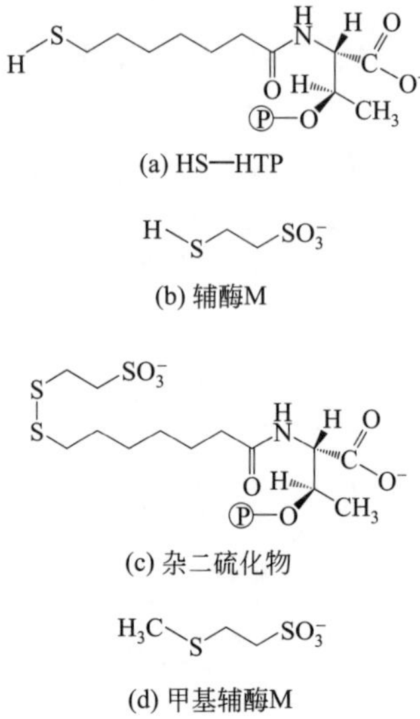

(a) HS—HTP

(b) 辅酶M

(c) 杂二硫化物

(d) 甲基辅酶M

图 3-8　HS—HTP、辅酶 M、杂二硫化物和甲基辅酶 M 结构

甲基辅酶 M 还原酶（Mcr）已从嗜热自养甲烷杆菌（*M. thermoautotrophicum*）、马堡甲烷热杆菌（*M. marburgensis*）、坎氏甲烷火菌（*M. kandleri*）、巴氏甲烷八叠球菌（*M. barkeri*）、嗜热甲烷八叠球菌（*Methanosarcina thermophila*）、索氏甲烷丝菌（*Methanothrix soehngenii*）和沃氏甲烷球菌（*Methanococcus voltae*）中纯化获得。来源于马堡甲烷热杆菌（*M. marburgensis*）的 Mcr 的生物合成途径也已进行了大量的研究，该酶的表观分子量大约是 300kDa，由三个分子量为 65000、46000 和 35000 的亚基以 $\alpha_2\beta_2\gamma_2$ 形式排列。

（6）第六阶段：H_2 还原 F_{420}

$$H_2+F_{420}\longrightarrow F_{420}H_2 \qquad \Delta G^\ominus=-11kJ/mol \qquad (3\text{-}17)$$

所述的这些反应解释了途径中 C 的流向，但对电子的流向还有待进一步研究。在 CO_2 还原途径中所有反应的最终电子供体为 H_2。然而，甲酰基甲基呋喃脱氢酶反应的生理电子载体目前还不清楚，有实验显示催化次甲基-H_4MPT 转化为甲基-H_4MPT 的酶是以还原态的 F_{420}（$F_{420}H_2$）为电子供体。通过依赖 F_{420} 氢化酶再生 $F_{420}H_2$。依赖 F_{420} 氢化酶已从万氏甲烷球菌（*M. vannielii*）、嗜热自养甲烷杆菌（*M. thermoautotrophicum*）、沃尔特氏甲烷球菌（*M. voltae*）、瘤胃甲酸甲烷杆菌（*M. formicicum*）和巴氏甲烷八叠球菌（*M. barkeri*）中纯化获得。所有的这些依赖 F_{420} 氢化酶含有核黄素、Ni 和 Fe-S 簇。此外，从这些产甲烷菌中分离到依赖 F_{420} 氢化酶在主要结构上与其他原核生物氢化酶具有高度的相似性，尤其是那些向活化位点 Ni 提供配体的氨基酸末端被高度保留。

从不同产甲烷菌中分离到的依赖 F_{420} 氢化酶具有高度相似的结构但不是完全一样。来源于嗜热自养甲烷杆菌（*M. thermoautotrophicum*）的氢化酶含有分子量为 47000、31000 和 26000 的三个亚基，并且以 $\alpha_1\beta_1\gamma_1$ 形成三聚物，1mol 三聚物含有 1mol Ni、1mol 黄素腺嘌呤二核苷酸（FAD）和 13～14mol 非亚铁血红素铁和酸不稳定硫。基于目前的研究推测，分子量为 47000 的亚基含有 Ni，而 31000 的亚基含有核黄素和 F_{420} 还原的结合位点。一些其他来源的氢化酶，如万氏甲烷球菌（*M. vannielii*）和沃尔特氏甲烷球菌（*M. voltae*），则以硒代半胱氨酸的形式含有 Se。并且，该类型的产甲烷菌中还含有一套可编码无硒依赖 F_{420} 氢化酶的基因。

（7）第七阶段：二硫化物还原生成 HS—CoM 和 HS—HTP

$$CoM—S—S—HTP + H_2 \longrightarrow HS—CoM + HS—HTP$$

$$\Delta G^{\ominus} = -42kJ/mol \tag{3-18}$$

在甲基还原酶反应的过程形成的异化二硫化物（CoM—S—S—HTP）被还原断裂再生成 HS—CoM 和 HS—HTR。这个反应由依赖 H_2 的杂二硫化物还原酶系统的催化。在甲烷八叠球菌属（*Methanosarcina*）产甲烷菌中，这个膜键合的电子传递系统与能量转换有关。基于甲烷八叠球菌属（*Methanosarcina*）G61 的反向小泡（inverted vesicles）的实验证实了 CoM—S—S—HTP 的形成依赖 H_2 的还原伴随着跨膜质子电位的产生及由 ADP+Pi 合成 ATP。值得注意的是，在沃尔特氏甲烷球菌（*M. voltae*）菌种中依赖 H_2 的杂二硫化物还原与驱动 ATP 合成的跨膜钠离子梯度有明显的关联。

依赖 H_2 的杂二硫化物还原酶系统可分成几个反应：首先，F_{420} 非反应氢化酶活化 H_2 并将电子输送到电子传递链中；然后 CoM—S—S—HTP 接受传递过来的电子；最后杂二硫化物还原酶催化 CoM—S—S—HTP 还原。杂二硫化物还原酶的作用已经在体外实验中得到证实，实验中用还原态的紫染料作电子供体，反方向上用亚甲基蓝作电子受体。目前已从嗜热自养甲烷杆菌（*M. thermoautotrophicum*）分离到杂二硫化物还原酶，由分子量为 80000、36000 和 21000 的 3 个亚基以 $\alpha_4\beta_4\gamma_4$ 组成，1mol 该 $\alpha_4\beta_4\gamma_4$ 酶含有 4mol FAD 和 72mol 非血红素铁和等量的酸不稳定硫。来源于甲烷八叠球菌属（*Methanosarcina*）的杂二硫化物还原酶是严格膜键合的，而来源于嗜热自养甲烷杆菌（*M. thermoautotrophicum*）的该酶是从细胞破碎的可溶性部分回收的。

目前已从巴氏甲烷八叠球菌（*Methanosarcina barkeri*）中分离到一种复合体，该复合体可催化从 H_2 到 CoM—S—S—HTP 的直接电子传递，主要含有 9 个多肽，表观分子量为 46000、39000、28000、25000、23000、21000、20000、16000 和 15000 的亚基，含有 Ni、FAD、非血红素铁和酸不稳定硫。分子量为 23000 的亚基含有血红素衍生的过氧化物酶活性，并且低温光谱检测到 b 型细胞色素。该发现证实细胞色素参与到电子传递链中，其主要是将来源于 H_2 的电子传递给氧化剂 CoM—S—S—HTP。需强调的是这个细胞色素目前仅在甲烷八叠球菌科（Methanosarcinaceae）中检测到。绝大多数产甲烷菌都不含有细胞色素。在这些菌种中可供选择的其他电子载体取代了细胞色素。

上述讨论的反应主要是 CO_2 的还原途径及其涉及的酶。简要来说，CO_2 连接到特定的载体上并连续还原成甲烷，其中 H_2 主要作为过程中的还原剂。从 H_2 到各种中间体的还原平衡迁移主要有两种具有不同电子受体特性的氢化酶。膜键合的 F_{420}

非反应氢化酶参与到能量传递反应中。目前还不清楚由 CO_2 和甲烷呋喃形成 H_2 依赖的甲酰基 MF 的驱动力，但由依赖 H_2 异化二硫化物还原产生的跨膜质子电化学电位可用于 ATP 的合成。此外，由甲基-H_4MPT 和辅酶 M 之间的甲基迁移所产生的自由能与钠离子电位有关。

3.4.2 甲酸产甲烷途径

很多产甲烷菌还可以利用甲酸生成甲烷。甲酸的代谢途径首先是氧化生成 CO_2，然后再进入 CO_2 还原途径生成甲烷。甲酸代谢的关键酶是甲酸脱氢酶，该酶已从瘤胃甲酸甲烷杆菌（*M. formicicum*）和万氏甲烷球菌（*M. vannielii*）中分离到。来源于瘤胃甲酸甲烷杆菌（*M. formicicum*）的这种酶由 2 个不确定的亚基组成，表观分子量为 85000 和 53000 并以 $\alpha_1\beta_1$ 形式构建，1mol 酶含有钼、锌、铁、酸不稳定硫和 1mol FAD。钼是钼嘌呤辅因子的一部分，光谱特征分析显示在黄嘌呤氧化酶中存在一个钼辅因子的结构相似体。编码甲酸脱氢酶的基因已被克隆和测序。DNA 序列分析显示来源于瘤胃甲酸甲烷杆菌（*M. formicicum*）的甲酸脱氢酶并不含有硒代半胱氨酸。与之相反，万氏甲烷球菌（*M. vannielii*）中含有 2 个甲酸脱氢酶，其中一种含有硒代半胱氨酸。

3.4.3 甲醇和甲胺产甲烷途径

可以利用甲醇或甲胺为唯一能源的仅限于甲烷八叠球菌科。甲烷八叠球菌科中的甲烷球菌属只有 H_2 存在时才可以利用含甲基的化合物。大部分的甲烷八叠球菌属的产甲烷菌既可以利用甲基化合物，也可以利用 H_2＋CO_2，但甲烷叶菌属、甲烷类球菌属和甲烷嗜盐菌属的产甲烷菌只在甲基化合物上生长。西西里甲烷叶菌（*Methanolobus siciliae*）和一些甲烷嗜盐菌属的产甲烷菌还可以利用二甲基硫化物为产甲烷基质。

甲醇转化中含有的一个氧化和还原途径，反应中所涉及的酶及自由能变化见表 3-18。

表 3-18 甲烷八叠球菌属（Methanosarcina）利用甲醇产甲烷和 CO_2 过程中所涉及的反应、酶及自由能变化

	反应	自由能 /(kJ/mol)	酶（基因）
CH_4 形成	$CH_3-OH+H-S+CoM \longrightarrow$ $CH_3-S-CoM+H_2O$	−27.5	甲醇:辅酶 M 甲基转移酶（*mtaA* ＋*mtaBC*）
	$CH_3-S-CoM+H-S-CoB \longrightarrow$ $CoM-S-S-CoB+CH_4$	−45	甲基辅酶 M 还原酶（*mcrBDC-GA*）
	$CoM-S-S-CoB+2[H] \longrightarrow$ $H-S-CoM+H-S-CoB$	−40	杂二硫化物还原酶（*hdrDE*）

续表

反应		自由能 /(kJ/mol)	酶（基因）
CO₂ 形成	$CH_3-OH+H-S-CoM \longrightarrow$ $CH_3-S-CoM+H_2O$	−27.5	甲醇:辅酶 M 甲基转移酶（$mtaA$ $+mtaBC$）
	$CH_3-H_4SPT+F_{420} \longrightarrow$ methylene-$H_4SPT+F_{420}H_2$	+30	甲基-H_4SPT:辅酶 M 甲基转移酶 （$rntrEDCBAFGH$）
	Methylene-$H_4SPT+F_{420}+H^+ \longrightarrow$ methenyl-$H_4SPT+F_{420}H_2$	+2.5	
	Methenyl-$H_4SPT+H_2O \longrightarrow$ formyl-H_4SPT+H^+	+6.2	依赖 F_{420} 亚甲基-H_4SPT 还原酶 （mer）
	$CH_2=H_4SPT+F_{420}+2[H] \longrightarrow$ $CH_2≡H_4SPT+F_{420}H_2$	−5.5	依赖 F_{420} 亚甲基-H_4SPT 脱氢酶 （mtd）
	Formyl-$H_4SPT+MF \longrightarrow$ Formyl-$MF+H_4SPT$	+4.6	次甲基-H_4SPT 环化水解酶 （mch）
	$HCO-H_4SPT-MFR \longrightarrow$ $HCO-MFR+H_4SPT$	+4.4	甲酰基甲基呋喃:H_4SPT 甲酰基 转移酶（ftr）
	Formyl$-M \longrightarrow CO_2+MF+2[H]$	−16	甲酰基甲基呋喃脱氢酶（$fmdE-$ $FACDB$）

（1）甲基的转移

甲醇的利用首先是甲基侧基转移给辅酶 M。在两种特有酶的催化下，甲基经过两个连续的反应转移给辅酶 M。首先，在 MT1［甲醇：5-羟基苯并咪唑（hydroxy-benzimidazolyl）钴胺酰胺转甲基酶］的催化下，甲醇中的甲基基团转移到 MT1 上的类咕啉辅基基团上。然后在 MT2（钴胺素：HS-CoM 转甲基酶）作用下转移 MT1 上甲基化类咕啉的甲基基团到辅酶 M。已从巴氏甲烷八叠球菌（$M. barkeri$）中分离到 MT1，该酶对氧敏感，表观分子量为 122000，由 2 个分子量为 34000 和 53000 的亚基以 $\alpha_2\beta$ 形式构建，1mol 该酶含有 3.4mol 的 5-羟基苯并咪唑钴氨酰胺，编码 MT1 的基因通常含有一个操纵子。MT2 已从巴氏甲烷八叠球菌（$M. barkeri$）中分离到，分析显示该酶含有一个分子量为 40000 的亚基，编码 MT2 的基因是单基因转录。当以三甲胺为生长基质时，巴氏甲烷八叠球菌（$M. barkeri$）中检测到了一个三甲胺特有的甲基转移酶。

（2）甲基侧基的氧化

在甲醇的转化过程中，甲基 CoM 还原为甲烷的过程与 CO_2 的还原方法相同。在氧化时，甲基 CoM 中的甲基基团首先转移给 H_4MPT。标准状态下这个反应是吸能的，并且有显示这个反应需要钠离子的跨膜电化学梯度以便驱动甲基 CoM 的吸能转甲基到 H_4MPT。甲基-H_4MPT 氧化为 CO_2 的过程经由亚甲基-H_4MPT、次甲基-H_4MPT、甲酰基-H_4MPT 和甲酰基 MF 等中间体。分别在亚甲基-H_4MPT 还原酶和亚甲基-H_4MPT 脱氢酶的催化下，甲基-H_4MPT 和亚甲基-H_4MPT 氧化生成还原态的 F_{420} 因子。与之相对，甲酰基 MF 脱氢酶的生理电子受体目前还不清楚。因为依赖 H_2 的 CO_2 还原需要输入能量，可以假设这个反应的可逆反应则产生能量。与这个观点一致的，巴氏甲烷八叠球菌（*M. barkeri*）的休眠细胞的实验显示与甲酰基 MF 氧化相呼应的是跨膜钠离子电位的形成。

（3）甲基侧基的还原

由甲基-H_4MPT 氧化产生的还原当量接着转移到杂二硫化物。来自甲酰基 MF 的电子通道目前还不清楚，但可以假设这个电子转移与能量守恒有关。

甲基-H_4MPT 和亚甲基-H_4MPT 氧化过程中产生的 $F_{420}H_2$ 则由膜键合电子转运系统再氧化。*Methanosarcina* G61 反向小泡的实验证实依赖 $F_{420}H_2$ 的 CoM—S—S—HTP 还原产生了一个跨膜电化学质子电位，这个电位驱动 ADP 和 Pi 通过膜键合 ATP 合成酶生成 ATP。依赖 $F_{420}H_2$ 的 CoM—S—S—HTP 还原酶系统可分为两个反应：首先，$F_{420}H_2$ 被 $F_{420}H_2$ 脱氢酶氧化；然后电子转移到杂二硫化物还原酶，杂二硫化物还原酶在依赖 $F_{420}H_2$ 的杂二硫化物还原酶系统中起着非常重要的作用。利用人工合成的含有灭滴灵和甲基紫精为介体的电子受体的体外实验分析了 $F_{420}H_2$ 脱氢酶，并已在专性甲基营养菌丁达尔甲烷叶菌（*Methanolobus tindarius*）的膜上分离纯化出催化这个反应的酶，该酶的表观分子量为 120000，由 5 个多肽组成，其分子量分别为 45000、40000、22000、18000 和 17000，含有 16mol Fe 和 16mol 酸不稳定硫。

总之，利用甲基化合物的产甲烷菌通过转甲基作用形成甲基 CoM，然后这个中间体被不均匀分配，一个甲基 CoM 氧化产生三对可用于还原三个甲基 CoM 产甲烷的还原当量，这个过程包括 CoM—S—S—HTP 的形成，CoM—S—S—HTP 是实际的电子受体，并且 CoM—S—S—HTP 的还原与能量转换有关。

3.4.4 乙酸产甲烷途径

乙酸是不产甲烷细菌群厌氧分解各种复杂有机物的重要中间产物。早在 1977 年就有研究指出，在淡水污泥中或在厌氧性污泥发酵中乙酸代谢为 CH_4 和 CO_2，许多研究显示自然界中 70% 的甲烷来源于乙酸。其后的许多研究先后提出过类似的见解。各种有机物如碳水化合物、氨基酸、长链脂肪酸等在厌氧分解时都产生乙酸。以糖（$C_6H_{12}O_6$）为基质的发酵为例：

$$C_6H_{12}O_6 + 2H_2O \longrightarrow 2CH_3COOH + 2CO_2 + 4H_2 \tag{3-19}$$

$$CO_2 + 4H_2 \longrightarrow CH_4 + 2H_2O \tag{3-20}$$

$$2CH_3COOH \longrightarrow 2CH_4 + 2CO_2 \tag{3-21}$$

总反应式： $$C_6H_{12}O_6 \longrightarrow 3CH_4 + 3CO_2 \tag{3-22}$$

其中一个 CH_4 是来自 $C_6H_{12}O_6$ 氧化时产生的 H_2 和 CO_2，而两个 CH_4 是来自 $C_6H_{12}O_6$ 氧化时产生的乙酸，因此 2/3 的 CH_4 来自乙酸。还有某些梭菌等细菌可以由 H_2/CO_2 来合成乙酸，供作产甲烷细菌的基质。

尽管乙酸是产甲烷的重要前体物质，但仅有少数产甲烷菌种可利用乙酸作产甲烷基质。这些菌种主要是甲烷八叠球菌属和甲烷丝菌属，它们都属于甲烷八叠球菌科。对于这两类菌的主要区别在于甲烷八叠球菌属可以利用除乙酸之外的 H_2+CO_2、甲醇和甲胺为基质，而甲烷丝菌属则只能利用乙酸。此外，这两种微生物也显示出对乙酸的不同亲和力。这些差异极大地影响了两种微生物在特定环境中的优势分布，由于甲烷丝菌属对乙酸有较高的亲和力，在乙酸浓度小于 1mmol/L 时甲烷丝菌属为优势乙酸营养菌，若乙酸浓度较高则有利于甲烷八叠球菌属的快速生长。

乙酸产甲烷过程中所涉及的反应见表 3-19。

表 3-19　甲烷八叠球菌科（Methanosarcinales）中利用乙酸产甲烷过程中所涉及的反应、酶及自由能变化

反应	自由能/(kJ/mol)	酶（基因）
乙酸盐$+CoA\longrightarrow$乙酰辅酶 A$+H_2O$	$+35.7$	甲烷八叠球菌属中利用乙酸激酶和磷酸转乙酰酶，鬃毛甲烷菌中为乙酸硫激酶
乙酰辅酶 A$+H_4SPT\longrightarrow$ $CH_3-H_4SPT+CO_2+$辅酶 A$+2[H]$	$+41.3$	CO 脱氢酶/乙酰辅酶 A 合酶
$CH_3-H_4SPT+HS-CoM\longrightarrow CH_3-S-CoM+H_4SPT$	-30	甲基-H_4SPT:辅酶 M 甲基转移酶
$CH_3-S-CoM+H-S-CoB\longrightarrow CoM-S-S-CoB+CH_4$	-45	甲基辅酶 M 还原酶
$CoM-S-S-CoB+2[H]\longrightarrow H-S-CoM+H-S-CoB$	-40	杂二硫化物还原酶

（1）乙酸活化和甲基四氢八叠喋呤的合成

实际上，产甲烷菌在乙酸上的生长速度较在 H_2+CO_2、甲醇或甲胺上的生长速度慢。此外，乙酸中两个位置不同的碳原子在甲烷形成过程中向甲烷的转移率不一样，向 CO_2 的转移率也不一样。用不同碳标记的乙酸利用实验表明 [14]C 标记的甲基向甲烷的转移率为 65%，是 [14]C 标记羧基向甲烷转移率（16%）的 4 倍多，CO_2 中标记 [14]C 向 CH_4 的转移率为 21%。因此，有学者提出，甲烷从各种基质中获得的碳源以下列顺序减少：$CH_3OH>CH_4>$C-2 乙酸$>$C-1 乙酸。但当环境中有辅基质如甲醇存在时乙酸代谢发生巨大变化，甲基碳的流向也会发生改变。

产甲烷菌利用乙酸首先是乙酰基辅酶 A 的活化。甲烷八叠球菌属和甲烷丝菌属利用不同的方法活化乙酸。甲烷八叠球菌属利用乙酸激酶和磷酸转乙酰酶，而甲烷丝菌属利用乙酰基辅酶 A 合成酶。从嗜热甲烷八叠球菌（M.thermophila）已经分离纯化到乙酸激酶和磷酸转乙酰酶，并从索氏甲烷丝菌（M.soehngenii）分离纯化到乙酰基辅酶 A 合成酶，这三种酶都是可溶性的，并对氧敏感。

来源于嗜热甲烷八叠球菌（M.thermophila）的乙酸激酶由两个分子量都为 53000 的相同亚基组成。乙酸激酶的晶体结构显示它是磷酸转移酶中 ASKHA（乙酸

和糖激酶/Hsc70/Actin）中的成员，而动力学和生物化学研究显示磷酸从 ATP 到乙酸的转移是一种直接内嵌机制。

从嗜热甲烷八叠球菌（$M.\ thermophila$）纯化的磷酸转乙酰酶含有 1 个分子量为 42000 的多肽，并且 K^+ 和 NH_4^+ 可极大地刺激该酶活性。含有 CoA—SH 键的磷酸转乙酰酶的晶体结构确认了活化位点残基，使人们认识了该酶的催化机理主要是碱基催化生成—S—CoA，然后通过硫醇阴离子对乙酰磷酸中羧基 C 的亲核反应生成乙酰辅酶 A 和无机磷酸盐。

Blaut 在 1993 年提出了乙酰辅酶 A 断裂的机理（图 3-9）[38]。热醋酸梭状芽孢杆菌（$C.\ thermoaceticumm$）是一种同型产乙酸菌，这种菌中 CO 脱氢酶复合体催化乙酸断裂的可逆反应，也即乙酰辅酶 A 的形成。因此，这种酶为乙酰辅酶 A 合成酶。简单来说，乙酸的断裂可被认为是这个机理的可逆过程。有意思的是，嗜热甲烷八叠球菌（$M.\ thermophila$）中的酶不仅催化乙酰辅酶 A 的断裂，同时和来源于热醋酸梭状芽孢杆菌（$C.\ thermoaceticum$）中的酶一样，是由 CoA、CO 和甲基碘合成。根据 Jablonski 等提出的反应机理[39]，在 Ni/Fe-S 组分的作用下乙酰辅酶 A 断裂，且甲基和羧基键合到金属中心的活性位点上，而 CoA 则结合到 Ni/Fe-S 组分的其他位点上然后被释放出来。结合到金属位点上的羧基侧基被氧化为 CO_2 后释放。甲基被转移到 Co(I)/Fe-S 组分上，生成甲基化的 Co(III) 类咕啉蛋白。然后甲基化的类咕啉蛋白上的甲基再转移给 H_4MPT 生成甲基-H_4MPT。

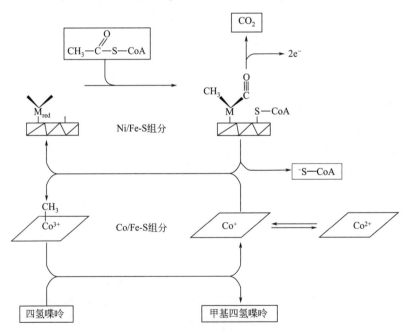

图 3-9　乙酰辅酶 A 断裂的机理 (Blaut, 1993)

（2）乙酸产甲烷过程中电子转移和能源转化

产甲烷菌以乙酸和 $H_2 + CO_2$ 为基质时，从甲基-H_4MPT 到甲烷的途径中碳的流向相同，不同之处在于电子的流向。在以 H_2+CO_2 为基质生长时，H_2 由膜键合的氢化酶活化，电子则是通过杂二硫还原酶传递。相反，在以乙酸为基质时，产甲烷菌中的电子载体目前还不清楚。体外实验显示，在乙酰辅酶 A 的羧基基团氧化过程中产生的电子传递给铁氧还原蛋白。但是，电子接下来如何从还原态的铁氧还原蛋白传递给异化二硫化物还有待进一步研究。在嗜热甲烷八叠球菌（$M.\ thermophila$）中铁氧还原蛋白利用纯化出来的 CO 脱氢酶传递电子给与膜有关的氢化酶。可推测，还原态的铁氧还原蛋白在膜上被氧化，这个过程主要是通过利用异化二硫化物为终端电子受体的能量转化电子传递链，但是，这个系统目前还没有实验检测到。可假设细胞色素参与到产甲烷过程的电子传递中，因为甲烷八叠球菌属和甲烷丝菌属都含有这种膜键合的电子载体。第二个观点是，在利用乙酸的产甲烷菌中存在着目前还不清楚的参与吸能乙酸断裂反应的物质。

$$乙酰—S—CoA+HS—CoM \longrightarrow CO+CH_3—S—CoM+CoA$$
$$\Delta G^{\ominus}=+40.3kJ/mol \tag{3-23}$$

总之，产甲烷菌可利用的基质的转化包括甲基 CoM 的形成和异化二硫化物的还原目前都已经有大量的研究。对于不同的基质其区别在于用 H_2、$F_{420}H_2$ 和乙酰辅酶 A 的羧基基团反应的电子受体。

3.5　生物燃气制备的厌氧发酵微生态学

在沼气发酵过程中，一方面，不产甲烷菌和产甲烷菌之间相互依赖，互为对方创造维持生命活动所需要的环境条件；另一方面，它们之间又相互制约，处于相对平衡状态。

（1）不产甲烷菌为产甲烷菌提供生长所需底物

不产甲烷菌可把各类有机物厌氧分解成 H_2、CO_2、NH_3、挥发性脂肪酸、甲醇、丙酸、丁酸等。丙酸和丁酸还可被产氢产乙酸菌分解转化成 H_2、CO_2、乙酸，这就为产甲烷菌提供了合成细胞质和形成甲烷的碳前体、电子供体和氮源。有研究显示，互营单胞菌属（$Syntrophomonas$）的 7 个嗜中温种或亚种，互营菌属（$Syntrophus$）的 1 个嗜中温种及互营杆菌属（$Thermosyntropha$）和互营热菌属（$Syntrophothermus$）的 2 个嗜高温种的微生物在与嗜氢产甲烷菌共培养时能够氧化丁酸盐和长链脂肪酸，为后者提供代谢底物。但产甲烷菌和不产甲烷菌间还存在着对 H_2 等基质的竞争作用。

（2）不产甲烷菌为产甲烷菌创造了适宜的厌氧环境

产甲烷菌为严格厌氧微生物，只能生活在氧气不能到达的地方。严格的厌氧微生物在有氧环境中会极快被杀死，但它们并不是被气态氧所影响，而是不能解除某些氧代谢产物而死亡。在氧还原成水的过程中，可形成有毒的中间产物，如过氧化氢、超氧阴离子和羟基自由基等。好氧微生物具有降解这些产物的酶，如过氧化氢酶、超氧化物歧化酶等，而严格厌氧微生物则缺乏这些酶。因此在有氧条件下，产甲烷菌的活性被抑制。所以通过混合菌群中诸如纤维素分解菌、硫酸盐还原菌、硝酸盐还原菌、产氨细菌和产乙酸细菌等不产甲烷菌的活性可将环境中氧消耗，从而降低环境的氧化还原电位，使其达到产甲烷菌生长适宜的氧化还原电位（-350mV或更低）。

（3）不产甲烷菌为产甲烷菌创造了适宜的厌氧环境

在以工业废水或废弃物为发酵原料时，其中所含的酚类、氰化物、苯甲酸、长链脂肪酸和若干重金属离子会对产甲烷菌产生抑制作用。而不产甲烷菌中的不少种群微生物具备代谢和去毒化处理上述物质的能力。如若干不产甲烷菌的代谢产物 H_2S 可与部分重金属离子作用，生成不溶性金属硫化物，进而解除这些离子对产甲烷菌的毒害作用。

（4）产甲烷菌为不产甲烷菌解除生化反应的反馈抑制

在厌氧条件下，由于外源电子受体的缺乏，不产甲烷细菌只能将各种有机物发酵而生成 H_2、CO_2 及有机酸、醇等各种代谢产物，而这些在不产甲烷菌作用下生成的发酵产物可以抑制不产甲烷菌的活性，酸的累积也可抑制产酸细菌的继续产酸。当厌氧消化器中乙酸浓度超过 0.003mg/L 时，就会出现酸化现象，使厌氧消化无法有效进行，致使沼气发酵失败。在正常运行的发酵系统中，产甲烷菌能连续不断地利用不产甲烷菌的代谢产物合成甲烷，进而解除了不产甲烷菌的反馈抑制作用，使其继续正常存活。Tanimoto 等分别以甲烷八叠球菌（*Methanosarcina* sp.）DSM 2906 和致黑脱硫肠状菌（*Desulfotomaculum nigrificans*）DSM 574 作为产甲烷菌和硫酸盐还原菌，研究了 88 种底物对二者的作用效果[40]。结果显示，有 9 种底物对致黑脱硫肠状菌（*D. nigrificans*）有抑制作用，但它们对产甲烷菌的活性却无影响。当将庆大霉素和十二烷基苯磺酸（上述 9 种底物中的 2 种）作为甲烷八叠球菌（*Methanosarcina* sp.）和致黑脱硫肠状菌（*D. nigrificans*）共培养的底物时，两种底物对致黑脱硫肠状菌（*D. nigrificans*）的抑制作用解除。

（5）产甲烷菌在厌氧消化过程中的调节作用

产甲烷菌在解除反馈抑制的同时，对厌氧环境中有机物的降解有调节作用（见表 3-20），主要有质子调节、电子调节和营养调节等生物调节功能。产甲烷菌乙酸代谢的质子调节作用可去除有毒的质子和使厌氧消化环境不致酸化，使厌氧消化食物链中的各种微生物都生活在适宜的 pH 值范围，这是产甲烷菌的主要生态学功能。产甲烷菌的氢代谢电子调节作用，从热力学角度为产氢产乙酸菌代谢多碳化合物（如醇、脂肪酸）创造最适宜的条件，并提高水解菌对基质利用的效率。某些产甲烷菌合成和分泌一些生长因子，可刺激其他生物的生长，具有营养调节作用。

表 3-20　产甲烷菌在厌氧消化过程中的调节作用

调节功能	代谢反应	调节意义
质子调节	$H^+ + CH_3COO^- \longrightarrow CH_4 + CO_2$	产甲烷菌去除有毒的质子,使厌氧环境不致酸化,并维持合适的 pH 值范围
电子调节	$4H_2 + CO_2 \longrightarrow CH_4 + 2H_2O$	从热力学的角度,为产氢产乙酸菌代谢多碳化合物创造最适宜的条件,并提高水解菌利用基质的效率
营养调节	分泌生长因子	刺激异养型细菌的生长

参考文献

[1]　胡纪萃. 废水厌氧生物处理理论与技术 [M]. 北京: 中国建筑工业出版社, 2003.

[2]　袁振宏, 王忠铭, 孙永明, 等. 能源微生物学 [M]. 北京: 化学工业出版社, 2012.

[3]　Timmis K N. Handbook of hydrocarbon and lipid microbilology [M]. Heidelberg: Springer-Verlag, 2010.

[4]　韩生义, 刘晓丽, 张国权, 等. 牦牛瘤胃中产脂肪酶微生物的分离与鉴定 [J]. 微生物学通报, DOI: 10.13344 /j. microbiol. china. 180577.

[5]　许从峰, 艾士奇, 申贵男, 等. 木质纤维素的微生物降解展 [J]. 生物工程学报, 2019, 35 (11): 1-11.

[6]　任南琪. 产酸发酵微生物生理生态学 [M]. 北京: 科学出版社, 2005.

[7]　赵丹, 任南琪, 王爱杰, 等. 产酸相稳定发酵类型微生物生态学研究 [J]. 环境科学与技术, 2003, 26 (6):26-28.

[8]　赵丹, 任南琪, 王爱杰. pH、ORP 制约的产酸相发酵类型及顶级群落 [J]. 重庆环境科学, 2003, 25 (2):33-35.

[9]　董俊帅. 果园土壤微生物中果胶降解酶的基因资源的挖掘与酶学特性研究 [D]. 太原: 山西农业大学, 2018.

[10]　刘海燕, 高尚, 王晓玲. 污水厌氧生物处理系统中的产氢产乙酸过程 [J]. 中国资源综合利用, 2015, 33 (9): 29-31.

[11]　易悦, 王慧中, 郑丹, 等. 丁酸和戊酸互营氧化产甲烷微生物学研究进展 [J]. 中国沼气, 2017, 35 (3): 3-10.

[12]　朱晨光, 许政, 宋任涛. 产甲烷古菌 [J]. 生命化学, 2009, 29 (1):129-133.

[13]　赵一章. 产甲烷细菌及其研究方法 [M]. 成都: 成都科技大学出版社, 1997.

[14]　Garcia J L, Pate B K, Ollivier B. Taxonomic, phylogenetic and ecological diversity of methanogenic archaea [J]. Anaerobe, 2000, 6 (4): 205-226.

[15]　Dworkin M, Falkow S. The Prokaryotes [M]. Heidelberg: Springer, 2006.

[16]　闵航. 沼气发酵微生物 [M]. 杭州: 浙江科学技术出版社, 1986.

［17］ 虞方伯，罗锡平，管莉菠，等. 沼气发酵微生物研究进展［J］. 安徽农业科学，2008，36（35）:15658-15660.

［18］ 马溪平. 厌氧微生物学与污水处理［M］. 北京: 化学工业出版社，2005.

［19］ 袁振宏. 生物质能利用原理与技术［M］. 北京: 化学工业出版社，2005.

［20］ Deppenmeier U, Johann A, Hartsch T, et al. The genome of *Methanosarcina mazei*: evidence for lateral gene transfer between bacteria and archaea［J］. J. Mol. Microbiol. Biotechnol, 2002, 4（4）: 453-461.

［21］ Bryant M P. The microbiology of anaerobic degradation and methanogenesis with special reference to sewage. In: Schlegel H G, Barnea J, eds. Microbial energy conversion［M］. Oxford: Pergamon Press, 1976: 107-118.

［22］ Bryant M P Microbial methane production-theoretical aspects［J］. J. Anim. Sci. 1979, 48: 193-201.

［23］ Ding X, Yang W J, MinH, et al. Isolation and characterization of a new strain of *Methanothermobacter marburgensis* DX01 from hot springs in China［J］. Anaerobe, 2010, 16（1）: 54-59.

［24］ Graham D E, White R H. Elucidation of methanogenic coenzyme biosyntheses from spectroscopy to genomics［J］. Nat. Prod. Rep. , 2002, 19（2）, 133-147.

［25］ Hendrickson E L, Kaul R, Zhou Y, et al. Complete genome sequence of the genetically tractable hydrogenotrophic methanogen *methanococcus maripaludis*［J］. Journal of Bacteriology, 2004, 20（196）: 6956-6969.

［26］ Leadbetter J R, Breznak J A. Physiological ecology of *Methanobrevibacter cuticularis* sp nov and *Methanobrevibacter curvatus* sp nov, isolated from the hindgut of the termite Reticulitermes flavipes［J］. Applied and Environmental Microbiology, 1996, 62（10）: 3620-3631.

［27］ Leahy S C, Kelly W J. The genome sequence of the rumen methanogen *methanobrevibacter ruminantium* reveals new possibilities for controlling ruminant methane emissions［J］. PLoS ONE, 2010, 5（1）:1-17.

［28］ Smith D R, Doucette-stamm L A, et al. Complete genome sequence of *methanobacterium thermoautotrophicum* DH: functional analysis and comparative genomics［J］. Journal of Bacteriology, 1997, 22（197）: 7135-7155.

［29］ 傅霖，辛明秀. 产甲烷菌的生态多样性及工业应用［J］. 应用与环境生物学报，2009，15（4）: 574-578.

［30］ Thauer R K, Kaster A K, Seedorf H, et al. Methanogenic archaea: ecologically relevant differences in energy conservation［J］. Nature Reviews Microbiology, 2008, 6（8）:579-591.

［31］ Rouviere P E, Wolfe R S. Novel Biochemistry of Methanogenesis［J］. The Journal Biologica Chemistry, 1988, 236（17）:7913-7916.

［32］ Shima S, Warkentine E, Tharuer R, Ermler U. Structure and function of enzymes involved in the methanogenic pathway utilizing carbon dioxide and molecular hydrogen［J］. Journal of Biosciencea and Bioengineering, 2002, 93（6）: 519-530.

［33］ Deppenmeier U, Lienard T, Gottschalk G. Novel reactions involved in energy conservation by *methanogenic archaea*［J］. FEBS Letters, 1999, 457（3）: 291-297.

[34]　方晓瑜，李家宝，芮俊鹏，等.产甲烷生化代谢途径研究进展［J］.应用与环境生物学报，2015，21（1）:1-9.

[35]　Blaut M. Metabolism of methanogens［J］. Antonie van Leeuwenhoek，1994，66（1-3）:187-208.

[36]　Gottschalk, Pathways of energy conservation in methanogenic archaea, Archives of Microbiology，1996，165（3），149-163.

[37]　Thauer R K. Biochemistry of methanogenesis: a tribute to marjory stephenson［J］. Microbiology，1998，144:2377-2406.

[38]　Blaut M. Metabolism of Methanogens［J］. Antonie van Leeuwenhoek，1994，66:187-208.

[39]　Jablonski P E，Lu W P，Ragsdale S W，et al. Characterization of the metal centers of the corrinoid iron-sulfur component of the CO dehydrongenase enzyme complex form methanosarcina thermophila by 2-PR spectroscopy and spectroelectrochemistry［J］. Journal of Biological Chemistry，1993，268: 325-329.

[40]　Tanimoto Y，Tasaki M，OKamura K，et al. Screening growth inhibitors of sulfate-reducing bacteria and their effects on methane fermentation［J］. Journal of Fermentation and Bioengineering，1989，68（5）: 353-359.

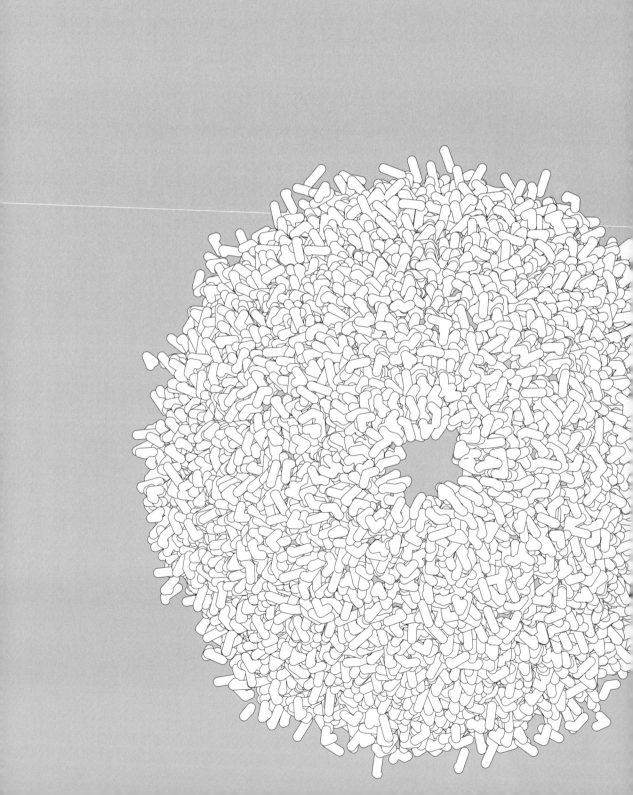

第 4 章

生物燃气制备的
厌氧发酵工艺

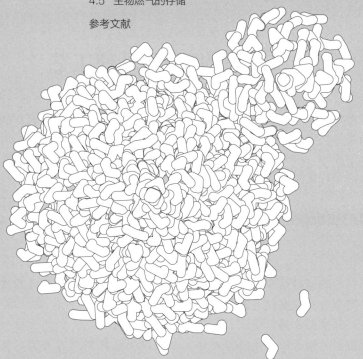

厌氧发酵工艺是指在厌氧条件下，通过沼气发酵微生物的活动，处理有机废物并制取生物燃气的技术与装备，也称为厌氧消化工艺。近年来，由于开发可再生的生物质能源及环境保护的需要，在科学研究的推动下，厌氧发酵工艺得到迅速发展。根据发酵原料和发酵条件的不同，所采用的发酵工艺也多种多样。一个完整的大中型沼气发酵工程，无论其规模大小，都包括了如下的工艺流程：原料（废水）的收集、预处理、厌氧发酵、出料的后处理和沼气的净化与储存等（见图 4-1）[1]。

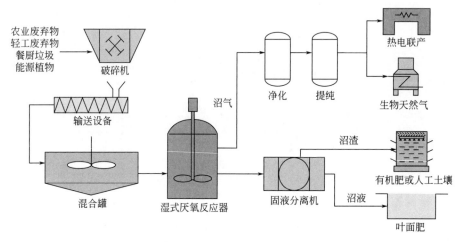

图 4-1　典型厌氧发酵工艺流程

4.1　生物燃气制备的预/前处理工艺

目前用于沼气工程的原料有畜禽粪便、城市生活垃圾、农作物秸秆、农产品加工剩余物、工业废弃物、能源草本植物等。为提高厌氧发酵效率，降低抑制物含量，加快水解速率，通常需要对这些原料进行预/前处理。

4.1.1　原料的收集、运输和储存

4.1.1.1　收储运模式

原料的收储运是木质纤维素类原料能源化利用的基础。目前我国秸秆的收储运模式主要有分散型收储运模式和集中型收储运模式。

（1）分散型收储运模式

分散型收储运模式主要以农户、专业户和秸秆经纪人等为主体，把分散的秸秆

收集起来后提供给企业。具体有"公司＋散户"型模式和"公司＋经纪人"型模式。分散型收集模式可将秸秆的储存、运输分散到广大农村和农户去解决，降低企业对原料的投资、管理和维护成本。但这种模式导致企业所需的原料受制于农户、经纪人，同时也存在由于原料竞争导致随机收购价格升高的可能性。

（2）集中型收储运模式

集中型收储运模式主要以专业原料收储运公司为主体，负责原料的收集、储存、保管及运输，并按照企业要求，对交售的原料进行质量把关和统一存放。主要有"公司＋基地"型模式和"公司＋收储运公司"型模式。采用集约型收储运模式，收储运公司需建设大型原料收储站，占用土地多，还要进行防雨、防潮、防火和防雷等设施建设，并需投入大量人力、物力进行日常维护和管理，一次性投资较大，折旧费用和财务费用等固定成本较高，但该模式可从根本上解决原料供应的随意性和风险，可确保原料供应的长期稳定性和质量，将成为主要的发展方向[2]。

4.1.1.2　储存

对于畜禽粪便、餐厨垃圾等非季节性有机废物，通常日产日清，只建有事故应急池，在设备故障时应急使用。对于秸秆、能源草等季节性原料，则需要储存空间与技术，例如青（黄）储技术。

（1）青储技术

青储技术近几年在我国发展很快，它是将收割的鲜（青）秸秆粉碎后直接窖储、装袋或打捆包裹储藏的一种技术。青储料经压实密封，在适宜的湿度条件下，自身所含有的微生物乳酸菌厌氧发酵，产生乳酸，使储料内部的 pH 值降到 4.5～5.0。此时，大部分微生物都会停止繁殖，最后乳酸菌也被自身产生的乳酸所控制而停止生长，从而达到青储的目的。与此同时，青储过程在一定程度上能起到预处理的作用。

（2）黄储技术

黄储是利用干（黄）秸秆作原料，经机械揉搓粉碎后，加适量水和生物菌剂，压捆以后再装袋储存的一种技术。黄储加入高效复合菌剂，在适宜的厌氧环境下，将大量的纤维素、半纤维素、甚至一些木质素分解，并转化为糖类。糖类经有机酸发酵转化为乳酸、乙酸和丙酸，并抑制丁酸菌和霉菌等有害菌的繁殖，最后达到与青储同样的储存效果。

4.1.2　除杂工艺与设备

为防止大的固体物及杂物进入后续处理环节，影响后续管道、设备和构筑物的正常使用，除杂工艺与设备是生物燃气工程中不可缺少的环节。

4.1.2.1　格栅类设备

在生物燃气工程中，通常在匀浆池和水泵前设置格栅类设备以去除大的杂物（图 4-2）。

(a) 机械格栅

(b) 水力筛网

图 4-2 格栅类设备

（1）固定格栅

固定格栅栅条间距一般为 15～30mm，用以拦截较大的杂物。

（2）格栅机

格栅机的形式较多，在畜禽粪污处理中使用较多的是回转式格栅固液分离机，该装置由电动减速机驱动，牵引不锈钢链条上设置的多排工程塑料齿片和栅条，将漂浮污物送上平台上方，然后齿片与栅条旋转啮合过程中自行将污物挤落，属自清式清污机一类。

（3）水力筛网

根据畜禽粪便的粒度分布状况进行分离，大于筛网孔径的固体物留在筛网表面，而液体和小于筛网孔径的固体物则通过筛网流出。固体物的去除率取决于筛孔大小，筛孔大则去除率低，但不容易堵塞，清洗次数少；反之，筛孔小则去除率高，但易堵塞，清洗次数多。全不锈钢楔形固定筛，由于其在适当的筛距下去除率高，不易堵塞，结构简单和运行稳定可靠，是畜禽养殖场污水处理沼气工程中常用的固液分离设备。

4.1.2.2　除砂工艺

　　畜禽粪便、农业废弃物等有机废弃物在收集过程中不可避免会混入泥砂。原料中的砂如果不预先去除，则会影响后续处理设备的运行，包括磨损设备、堵塞管网、干扰生化处理工艺过程等。除砂工艺主要有平流沉砂、曝气沉砂、旋流沉砂和水解沉砂等。在畜禽粪便、秸秆生物燃气工程中应用较多的是水解沉砂。该设施为圆形漏斗结构，池中设搅拌器，在北方通常还设有蒸汽喷射装置，一方面有利于砂粒和有机物的分离，另一方面对料液起到增温的作用。

4.1.3　粉碎工艺与装置

　　粉碎是利用机械的方法将物料由大块破碎成小块。

　　根据物料粉碎方式和粉碎手段的不同，可将粉碎技术分为收获切割一体机、铡切式粉碎机、锤片式粉碎机、揉切式粉碎机、管道式切碎机和组合式粉碎机。

　　（1）收获切割一体机

　　收获切割一体机即作物切碎收获机，是在秸秆联合收获机上配备切碎器，实现收获、切碎、转运秸秆作业。联合收割机上的切碎器主要由切碎滚筒、刀架、动刀片（甩刀）、定刀片组成。动刀座严格按螺旋线配置焊在切碎器滚筒上，保证动刀片工作时载荷均匀，波动小，从而减小机器的振动。动刀片用销轴与动刀座相连。定刀架由底板上沿切碎器长度方向均匀加工的长孔和一根定刀梁组成，定刀片穿过长孔固定在定刀梁上，定刀片的间距可根据作物的不同及需要获得不同的茎秆切碎长度而调整。

　　（2）铡切式粉碎机

　　铡切式粉碎机主要工作原理是利用动定刀所产生的剪力，进而切断物料，达到粉碎的目的。铡切式粉碎机具有结构简单、生产效率高等优点。

　　（3）锤片式粉碎机

　　锤片式粉碎机是国内外最为广泛使用的类型之一。锤片式粉碎机主要是利用高速旋转的锤片对要粉碎的物料产生强大的冲力进而达到粉碎物料的目的。

　　该机型的主要特点是结构简单、适应性强、维修方便、粉碎质量好、生产能力强等。

　　锤片式粉碎机按结构可以分为立式和卧式；按喂入方式可分为轴向式、径向式等。

　　（4）揉切式粉碎机

　　揉切式粉碎机主要包括揉搓机和揉碎机这两种机型。

　　① 揉搓式粉碎机的工作原理是在粉碎机的凹板上安装能改变高度的齿板和定刀，且呈螺旋走向，喂入的物料经受高速旋转锤片的击打，并且沿轴向流动，当粉碎物料达到一定的粉碎程度时，就会通过齿板空隙落入输送室并被输送机构输送收集。揉搓机最主要的机构是转子机构，如图 4-3 所示，其转子机构中的锤片一般多采用螺旋排列。但是揉搓机仍然存在生产效率低、能耗高和不能很好地适应高湿性或高韧性物料的问题。

　　② 揉碎式粉碎机是铡切与粉碎的结合体，经揉碎机加工出来的物料，一般多呈现柔软蓬松的丝状。

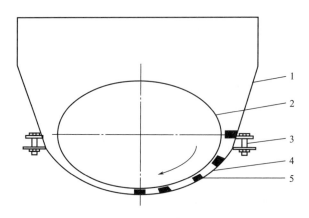

图 4-3　揉搓设备示意

1—上机体；　2—揉搓转子；　3—调节螺栓；　4—底壳体；　5—揉搓齿杆

（5）管道式切碎机

管道式切碎机是指直接安装于物料输送管道上的切碎机，主要目的是为了防止零星的大物质引起堵塞（图 4-4）。

(a) 结构示意

(b) 实物图

图 4-4　管道式切碎机

管道式切碎机主要有对滚剪切式、孔盘式等切碎方式。

① 对滚剪切式切碎机是基于旋转凸轮泵的双转子的理念而设计的，不同于泵的旋转凸轮转子，切碎机使用的是相对滚切的二组圆盘刀，通过调整每组圆盘刀相邻刀片之间的间距以及选择不同的刀片形式可以达到不同的切碎效果。

② 孔盘式切碎机的切碎部件包括开有很多小孔的固定式孔盘和紧贴在孔盘上旋转的旋转刀片。浆料中的长杂物在通过刀盘上的小孔时被旋转刀片切割。通过调整刀片转速和刀盘孔径，就可以控制浆料中切碎后杂物的粒度。

4.1.4　预处理工艺

在厌氧发酵过程中，木质纤维类原料相比其他原料更难消化，因此需要进行预处理，破坏木质纤维结构，增加原料的可生化性。

4.1.4.1　物理预处理

秸秆的物理预处理主要包括蒸汽爆破、微波、辐射等，但微波和辐射仍处于实验阶段，这里重点介绍蒸汽爆破预处理。

蒸汽爆破预处理是将原料放入蒸汽发生器中，在高温高压下持续一段时间后，突然减小压力而使原料的体积迅速膨胀。由于压力的突然变化及其体积迅速膨胀使得细胞壁和木质素坚固的结晶结构被破坏，因而更易被厌氧菌群分解。但由于需要高温高压，使得其对设备的要求较高，成本也相对较高，限制了其在实际工程中的应用，目前也很少见有报道生物燃气工程采用这种预处理方法。

4.1.4.2　化学预处理

化学预处理主要有酸法预处理、碱法预处理、臭氧分解、有机溶剂分解等方法。该法可使纤维素、半纤维素和木质素膨胀并破坏其结晶性，使天然纤维素溶解，从而增加其可消化性。

下面主要介绍酸法预处理和碱法预处理。

（1）酸法预处理

强酸具有很强的腐蚀性和氧化性，可以有效地对纤维素原料进行水解，但由于强酸的腐蚀性和氧化性很强，对反应器的抗腐蚀性要求很高，并且废液也可能造成二次污染。因此人们开始尝试用稀酸对秸秆原料进行预处理，研究发现稀酸对秸秆同样具有很好的预处理效果。稀酸加热预处理对设备的腐蚀性较小，适用范围较广，预处理效果也很好，但酸处理有可能对环境造成二次污染，环境友好性较差。

（2）碱法预处理

碱法预处理与酸法预处理的不同之处在于，碱法预处理可直接通过生化反应将木质素去除，从而破坏晶体结构，使纤维素与半纤维素能够更易被厌氧发酵菌群利用并产生沼气。碱法预处理的原理是碱提供的氢氧根离子可以与木质素分子中的化学键发生反应，通过皂化反应最终将木质素去除，但对半纤维素和纤维素的破坏较小，这使得原料的利用率较高。稀碱法处理成本较低，对环境的污染也较小，已成为近年来研究的热点，实际工程中也有所应用。

4.1.4.3 生物预处理

生物预处理是利用能够分解木质素的微生物除去木质素，以解除其对纤维素的包裹作用。目前，虽然有很多微生物都能产生木质素分解酶，但酶活力比较低，很难应用于工业生产。在生物预处理中，降解木质素的微生物种类有细菌、真菌和放线菌，而真菌如白腐菌、褐腐菌等是最重要的一类。关于生物法处理纤维质原料的报道中，对白腐菌的研究比较多。生物处理法具有反应条件温和、处理成本低、能耗低、专一性强、不存在环境污染等优点。但是，目前存在着能够降解木质素的微生物种类少、木质素分解酶的酶活力低、作用周期长等问题。

4.1.5　匀质工艺及设备

预处理搅拌机主要应用于集水池、匀浆池和调节池的浆料搅拌均质，防止颗粒在池壁池底凝结沉淀。主要有潜水搅拌机和立式搅拌机。

4.1.5.1　潜水搅拌机

潜水混合搅拌选用多级电机，采用直联式结构，能耗低，效率高；叶轮通过精铸或冲压成型，精度高，推力大，结构紧凑。潜水搅拌机由螺旋桨、减速箱、电动机、导轨和升降吊架组成。

4.1.5.2　立式搅拌机

根据选择的工艺路线不同，预处理中针对不同搅拌的要求可选择不同桨叶形式的立式搅拌器。传统的框式搅拌器结构简单，但体积大、质量大、效率较低。推进式搅拌器和高效曲面轴流桨是典型轴流桨，适合低黏度流体的混合搅拌，具有低剪切、强循环、高速运行、低能耗的特点。高浓度沼气发酵工程中物料固体浓度高、黏度高，不适合采用常规的潜水/立式搅拌机。四折叶开启涡轮式搅拌器具有循环剪切能力，中低速运行，适合于一定浓度和黏度的物料混合搅拌。无论采取何种形式的搅拌器，都应注意物料中不应有杂物、塑料袋等易于缠绕搅拌器的杂物。

4.1.6　物料输送设备

根据原料含固率（TS）不同选用厌氧进料泵，低浓度可选用潜污泵、液下泵，高浓度可选用螺杆泵、螺旋输送机和液压固体泵。螺杆泵是目前国内外沼气工程中应用最广泛的输送泵，但是螺杆泵存在维修费用高、能耗高的缺点，对于固体浓度超过 25% 的原料无法输送。针对干法高浓度物料，欧洲的进料泵现在主要采用三级螺旋进料、凸轮转子泵和高密度固体液压泵等。

4.1.6.1　螺杆泵

螺杆泵是一种容积式泵，主要工作部件由定子和转子组成，相互配合的转子和定子形成了互不相通的密封腔，当转子在定子内转动时，密封空腔沿轴向泵的吸入端向排出端方向运动，介质在空腔内连续地由吸入端输向排出端。螺杆泵的突出优点是输送介质时不形成涡流，对介质的黏性不敏感，可输送高黏度介质。但定子和转子较易损坏，需定期更换。

4.1.6.2　凸轮转子泵

凸轮转子泵是自吸、无阀、正排泵，流量与转速成正比，可以输送各种黏稠或含有颗粒物的介质，结构紧凑，对介质剪切小，运行震动小。凸轮转子泵依靠两同步反向转动的转子，在旋转过程中于进口处产生吸力（真空度），从而吸入所要输送的物料。两转子将转子室分隔成几个小空间，按次序运转，物料随即被输送至出料口。如此循环往复，物料即被源源不断输送出去。凸轮转子泵完全对称设计，可在任何情况下逆向运转，只需要改变转子的转向即可，这样就可以实现由一台泵完成储罐的装和卸两项工作。虽然凸轮转子泵的整机造价较高，但与螺杆泵相比，其主要易损件的使用寿命长、费用低、能效比高，因此从长期使用的角度来看，凸轮转子泵还具有运行成本低的优势。此外，凸轮转子泵还具有结构紧凑、占用空间小的特点。

4.1.6.3　螺旋输送机

螺旋输送机的工作原理是旋转的螺旋叶片将物料推移而进行螺旋输送，并通过物料自身重量和螺旋输送机机壳对物料的摩擦阻力，使物料与螺旋输送机叶片分离（图 4-5）。螺旋输送机在输送形式上分为有轴螺旋输送机和无轴螺旋输送机两种。有轴螺旋输送机适用于无黏性的干粉物料和小颗粒物料，如水泥、粉煤灰等，而无轴螺旋输送机适合输送黏性的和易缠绕的物料，如污泥、生物质等。

图 4-5　螺旋输送机

4.1.6.4 液压固体泵

液压固体泵或活塞泵，由液压动力包驱动液压油缸，从而推进输送缸，将输送缸内的物料输出至管道。一般分为单柱塞和双柱塞，典型的代表有德国普茨迈斯特公司的 4 种固体泵，分别是 EKO 单柱塞泵和 KOS、KOV、HSP 三种双柱塞泵。不仅能将固体有机垃圾输送至厌氧发酵反应器，还能在输送过程中对杂物（如小刀、勺子、瓶盖、玻璃等）进行有效分离。其优点是运行非常稳定、可靠，但噪声较大，输送压力可高达 25MPa，排量可达 0.5～500m³/h。液压固体泵结构如图 4-6 所示。

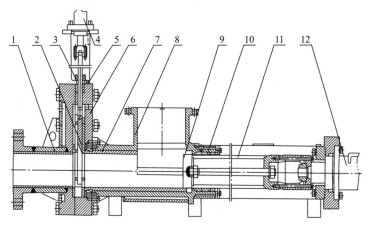

图 4-6　液压固体泵结构

1—出口；2—闸板；3—闸板液压缸；4—液压马达；5—输送料缸；6—减速机；7—给料机；8—进料斗；
9—柱塞导向体；10—底座；11—主液压缸；12—柱塞位置模拟监测系统

4.2　生物燃气制备的厌氧发酵工艺

4.2.1　厌氧发酵工艺类型

生物燃气制备的厌氧发酵工艺有诸多分类方法，根据不同的分类方法，厌氧发酵被分成不同的发酵工艺。按运行温度可以分为常温厌氧发酵、中温厌氧发酵和高温厌氧发酵三类；根据发酵阶段所处反应器的不同分类，可以分为单相厌氧发酵工艺和两相厌氧发酵工艺；根据物料固体含量不同分为湿式厌氧发酵工艺、干式厌氧发酵工艺；根据进料方式不同可分为间歇式厌氧发酵工艺、连续式厌氧发酵工艺。

4.2.1.1 常温厌氧发酵、中温厌氧发酵和高温厌氧发酵

温度是沼气发酵的重要外因条件，温度适宜则发酵微生物繁殖旺盛、活性强，沼气发酵进程就快，产气效果好；反之，温度不适宜，沼气发酵进程就慢，产气效果差。因此，温度是生产沼气的重要影响因素。沼气发酵微生物只能在一定温度范围内进行代谢活动，一般 8～65℃下，均能发酵产生沼气，温度高低不同产气效果不同。在 8～65℃时，温度越高，产气速率越大，但不是线性关系。人们把沼气发酵划分为三个发酵区，分别为：常温发酵 8～26℃，也称低温发酵；中温发酵 28～38℃，最适温度约 35℃；高温发酵 46～65℃，最适温度约 55℃。根据发酵温度的不同，厌氧发酵工艺分为常温（低温）厌氧发酵工艺、中温厌氧发酵工艺和高温厌氧发酵工艺。

目前，常温厌氧发酵工艺多用于小型农村沼气工程，在大中型生物燃气工程中并不常见；中温厌氧发酵工艺经过多年的研究与开发，已经应用于许多大中型生物燃气工程，成为应用最广泛的厌氧发酵工艺。与中温厌氧发酵相比，高温厌氧发酵具有更高的产气速率，但也需要更多的能量来维持反应器内的温度，几年来工程应用也逐渐增多。

中温厌氧发酵工艺与高温厌氧发酵工艺在反应速率、有机负荷、稳定性等方面存在较大差异（表 4-1）。与中温厌氧发酵相比，高温厌氧发酵拥有更高的反应速率，驯化良好的高温厌氧细菌的代谢速率可以比中温（35℃）厌氧细菌提高 50%～100%。中温厌氧发酵的停留时间大多在 20～30d，而高温厌氧发酵大多只需要 10～15d。此外，高温厌氧发酵在有机负荷方面比中温厌氧发酵更具优势。高温厌氧发酵可以承担更高的有机负荷，一般可以达到中温厌氧发酵的 2～3 倍。在发酵工艺中对病原体的灭活能力方面，高温厌氧发酵也比中温厌氧发酵具有优势。蛔虫卵等病原体在中温厌氧发酵时很难实现完全灭活，而在高温厌氧发酵条件下短时间内即可实现病原体的灭活。但是，高温厌氧发酵相比中温厌氧发酵更难稳定运行，对于氨氮等抑制因子的抵抗性较差。在处理高氨氮或易腐有机物时，高温厌氧发酵更易出现挥发性有机酸的积累，从而导致 pH 值下降、发酵过程失稳。相比于中温厌氧发酵，高温厌氧发酵还具有设备复杂、运行费用高等不足之处[3]。

表 4-1 不同温度厌氧发酵工艺参数

参数	中温厌氧发酵	高温厌氧发酵
运行温度/℃	35 左右	55
分解速率	快	慢
有机负荷	低	高（中温厌氧发酵 2～3 倍）
水力停留时间	长（20～30d）	短（10～15d）
病原体灭活	不能	能
能耗	低	高
耐氨氮浓度	高（5000mg/L 左右）	低（2500mg/L 左右）

4.2.1.2 单相厌氧发酵工艺和两相厌氧发酵工艺

（1）单相厌氧发酵工艺

单相厌氧发酵工艺是指厌氧发酵的整个过程都在一个反应器中发生，水解、产酸、产甲烷过程都在同一反应器内完成。目前，大多数厌氧发酵工艺都属于单相厌氧发酵工艺。

（2）两相厌氧发酵工艺

两相厌氧发酵工艺则是水解酸化和产甲烷分别在两个反应器内进行的工艺。20世纪 80 年代，美国学者 Ghosh 等提出了两相发酵工艺[4]，它的本质在于相分离，两相厌氧工艺中发酵的不同阶段在独立的两个串联反应器中进行，使得二者的分工更加明确。该工艺通常用来处理容易酸化的物料，由于这类原料的水解产酸速率较快，为了避免有机酸积累导致的抑制，水解酸化和产甲烷分别在产酸反应器和产甲烷反应器中完成，产酸相主要是改变基质的可降解性，为产甲烷提供适宜的基质，产甲烷相主要用来产生甲烷气体。

相对于两相反应而言，单相厌氧发酵工艺投资少，操作简单方便，但两相厌氧发酵工艺可以单独控制两个不同反应器的条件以使产酸菌和产甲烷菌在各自最适宜的环境条件下生长，还可以单独控制有机负荷率（OLR）、水力停留时间（HRT）等参数，使微生物数量和活性有了很大程度的提高，提高了系统的处理效率。

对两相厌氧发酵工艺而言，两相的分离是工艺能否实现的关键。目前，实现相分离的途径主要为动力学控制法。该方法是利用产酸菌和产甲烷菌生长速率上的差异，通过控制两个反应器的有机负荷率、水力停留时间等参数，实现相的有效分离。由于水解产酸菌生长较快、产酸周期短，酸化反应器体积较小，在产酸反应器中强烈的产酸作用将发酵液 pH 值降低到 5.5 以下，此时完全抑制了产甲烷菌的活动；产甲烷菌生长慢、产气周期长，因此产甲烷反应器体积往往为产酸反应器体积的 5～10 倍。通常两相的彻底分离是很难实现的，只是在产酸相，产酸菌成为优势菌种，而在产甲烷相，产甲烷菌成为优势菌种。

目前，关于两相厌氧发酵工艺的研究多集中在如何将高效厌氧反应器和两相厌氧工艺有机结合，两相厌氧消化工艺的反应器可以采用任何一种厌氧生物反应器，如厌氧接触反应器、厌氧生物滤池、升流式厌氧污泥床（UASB）、膨胀颗粒污泥床（EGSB）、折流式反应器（ABR）等。产酸相和产甲烷相所采用的反应器形式可以相同，也可以不相同。例如，在果蔬垃圾和有机垃圾处理过程中，常采用全混式反应器为水解产酸反应器，升流式厌氧污泥床为产甲烷反应器。

4.2.1.3 湿式厌氧发酵工艺和干式厌氧发酵工艺

生物燃气制备的厌氧发酵工艺主要分为湿式厌氧发酵工艺和干式厌氧发酵工艺。通常将发酵料液中固体含量低于 20％的厌氧发酵工艺称为湿式厌氧发酵，将固体含量在 20％～40％的厌氧发酵工艺称为干式厌氧发酵工艺[5]。湿式厌氧发酵工艺有机质转化率高、产气稳定、工艺成熟，是目前主流的厌氧发酵工艺。干式厌氧发酵工艺相较于湿式厌氧发酵工艺具有有机负荷高、污水处理量少、能耗低、工程占地少等优势。干式厌氧发酵工艺的难点在于流动性差、输送搅拌困难、传质传热不均，致使运行不稳定。但是在法国、德国已经有较成熟的干式厌氧发酵工艺用于处理有机生活垃圾等原料。例如，比利时 Dranco 竖式推流发酵工艺、法国 Valorga 竖式气搅拌工艺和瑞士 Kompogas 卧式推流发酵工艺等属于典型的单相干式连续工艺，德国 Biopercolat 工艺为典型的两相干式连续工艺，荷兰的 Biocel 工艺、德国的 BEKON 工艺等则是典型的单相干式间歇式工艺。

4.2.1.4　间歇式厌氧发酵工艺、半连续式发酵工艺和连续式发酵工艺

间歇式厌氧发酵工艺是将原料批量投入反应器中接种后密闭直至完全降解之后，反应器出料，并进行下一批进料，一般进料固体浓度在 15%～40% 之间，如车库式厌氧发酵工艺。半连续式发酵工艺是定期（一般是每天）进料和出料，从而实现均衡产气。连续式发酵工艺是物料按一定负荷连续地进料和出料，通常用于处理有机污水。

4.2.2　厌氧消化反应器

4.2.2.1　湿式厌氧反应器

（1）完全混合式反应器

完全混合式反应器（continuous stirred tank reactor，CSTR）是在反应器内安装了搅拌装置，使发酵原料和微生物处于完全混合状态，活性区遍布整个反应器。该反应器适用于含有大量悬浮固体（SS）原料的厌氧发酵处理，进料浓度最高可达 15%。厌氧反应中水力停留时间和污泥停留时间是相同的，不管哪个停留时间都受到原料进料量的影响。

根据处理规模的不同，CSTR 可设计成不同结构，目前包括卧式 CSTR、侧搅拌 CSTR 和顶搅拌 CSTR（见图 4-7）。

CSTR 既可以处理高浓度有机废水，也可以作为畜禽粪便、餐厨垃圾、农作物秸秆等工农业有机废弃物的厌氧发酵。为保证 CSTR 的消化效率和沼气产量，要求 HRT 较长，需 10～20d 或更长时间。中温发酵时负荷为 3～4kg COD/（m^3·d），高温发酵为 5～6kg COD/（m^3·d）。由于搅拌混合对于 CSTR 影响较大，所以搅拌设备是此类反应器的重要结构。针对不同原料特性，CSTR 搅拌的类型包括气体搅拌、机械搅拌、水力搅拌及复合搅拌等；其中机械搅拌又包括潜水侧搅拌、罐顶搅拌和斜搅拌等。搅拌装置一般每隔 2～4h 搅拌一次，也可以低速不间断搅拌。在进排料时，通常停止搅拌，从反应器底部进料，随着进料的进行，料液从溢流口排出[6]。反应器出料可直接作为液体有机肥（水肥）使用。

1）CSTR 优点

① 原料适应性广，抗冲击负荷强。

② 反应器内为完全混合的流态，温度分布均匀，原料与底物充分接触，发酵速率高，容积产气率较高。

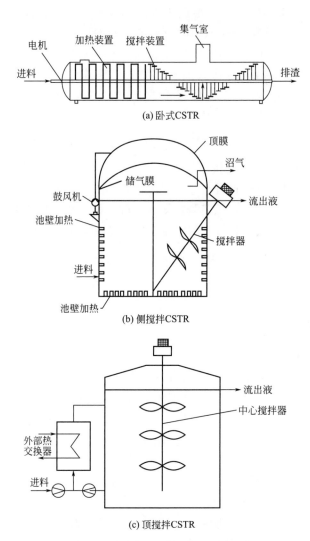

图 4-7 完全混合式反应器（CSTR）示意

③ 由于有强制机械搅拌，在高浓度状态仍可有效控制原料的沉淀、分层以及表层浮渣结壳、气体溢出不畅和短流等问题。

④ 结构简单、能耗低、运行管理方便。

⑤ 处理量大，产沼气多，易启动。

2）CSTR 缺点

① 无法分离水力停留时间（HRT）和固体停留时间（SRT），不能滞留微生物。

② 水力停留时间和固体停留时间要求较长，消化池体积大。

（2）升流式固体反应器

升流式固体反应器（upflow solids reactor，USR）是一种结构简单，适用于高SS 原料的反应器（图 4-8）。

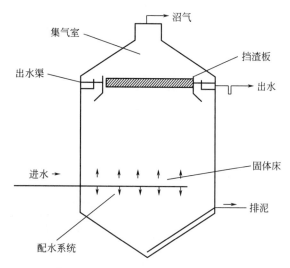

图 4-8　升流式固体反应器（USR）示意

原料从反应器底部配水系统进入，均匀分布在反应器底部，然后向上流通过含有高浓度厌氧微生物的固体床，使有机固体与厌氧微生物充分接触反应，有机固体被水解酸化和厌氧分解，产生沼气。沼气随水流上升起到搅拌混合作用，促进了固体与微生物接触。密度较大的微生物及未降解固体等物质依靠被动沉降作用滞留在反应器中，使反应器内保持较高的固体量和生物量，提高了微生物滞留时间（MRT），上清液从反应器上部排出，可获得比 HRT 高得多的 SRT 和 MRT。反应器内不设三相分离器和搅拌装置，也不需要污泥回流，在出水渠前设置挡渣板，减少悬浮物（SS）的流失。在反应器液面会形成一层浮渣层，浮渣层达到一定厚度后趋于动态平衡。沼气透过浮渣层进入反应器顶部，对浮渣层产生一定的"破碎"作用。对于生产性反应器，由于浮渣层面积较大，不会引起堵塞。反应器底部设排泥管可把多余的污泥和惰性物质定期排出。

从国内外的研究情况来看，USR 在处理高 SS 废弃物时具有较高的实用价值，许多高 SS 废水如酒精废醪、猪粪、淀粉废水等均可使用 USR 进行处理。我国酒精废醪多采用 USR 处理，其有机负荷一般为 $6\sim8kg\ COD/\ (m^3\cdot d)$。

1) USR 优点

① 反应器内始终保持较高的固体量和生物量，即有较长的 SRT 和 MRT，这是 USR 在较高负荷条件下能稳定运行的根本原因。

② 长 SRT，出水后污泥不需回流，SS 去除率高，可达 $60\%\sim70\%$。

③ 当超负荷运行时，污泥沉降性能变差，出水化学需氧量升高，但不易出现酸化。

④ 产气效率高。

2) USR 缺点

① 进料固形物悬浮物含量大于 6%，易出现堵塞布水管等问题，单管布水易短流。

107

② 对含纤维素较高的料液，应在发酵罐液面增加破浮渣设施，以防表面结壳。

③ 沼渣、沼液 COD 浓度含量很高，不适宜达标排放，一般用于农田施肥。

（3）厌氧接触反应器

为克服完全混合消化池厌氧污泥流失严重的缺点，在消化池后设沉淀池，将沉淀污泥回流至消化池，这样就形成了厌氧接触反应器（anaerobic contact reactor，ACR）工艺，如图 4-9 所示。该工艺既可减少污泥流失、稳定出水水质，又可提高消化池内污泥浓度，从而提高了有机负荷和处理效率。

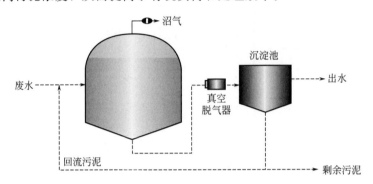

图 4-9　厌氧接触反应器（ACR）示意

但从消化池排出的混合液在沉淀池中进行固液分离较难，究其原因是混合液中的污泥表面附着有大量的微小沼气泡，易于引起污泥上浮；并且排出的污泥仍具有产甲烷活性，在沉淀过程中仍能继续产气，从而妨碍污泥颗粒的沉降和压缩。为了提高沉淀池中混合液的固液分离效果，可以采取不同方法将气体脱除。

目前常用方法有：

① 真空脱气，由消化池排出的混合液经脱气器，将污泥絮体上的气泡除去，改善污泥的沉淀性能；

② 热交换器急冷法，将从消化池排出的混合液进行急速冷却，控制污泥继续产气，使厌氧污泥有效地沉淀；

③ 絮凝沉淀，向混合液中投加絮凝剂，使厌氧污泥易凝聚成大颗粒，加速沉降；

④ 用超滤器代替沉淀池，以改善固液分离效果。

此外，为保证沉淀池分离效果，在设计时，可采用减小沉淀池内表面负荷（不大于 1.0m/h）和增加停留时间（4h）的方法。

1）ACR 优点

① 采用污泥回流提高了消化器内的污泥浓度，达 10～15g/L，提高了耐冲击负荷能力。

② 提高了消化器内的容积负荷，中温时可达 4～8kg COD/（m^3·d）；缩短了水力停留时间，常温时小于 10d。

③ 可直接处理 SS 含量较高或颗粒较大的料液，不存在堵塞问题。

④ 混合液经沉淀后，出水水质好。

2）ACR 缺点

① 较 CSTR 增加了沉淀池、污泥回流和脱气等设备，投资较高。

② 混合液难于在沉淀池中进行固液分离。

（4）塞流式反应器

塞流式反应器（plug flow reactor，PFR）也称推流式反应器，是一种长方形的非完全混合式反应器。高浓度 SS 发酵原料从一端进入，呈活塞式推移状态从另一端排出。该反应器内无搅拌装置，产生的沼气可为料液提供垂直的搅拌作用。料液在反应器内呈自然沉淀状态，一般分为四层，从上到下依次为浮渣层、上清液、活性层和沉渣层，其中厌氧微生物活动较为旺盛的场所局限在活性层内，因而效率较低，多于常温下运转。料液在沼气池内无纵向混合，发酵后的料液借助于新鲜料液的推动作用而排走。进料端呈现较强的水解酸化作用，甲烷的产生随着向出料方向的流动而增强。由于该体系进料端缺乏接种物，所以要进行固体的回流。为减少微生物的冲出，在消化器内应设置挡板以有利于运行的稳定[7]。

1）PFR 优点

① 不需要搅拌，池型结构简单，能耗低。

② 适用于高 SS 废水的处理，尤其适用于牛粪的厌氧消化。

③ 运行方便，故障少，稳定性高。

2）PFR 缺点

① 固体物容易沉淀于池底，影响反应器的有效体积，使 HRT 和 SRT 降低，效率低。

② 需要污泥回流作为接种物。

③ 因该反应器面积/体积比较大，反应器内难以保持一致的温度。

④ 易产生厚的结壳。

PFR 的另一种形式是改进的高浓度塞流式工艺（HCF），HCF 是一种塞流、混合及高浓度相结合的发酵装置（图 4-10）。

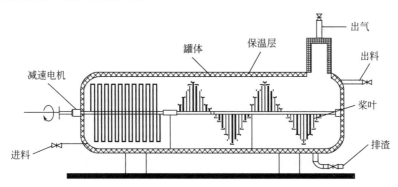

图 4-10　HCF 原理

厌氧罐内设机械搅拌，以塞流方式向池后端不断推动，HCF 的一端顶部有一个带格栅并与消化池气室相隔离的进料口，在 HCF 的另一端，料液以溢液和沉渣形式排出。该工艺进料浓度高，干物质含量可达 8%；能耗低，不仅加热能耗少，而且装机容量小，耗电量低；与 PFR 相比，原料利用率高；解决了浮渣问题；工艺流程简单；设施少，工程投资省；操作管理简便，运行费用低；原料适应性强；没有预处理，原料可以直接入池；卧式单池容积偏小，便于组合。

（5）升流式厌氧污泥床

升流式厌氧污泥床（upflow anaerobic sludge bed，UASB）是由荷兰 G. Lettinga 等在 1974～1978 年研制开发的一种工艺。反应器内没有载体，是一种悬浮生长型的反应器，已经成为国内外厌氧处理的主流技术之一，多用于工业废水和生活污水的厌氧消化，要求 SS 浓度较低。经过固液分离后的畜禽粪便污水也可以采用 UASB 进行厌氧消化处理。

UASB 原理如图 4-11 所示。

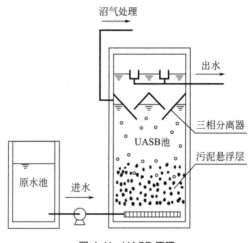

图 4-11　UASB 原理

反应器内部分为 3 个区，从下至上为污泥床、污泥悬浮层和三相分离器。反应器底部是浓度很高且具有良好沉淀性能和凝聚性的絮状或颗粒状污泥形成的污泥床。污水从底部经布水管进入污泥床，向上穿流并与污泥床内的污泥混合，污泥中的微生物分解污水中的有机物，将其转化为沼气。沼气以微小气泡形式不断放出，并在上升过程中不断合并成大气泡。在上升的气泡和水流作用下，反应器上部的污泥处于悬浮状态，形成一个浓度较低的污泥悬浮层。在反应器的上部设有三相分离器，生成的沼气气泡受反射板的阻挡进入三相分离器下面的气室内，再由管道经水封而排出，固液混合液经分离器的窄缝进入沉淀区，在沉淀区内由于不再受上升气流的冲击，液体运动趋于层流形态，在重力作用下实现泥水分离，污泥沿斜壁滑回污泥层内，使反应器内积累起大量的污泥。分离出的液体从沉淀区上表面进入溢流槽而流出。

UASB 的类型有开敞式 UASB 和封闭式 UASB。

① 开敞式 UASB 的顶部不加密封，或仅加一层不太密封的盖板，多用于处理中低浓度的有机废水。

② 封闭式 UASB 的顶部加盖密封，这样在 UASB 内的液面与池顶之间形成气

室；主要适用于高浓度有机废水的处理。

UASB 运行的影响因素包括有机负荷、pH 值、温度和微量元素等。UASB 的有机负荷一般为 $10\sim30kg/(m^3 \cdot d)$。一般来说，在 UASB 的启动初期采用较小的有机负荷，当 COD 去除率达到较满意值后，逐步加大进水浓度或间歇进水提高有机负荷。

UASB 之所以能有如此良好的性能，依赖于沉降性能良好的高活性颗粒化污泥的形成。厌氧颗粒污泥是在高水力剪切作用下，由产甲烷菌、产乙酸菌和水解发酵菌等因生物凝聚作用而形成的呈灰色或褐黑色的特殊生物膜，厌氧颗粒污泥表面被大量的丝状菌覆盖，这些丝状菌互相缠绕，形成了表面凹凸不平的形状，使颗粒的比表面积增加，有利于泥水接触，提高传质效果。颗粒污泥一般分为 3 种类型：

① 紧密球状颗粒污泥（A 型颗粒污泥），主要由甲烷八叠球菌组成，其颗粒粒径较小，一般为 0.1～0.5mm；

② 球形颗粒污泥（B 型颗粒污泥），主要由杆状菌、丝状菌组成，因而也称为杆状菌颗粒污泥，此种颗粒污泥表面规则，外层绕着各种形态的产甲烷杆菌的丝状体，在 UASB 中的出现频率极高，密度为 $1.033\sim1.054g/cm^3$，粒径为 1～3mm；

③ 松散球形颗粒污泥（C 型颗粒污泥），主要由松散互卷的丝状菌组成，丝状菌附着在惰性粒子的表面，因而也称为丝状菌颗粒污泥，此种污泥颗粒大而重，粒径一般为 1～5mm，相对密度为 1.01～1.05，沉降速度一般为 5～10mm/s[8]。

当反应器中乙酸浓度高时，易形成 A 型颗粒污泥；当反应器中的乙酸浓度降低后，A 型颗粒污泥将逐步转变为 B 型颗粒污泥；当存在适量的 SS 时，易形成 C 型颗粒污泥。在 UASB 中培养高浓度高活性的颗粒污泥需经启动期、颗粒污泥形成期、颗粒污泥成熟期三个阶段，一般需要 1～3 个月。

UASB 适合于处理低浓度低 SS 有机废水，一般进水 SS 不超过 3500mg/L，不适用于高 SS 的废液。如果进料中 SS 含量高，会造成固体残渣在污泥床中的积累，使污泥的活性和沉降性能大幅降低，污泥上浮随水冲出，污泥床被破坏。

1）UASB 优点

① 反应器中设有三相分离器，具有产气和均匀布水作用，实现良好的自然搅拌，并在反应器内形成沉降性能良好的污泥，增加了工艺稳定性。

② UASB 内污泥浓度高达 20～40g VSS/L。COD 去除效率可达 80%～95%。

③ SRT 和 MRT 长，提高了有机负荷，缩短了水力停留时间。

④ 一般不设沉淀池，一般不需污泥回流设备。

⑤ 消化器结构简单，无搅拌装置及填料，节约造价，并避免因填料发生堵塞的问题。

⑥ 出水的悬浮物固体含量和有机质浓度低。

⑦ 由于初次启动过程形成颗粒污泥可在常温下保存很长时间而不影响其活性，将缩短二次启动时间，可间断或季节性运行，管理简单。

2）UASB 缺点

① 进料时 SS 含量低，若进水中 SS 含量较高，会造成无生物活性固体物在污泥床层的积累，大幅度降低污泥活性，并使床层受到破坏。

② 需要有效的布水器，使进料能均匀分布于消化器的底部。

③ 对水质和负荷突然变化比较敏感，耐冲击能力稍差。

④ 污泥床内有短流现象，影响处理能力。

⑤ 当冲击负荷或进料中 SS 含量升高时，易引起污泥流失。

（6）厌氧膨胀颗粒污泥床

厌氧膨胀颗粒污泥床（expanded granular sludge bed，EGSB）反应器是在发现 UASB 内可形成颗粒污泥的基础上于 20 世纪 80 年代后期开发出的第三代高效厌氧反应器（见图 4-12）。与 UASB 相比，EGSB 增加了出水回流，这样就提高了液体表面上升流速（2.5～12m/h），使颗粒污泥床层处于膨胀状态，提高了颗粒污泥的传质效果。

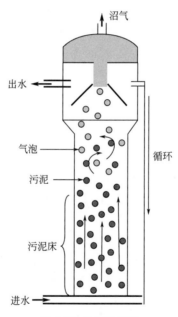

图 4-12 EGSB 原理

EGSB 的主要组成包括反应器主体、进水分配系统、三相分离器以及出水循环部分。进水系统的主要作用是将进水均匀地分配到整个反应器的底部，并产生一个均匀的上升流速。与 UASB 相比，EGSB 采用较大的高度（通常为 20～30m）、大直径比和高回流比，降低了所需的配水面积，提高了上流速度，使 EGSB 中颗粒污泥处于悬浮状态，即 EGSB 处于部分或全部"膨胀"状态，从而促进了进水与颗粒污泥的充分接触，因此，允许废水在反应器中有很短的水力停留时间，而容积负荷高达 20～30kg COD/(m³·d)，从而使 EGSB 可处理较低浓度的有机废水。出水循环提高了反应器内的液体上流速度，使 EGSB 充分膨胀，污水与微生物充分接触，加强传质效果，并避免反应器内的死角和短流的产生[9]。

一般认为 UASB 更适用于处理 1500mg COD/L 的废水，而 EGSB 在处理低于 1500mg COD/L 的废水时仍具有很高的负荷和去除率。例如在处理浓度为 100～700mg COD/L 的酒精发酵废水时，采用上流速度为 2.5～5.5m/L、负荷 12kg COD/(m^3·d)，COD 去除率在 80%～96% 之间。在常温下处理生物污水时，HRT 为 1.5～2h，COD 去除率高达 90%。EGSB 在低温条件下处理低浓度污水时，可以得到比其他工艺更好的效果。EGSB 可看作是流化床的一种改良，区别在于 EGSB 不使用任何惰性的填料作为细菌的载体，细菌在 EGSB 中的滞留时间依赖细菌本身形成的颗粒污泥，同时 EGSB 的上流速度小于流化床反应器，其中的颗粒污泥并未达到流态化的状态而只是不同程度的膨胀而已。

1）EGSB 优点

① 结构方面：高径比大，占地面积小；布水均匀，污泥处于膨胀状态，不易产生沟流和死角。

② 操作方面：COD 有机负荷率可高达 40kg COD/(m^3·d)，污泥截留能力强；液体表面上升流速高，固液混合好；反应器设有出水回流系统，更适合处理含有 SS 和有毒物质的废水；水力上升流速大，污泥与废水间充分混合、接触，因而在低温、处理低浓度有机废水时有明显优势；颗粒污泥活性高，沉降性能好，颗粒大，强度较好。

③ 适用范围：适合处理中低浓度有机废水；对难降解有机废水、大分子脂肪酸类化合物、低温、低基质浓度、高含盐量、高 SS 的废水有相当好的适应性。

2）EGSB 缺点

① 因为 SS 通过颗粒污泥床会随出水而很快被冲出，难以得到分解，不适用于固体物含量高的废水。

② EGSB 的上升流速高，运行条件和控制技术要求较高。

(7) 内循环厌氧反应器

内循环（internal circulation，IC）厌氧反应器，于 1986 年由荷兰 PAQUES 公司研究成功并用于生产，是目前世界上效能最高的第 3 代超高效厌氧反应器。该反应器综合了 UASB 和流化床的优点，利用反应器内所产沼气的提升力实现发酵料液内循环。

IC 厌氧反应器的基本构造如图 4-13 所示，如同把两个 UASB 叠加串联构成，反应器高度达 16～25m，高径比为 4～8。由混合区、第一反应区、第二反应区、沉淀区和气液分离区 5 部分组成。

IC 厌氧反应器的工作过程主要依靠内循环系统的正常运行来完成，反应器开始启动时，经 pH 值、温度调节及预酸化处理后的废水，首先进入反应器底部的混合区与污泥（预先接种）充分混合，逐渐形成污泥颗粒床层，废水在第一反应区进行生化降解，该处理区容积负荷很高，大部分 COD 在此处被降解，产生的沼气由一级三相分离器分离并沿着上升管传送。沼气产生的气提作用加快了污泥和污水的混合，

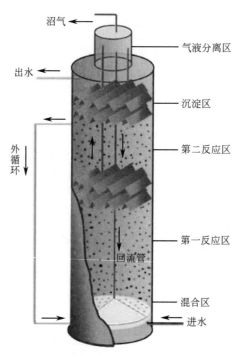

图 4-13　IC 厌氧反应器

并使得沼气、污泥和污水的混合液沿沼气提升管上升至反应器顶部的气液分离器，沼气被导出处理系统，泥水混合物沿着泥水下降管返回反应器底部的污泥膨胀床区，完成下部料液的内循环。如处理低浓度废水时循环流量可达进水量的 2～3 倍，处理高浓度废水时循环流量可达进水流量的 10～20 倍。循环的结果使第一反应区有高生物量、长污泥滞留期，并且上升流速高，还使该反应区的污泥和料液处于完全混合状态，从而大大提高了第一反应区的去除能力。经第一反应区处理过的废水，自动进入第二反应区。废水中的剩余有机物可被第二反应区内的颗粒污泥进一步降解，使废水得到更好的净化。经过两级处理的废水在混合液沉淀区进行固液分离，清液由出水管排出，沉淀的颗粒污泥可自动返回第二反应区，这样完成了全部的废水处理过程。

1）IC 厌氧反应器优点

① 具有很高的容积负荷率：IC 厌氧反应器由于存在内循环，传质效果好、生物量大、污泥龄长，其进水有机负荷率远比普通的 UASB 高，一般可高出 3 倍左右。

② 节省基建投资和占地面积：由于 IC 厌氧反应器比普通 UASB 有高出 3 倍左右的容积负荷，其反应器体积仅为普通 UASB 反应器体积的 25％～35％，所以可以降低反应器的投资。另外，IC 厌氧反应器不仅体积小，而且有很大的高径比，所以占地面积小。

③ 节省动力消耗：IC 厌氧反应器以自身产生的沼气作为提升的动力实现强制循

环，从而节省能耗。

④ 抗冲击负荷能力强：由于 IC 厌氧反应器实现了内循环，循环液与进水在第一反应区充分混合，使原废水中的有害物质得到充分的稀释，从而提高了反应器的耐冲击负荷能力。

⑤ 具有缓冲 pH 值的能力：内循环流量相当于第一级厌氧出水的回流，可利用有机质降解过程中产生的碱度，对 pH 值起缓冲作用，使反应器内的 pH 值保持稳定。

2）IC 厌氧反应器缺点

① 由于采用内循环技术，且三相分离器多采用两级，反应器结构较复杂，内部管路系统过多，占用了反应器的有效空间，影响了反应效率，增大了反应器的总容积。

② 沼气提升管以及污泥回流管的设计过于复杂，难以精确控制循环量。

③ 从污泥回流管和回流缝回流的污泥和上升的泥水混合物发生碰撞，影响了污泥回流、出水水质效果和气、液、固的分离。

（8）厌氧滤池反应器

厌氧滤池反应器是在内部安置有惰性介质（又称填料），包括焦炭及合成纤维填料等（图 4-14）。沼气发酵细菌，尤其是产甲烷菌具有在固体表面附着的习性，它们呈膜状附着于介质上并在介质之间的空隙里相互黏附成颗粒状或絮状存留下来，当污水通过生物膜时，有机物被细菌利用而生成沼气。

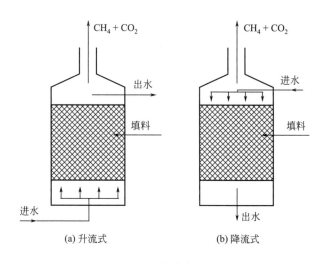

图 4-14　厌氧滤池反应器

填料的主要功能是为厌氧微生物提供附着生长的表面积，一般来说，单位体积反应器内载体的表面积越大，可承受的有机负荷越高。除此之外，填料还要有相当的空隙率，空隙率高，则在同样的负荷条件下 HRT 越长，有机物去除率越高；另外，高空隙率对防止滤池堵塞和产生短流均有好处[10]。

1）厌氧滤池反应器优点

① 不需要搅拌操作。

② 由于具有较高的负荷率，使反应器体积缩小。

③ 微生物呈膜状固着在惰性填料上，能够承受负荷变化。

④ 长期停运后可更快地重新启动。

2）厌氧滤池反应器缺点

① 填料的费用较高，安装施工较复杂，填料寿命一般 1～5 年，要定时更换。

② 易产生堵塞和短路。

③ 只能处理低 SS 含量的废水，对高 SS 含量废水效果不佳并易造成堵塞。

（9）厌氧折流式反应器

厌氧折流式反应器（anaerobic baffled reactor，ABR）是在 UASB 基础上开发出的一种新型高效厌氧反应器，由美国 Stanford 大学的 McCarty 等提出[11]。ABR 的工作原理是在反应器内设置若干导流板，将反应器分隔成串联的几个反应室，物料进入后沿导流板上下折流前进，依次通过每个反应室的污泥床（图 4-15）。借助于废水流动和沼气上升的作用，反应室中的污泥上下运动，但是由于导流板的阻挡和污泥自身的沉降性能，污泥在水平方向的流速极其缓慢，从而大量的厌氧污泥被截留在反应室中。由此可见，虽然在构造上 ABR 可以看作是多个 UASB 的简单串联，但在工艺上与单个 UASB 有着显著的不同，ABR 更接近于推流式工艺。

为了进一步提高 ABR 的性能或者处理某些特别难降解的废水，对 ABR 进行了不同形式的优化改造。Bachmann 等减小降流区宽度以使微生物集中到主反应区——升流区内，并给导流板增加折角从而增加水力搅拌作用[12]。水平折板式厌氧反应器（horizontally baffled anaerobic reactor）是由 Yang 和 Chou 于 1985 年提出的一种新型 ABR[13]，此种反应器可以有效地实现固液两相的分离，并且具有占地面积小、操作简单、成本低等特点，适合处理养猪场废水这类 SS 浓度高的有机废水。Skiadas 和 Lyberatos 于 1998 年开发出了周期性厌氧折流式反应器（periodic anaerobic baffled reactor，PABR）[14]。该反应器最大优点是操作灵活，即可以根据进水浓度和流量的变化来选择不同的操作周期，使 PABR 工作在最适合的状态下以达到最佳的处理效果。

4.2.2.2 干式厌氧反应器

（1）Dranco 竖式推流发酵工艺

Dranco（dry anaerobic composting）竖式推流发酵工艺由比利时有机垃圾系统公司（OWS）于 1988 年提出，是一种立式、高固体、单相、高温、无内部搅拌的连续干发酵消化系统，进料固体浓度可达 15%～40%。目前欧洲已有 24 个工厂采用 Dranco 工艺并运行稳定，物料包括混合餐厨垃圾、分选的城市生活垃圾、污泥和能源作物等。其关键技术是进料、布料及出料系统。

Dranco 竖式推流发酵工艺如图 4-16 所示。消化器主体是一个圆柱形罐体，径

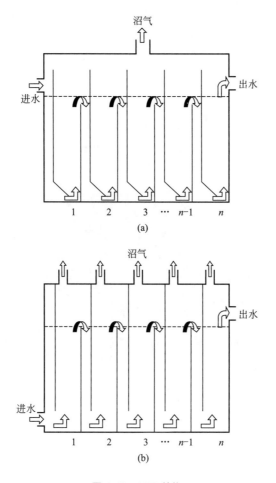

图 4-15 ABR 结构

高比一般在 1∶2 以上，无机械搅拌。经过筛选、预处理的有机固体废弃物与发酵后的物料（接种物）按一定比例 [(1∶6)～(1∶8)]混合，经蒸汽加热后，由进料泵从罐顶泵入发酵罐内，物料仅靠重力沉降，产生的沼气从发酵罐的顶部逸出至沼气储存系统，罐底部呈倒锥体形状，装有阀门和螺旋输送装置，用于出料。出料后经过固液分离，沼液回流至混合进料装置与新鲜物料混合接种，进行循环发酵。

（2）Valorga 工艺

Valorga 工艺是由法国 VALORGA INTERNATIONAL S. A. S 公司于 1981 年开发的一种半连续、单相、改良推流式单级干发酵工艺，如图 4-17 所示。Valorga 发酵罐为无机械搅拌的筒仓式发酵罐，罐内 1/3 直径处设置一垂直水泥板。发酵 TS 浓度为 25%～30%，蒸汽加热，中温或高温发酵，停留时间为 18～23d，底部输入的增压沼气进行搅拌，发酵后物料经脱水后堆肥使用，产气率在 $0.22～0.27\text{m}^3/\text{kg VS}$。

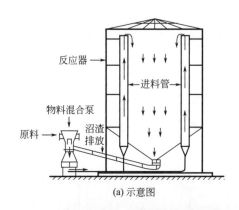

(a) 示意图

(b) 实物图

图 4-16 Dranco 竖式推流发酵工艺示意及实物

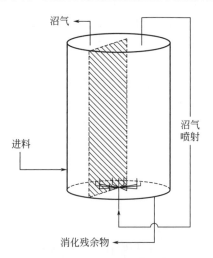

图 4-17 Valorga 工艺示意

Valorga 工艺在西班牙、德国、意大利及瑞士应用较多，目前已建成 12 座沼气工程，并稳定运行，年处理 104.7 万吨废弃物。法国 Amiens 生活垃圾处理厂采用的就是 Valorga 干发酵工艺，生活垃圾先经过分筛、分选，然后进入消化罐进行中温

（37℃）发酵。该项目共有 3 座消化器，每座直径约 16m，高 22m，每天进料一次，停留时间为 20～30d，从厌氧罐底部射入 5atm（1atm＝101325Pa）的沼气流混合搅拌，厌氧罐底部大约有 200 个气流射入点。

（3）Kompogas 卧式推流发酵工艺

瑞典 Kompogas 系统的发酵罐体为水平式推流反应器，如图 4-18 所示。进料前物料经过长约 20m 的套管式换热器进行预加热处理。原料在发酵罐内运动的动力来自搅拌器和发酵罐之间的高压输料泵，同时位于发酵罐中央低速转动的搅拌器也起到辅助推动原料前进的作用。此外搅拌转动还可起到帮助沼气释放和促进发酵底物混合的作用。发酵后的沼渣由往复泵引出并被传输到脱水单元，然后采用螺旋挤压机对沼渣进行脱水。

(a) 实物图

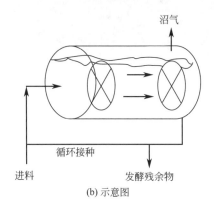

(b) 示意图

图 4-18　Kompogas 发酵装置

Kompogas 工艺是处理源头分类的有机废物的典型工艺，主要包括废物接收、筛选、中间储存及湿度调节等流程。Kompogas 工艺对原料的基本要求为：原料平均粒径约 40mm，原料长度小于 200mm，处理纤维素类废弃物时 TS 含量可大于 30％，在处理食品类垃圾时 TS 含量应小于 30％。Kompogas 工艺的发酵温度约 55℃，停留时间为 15～22d，发酵时完全隔离并加热，高温发酵可消灭植物种子和大部分致病菌。

（4）车库式干发酵工艺

车库式干发酵工程采用混凝土车库型反应器结构、高精度的液压驱动密封门和高灵敏度的自动监控装置来保证其安全稳定运行,底部可采用管道暖气供热使厌氧发酵物料温度保持在 38℃左右,发酵仓为模块化结构,没有搅拌器,易实现扩展和规模化应用,适用于年产沼气 100 万立方米以上的大型沼气工程。该技术可以直接处理城市生活垃圾或农作物秸秆等高固体含量有机物,是欧洲最成熟的单相、间歇干法沼气发酵工艺,如图 4-19 所示。

(a)

(b)

图 4-19　德国车库式干发酵消化器内外结构

　　车库式干发酵系统主要包括物料输配和储藏管理系统,模块化干式发酵车间,发酵保温和供热系统,沼气软囊收集和储存系统,沼气发电、提纯和输配系统,沼渣制肥系统。有机固体废弃物与发酵后的底物接种后由装载机或铲车送入密闭的发酵室中发酵。发酵室中通过渗滤液循环喷淋进行连续接种。发酵室内物料加热和渗滤液加热是通过发酵室侧壁加热和渗滤液储槽热交换加热。模块化干式发酵车间包括混凝土结构的发酵仓、液压密封门、沼气收集出口、喷淋系统、喷淋液收集系统、增温系统、安装保护装置等;密封门的中心轴安装在车库式干发酵仓的进料端顶部墙体,在气缸的推拉下实现上下旋转式关闭和开启,沼气出口和喷淋头设在车库式干发酵仓的顶部,喷淋液收集系统设在车库式干发酵仓的底部。进料或出料时均可在液态门安全开启后,通过装载车或铲车进行,如图 4-20 所示。目前,车库式干发酵装置在欧洲已有规模化应用,但在国内尚处于示范阶段。

图 4-20 车库式干发酵装置进料

1) 车库式干发酵技术优点

① 车库式干发酵系统没有搅拌器和管道，操作过程不受干扰物质如塑料、砂石等影响，可以使用相对比较粗放的物料，因而简化了物料筛分和预处理过程，降低了工程成本。

② 车库式干发酵装置中没有搅拌器等运动部件，系统可靠性高，能耗小。

③ 可使用通用的装载机等工程机械进料、出料，设备利用效率高、通用性强。

④ 发酵结束后无沼液产生，经过简单的处理即可作园林肥料或农作物肥料使用，后处理费用低，肥效价值高。

2) 车库式干发酵技术缺点

① 由于没有机械搅拌，要求原料在进入发酵仓之前进行接种并充分混合。

② 厌氧停留时间相对较长。

③ 间歇性排料时需开启库门，对安全操作要求高，且由于其不能连续运行，一般需要多个车库式反应器，占地面积大。

（5）覆膜干式厌氧发酵槽反应器

随着我国沼气技术的发展，大型干发酵系统将成为处理固体有机废弃物的优先工艺。目前，中国科学院广州能源研究所和清华大学等科研单位对沼气干发酵展开了研究。

固态物料在反应器中经过好氧升温、厌氧消化、好氧堆肥三个阶段，生产出沼气和有机肥料两种产品，且没有沼液和其他废物排放。其突出特点是：利用好氧发酵能使固体原料升温，辅以高效保温措施，不用外加热源，可使物料在厌氧产气期内保持"中温"（35～42℃）状态，且温降小于 0.15℃/d，有效地提高了沼气产率，减少了系统能耗，降低了运行成本。

覆膜干式厌氧发酵槽反应器一般需要设计多个发酵槽。以 8 个发酵槽为例，如图 4-21 所示，其中 4 个处于厌氧产气阶段、1 个处于好氧预处理升温阶段、3 个处于脱水制肥阶段。

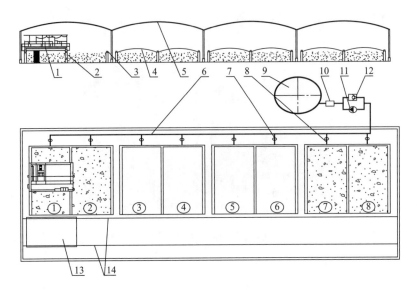

图 4-21 覆膜干式厌氧发酵槽反应器[15]

1—专用搅拌设备；　2—反应器槽体（加保温层）；　3—专用搅拌设备轨道；　4—柔性膜；　5—温室；
6—输气干管；　7—球阀；　8—输气支管；　9—储气柜；　10—沼气净化器；　11—沼气压送机；
12—止回阀；　13—专用搅拌设备的移槽机；　14—移槽机轨道；　①～⑧—反应槽

（6）固-液两相厌氧发酵工艺

固-液两相厌氧发酵工艺主要用来处理固体有机废弃物，先将秸秆、城市有机垃圾等固体废弃物置于喷淋固体床（也叫固体渗滤床）内进行酸化，之后渗滤液进入 UASB 或 AF 等高效产甲烷反应器，同时产甲烷相的出水再循环喷淋固体床（图 4-22）。整个工艺过程中，系统没有液体排出，产生的固体残渣可以通过后续处理生产有机肥。通过渗滤液集中收集、沼液喷淋和搅拌等方式，提高系统的消化速率和稳定性，解决传统固体废弃物厌氧发酵中出现的易酸化、难搅拌、产气不稳定等难题。

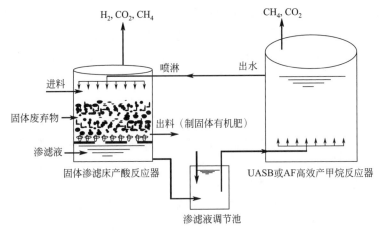

图 4-22 固-液两相厌氧发酵工艺

另外，采用两相发酵工艺，可以在产酸反应器内通过升温或微好氧等方法对难降解的固体有机物进行强化水解。如德国维尔利公司的 Biopercolat 工艺是典型的干湿两相工艺，可分为一级水解酸化阶段和二级发酵阶段。一级水解酸化阶段是高浓度固体有机物在卧式低速搅拌水解酸化罐中微好氧水解得到渗滤液的过程。在微好氧条件下可以提高有机物的分解速率，停留时间为 2～3d；物料经过水解酸化系统处理后，通过螺旋固液分离机进行固液分离，固相进入堆肥系统，液相与渗滤液合并，进入二级发酵系统。二级发酵系统采用带填料的活塞流中温厌氧发酵罐，发酵后部分沼液回流入渗滤系统回用，其余进入后处理。该工艺难点是水解酸化罐渗滤系统防堵塞技术。

4.3　生物燃气制备的调控工艺

4.3.1　pH 值

厌氧处理的 pH 值范围是指反应器内反应区的 pH 值，而不是进液的 pH 值，因为废水进入反应器内，生物化学过程和稀释作用可以迅速改变进液的 pH 值。反应器出液的 pH 值一般等于或接近于反应器内的 pH 值。对 pH 值改变最大的影响因素是酸的形成，特别是乙酸的形成。因此含有大量溶解性碳水化合物（例如糖、淀粉）等废水进入反应器后 pH 值将迅速降低，而已酸化的废水进入反应器后 pH 值将上升。对于含大量蛋白质或氨基酸的废水，由于氨的形成，pH 值会略上升。厌氧处理中，水解菌与产酸菌对 pH 值有较大范围的适应性，大多数这类细菌可以在 pH 值为 5.0～8.5 范围生长良好，一些产酸菌在 pH 值小于 5.0 时仍可生长。但通常对 pH 值敏感的甲烷菌适宜的生长 pH 值为 6.5～7.8，这也是通常情况下厌氧处理所应控制的 pH 值范围。

进水 pH 值条件失常首先表现在使产甲烷作用受到抑制（表现为沼气产生量降低，出水 COD 值升高），即使在产酸过程中形成的有机酸不能被正常代谢降解，从而使整个消化过程各个阶段的协调平衡丧失。如果 pH 值持续下降到 5 以下，不仅对产甲烷菌形成毒害，对产酸菌的活动也产生抑制，进而可以使整个厌氧消化过程停滞，而对此过程的恢复将需要大量的时间和人力物力。pH 值在短时间内升高过 8，一般只要恢复中性，产甲烷菌就能很快恢复活性，整个厌氧处理系统也能恢复正常。

4.3.2 温度

温度是厌氧发酵过程中重要的外部因素之一，厌氧菌群特别是甲烷菌对温度的变化十分敏感。厌氧发酵的运行温度分为 20℃以下的低温消化带（最佳温度 15～20℃），40℃以下的中温消化带（最佳温度 30～37℃），65℃以下的高温消化带（最佳温度 50～55℃）。在 10～65℃范围内，温度越高，厌氧发酵微生物活动越旺盛，温度每升高 10℃，厌氧反应速率约提高 1 倍。温度低于 10℃，微生物活动受到严重抑制，产气极少。

在上述范围内，温度的微小波动（如 1～3℃）对厌氧工艺不会有明显影响，但如果温度下降幅度过大（超过 5℃），则由于污泥活力的降低，反应器的负荷也应当降低以防止由于过负荷引起反应器酸积累等问题，即常说的"酸化"，否则沼气产量会明显下降，甚至停止产生，与此同时挥发酸积累，出水 pH 值下降，COD 值升高[16]。

4.3.3 营养物质

厌氧发酵微生物在生长过程中需要吸收利用碳（C）、氮（N）、磷（P）、硫（S）等大量元素作为营养物质，同时也需要利用多种微量元素作为酶系统活性的重要组成成分。不同发酵微生物所能利用的营养物质也不相同。

一般来说，碳素大都来源于碳水化合物，是微生物进行生命活动的主要物质能量来源。氮素大都来源于蛋白质、亚硝酸盐和氨类等无机盐，是构成细胞的主要成分。厌氧发酵微生物对碳素和氮素的营养需求要维持在一个适当的碳氮比。关于发酵过程中的碳氮比，通常认为（20～30）:1 条件下都可以满足正常发酵产气的需求。然而，用常规成分分析所得的碳氮比并不能真实反映微生物所能利用的碳氮比。例如，木质素碳含量虽然很高，但多数微生物并不能直接利用。在调控碳氮比时，应注意尽量以能被微生物利用的碳素和氮素含量进行计算，这样才能真实地反映微生物所能利用的营养含量。

微量元素铁（Fe）、钴（Co）、镍（Ni）等是厌氧微生物生长代谢所必需的营养元素，同时微量元素也参与了厌氧发酵中多种酶、辅酶及辅因子的合成，调控产甲烷过程的酶促反应，适当的微量元素能够促进产甲烷菌的生长和激活酶的活性，进而加快甲烷的生物合成。不同原料在厌氧发酵过程中的微量元素需求量有一定差别，在实际工程应用中，应根据底物和发酵过程制定调控策略。

4.3.4 抑制物质

一般情况下，农作物秸秆、能源植物等发酵原料中不会含有大量有毒物质，但在畜禽粪污和有机废水中常含有高氨氮、重金属、抗生素、硫酸盐和有机化合物等，抑制厌氧发酵微生物的生长代谢。高氨氮对厌氧发酵微生物有较强的抑制作用，通常低浓度的氨氮没有毒性，在高浓度高 pH 值的情况下毒性影响增大，在浓度急速上升的情况下，毒性影响更明显。在氨氮浓度为 1500～3000mg/L、pH 值在 7.4～7.6 以上时有明显的抑制作用，当氨氮浓度＞3000mg/L 时，产气受到较强抑制[17,18]。重金属对产酸和产甲烷过程均有抑制作用，对产酸的毒性大小为：乙酸，$Cu>Zn>Cr>Cd>Pb>Ni$；丁酸，$Cu>Zn>Cr>Cd>Ni>Pb$。对挥发酸产甲烷的毒性大小为：乙酸，$Cd>Cu>Cr>Zn>Pb>Ni$；丙酸，$Cd>Cu\geq Zn\approx Cr>Pb>Ni$；丁酸，$Cd>Cu>Cr>Zn>Pb>Ni$[19,20]。抗生素类有机物能够在低浓度下选择性抑制或杀死其他微生物，抑制微生物的生长。硫酸盐对厌氧发酵过程的抑制作用体现在还原菌（SRB）和产甲烷菌（MPB）之间的基质竞争抑制，该过程还包含硫酸盐还原产物硫化物（主要是游离 H_2S）对 MPB 细胞的毒性抑制。

4.4　固液分离设备

固液分离设备主要用于发酵剩余物固液分离，沼渣用于制备固态有机肥，沼液还田利用或制备液态有机肥。

4.4.1　卧式离心分离机

卧式离心分离机是利用高速旋转的转鼓产生离心力把悬浮液中的固体颗粒截留在转鼓内，并向机外自动卸出；同时在离心力的作用下，悬浮液中的液体通过过滤介质、转鼓小孔被甩出，从而达到液固分离过滤的目的，主要用于分离格栅和筛网等难以分离的、细小的及密度小又极其相近的悬浮固体物质。卧式离心分离机的转速常达到每分钟几千转，这需要很大的动力，且有耐高速的机械强度。因此，卧式离心分离机动力消耗极大，运行费用高，且还存在着专业维修保养的难题。

4.4.2　挤压式螺旋分离机

挤压式螺旋分离机是一种较为常见的固液分离设备，其结构见图 4-23。

发酵剩余物从进料口被泵入挤压式螺旋分离机内，安装在筛网中的挤压螺旋将

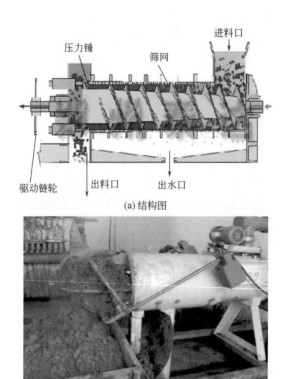

(a) 结构图

(b) 实物图

图 4-23　挤压式螺旋分离机

要脱水的原料向前携进，其中的干物质通过与在机口形成的固态物质圆柱体相挤压而被分离出来，液体则通过筛网筛出。机身为铸件，表面涂有防护漆。筛网配有不同型号的网孔，如 0.5mm、0.75mm、1.0mm。机头可根据固态物质的不同要求调节干湿度。挤压式螺旋分离机的工作效率取决于发酵剩余物的储存时间、干物质的含量、黏性等因素。挤压式螺旋分离机的优点是效率较高，主要部件为不锈钢物件，结构坚固，维修保养简便。分离出的干物质含水量低，便于运输，可直接作为有机肥使用。

4.5　生物燃气的存储

在生物燃气工程中，由于厌氧发酵单元工作状态的波动，单位时间生物燃气的产量也有所变化。与此同时，在生物燃气利用过程中，也不可避免会发生停车的现象，因此，需要一定规模的气体储存装置来平衡产气与用气。目前，用于生物燃气储存的方式主要有湿式存储与干式存储两种，在生物燃气工程中均有较多应用。

4.5.1　湿式存储

湿式气柜外形及实物如图 4-24 所示。

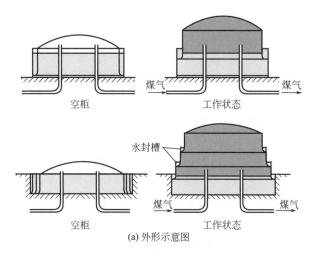

(a) 外形示意图

(b) 实物图

图 4-24　湿式气柜外形及实物

湿式低压气柜设计压力一般在 4kPa 以下，是最简单常见的一种气柜，它由水封槽和钟罩两部分组成。钟罩是没有底的、可以上下活动的圆筒形容器，如果储气量大，钟罩可以由单层改成多层套筒式，各节之间以水封环形槽密封。当生物燃气输入气柜内储存时，放在水槽内的钟罩或塔节依次（按直径由小到大）升高；当生物燃气从气柜内导出时，钟罩或塔节又依次（按直径由大到小）降落到水槽中。钟罩或塔节、内侧塔节与外侧塔节之间，利用水封将柜内生物燃气与大气隔绝。因此，随钟罩升降，生物燃气储存容积和压力是变化的。

根据导轨的不同，湿式气柜可分为无外导架直升式气柜和外导架直升式气柜和螺旋导轨气柜。

（1）无外导架直升式气柜

直导轨焊接在钟罩或塔节的外壁上，导轮在下层塔节和水槽上。这种气柜结构简单，导轨制作容易，钢材消耗小于外导架直升式气柜，但它的抗倾覆性能最低，台风区、高烈度地震区不宜采用，一般仅用于小的单节气柜上。

（2）外导架直升式气柜

导轮设在钟罩和每个塔节上，而直导轨与上部固定框架连接。这种结构一般用在单节或两节的中小型气柜上。其优点是外导架加强了储气柜的刚性，抗倾覆性好，适用于高烈度地震区，导轨制作安装容易；缺点是外导架比较高，施工时高空作业和吊装工作量较大。

（3）螺旋导轨气柜

螺旋形导轨焊在钟罩或塔节的外壁上，导轮设在下一节塔节和水槽上，钟罩和塔节呈螺旋式上升和下降。这种结构一般用在多节大型储气柜上，其优点是没有外导架，因此用钢材较少，施工高度仅相当于水槽高度；缺点是抗倾覆性能不如有外导架的气柜，而且对导轨制造、安装精度要求高，加工较为困难。

为适应农村的施工条件和冬季防冻的要求，除了传统的全钢地上储气柜外，还常采用混凝土水槽半地下储气柜。对半地下气柜的水槽施工要求较高，不能出现渗漏，但节省钢材，减少了防腐工作量及费用，并且冬季水池具有较好的保温性能。

湿式储气柜虽有运行密封可靠的特点，但也存在以下缺点：

① 在北方地区冬季，水槽要采取保温措施；

② 水槽、钟罩和塔节、导轨等常年与水接触，必须定期进行防腐处理；

③ 水槽对储存生物燃气来说为无效体积。

4.5.2 干式存储

除湿式气柜外，干式存储也是生物燃气工程中应用较多的气体储存方式。干式储气柜可分为刚性结构与柔性结构两种类型。刚性结构的干式储气柜其整体由钢板焊接而成，一般适用于特大型的储气装置，其制作工艺要求很高，并配有成套的安全保护设备。柔性结构的干式储气柜其整体结构由高强聚酯织物制成，其安装便捷、维护方便，非常适合大中型生物燃气工程。

4.5.2.1 无压干式气柜

无压干式气柜主要由一个柱状气囊和一个钢制保护外壳组成，柜顶及体（外壳）均由2mm镀锌卷板卷制而成，用来保护气囊不受机械损伤及天气、动物等外界的影响。气囊由特种纤维塑料薄膜热压成型，低渗、高效防腐、抗皱，气囊上部紧固在一个固环上，固环与平衡装置通过绳索机械装置相连接，可以上下运动，保证在任何操作条件下都可达到储存与排放量相同。气囊底部分别设有进气孔与出气孔，避免进气、出气干扰。

利浦干式储气柜如图 4-25 所示。

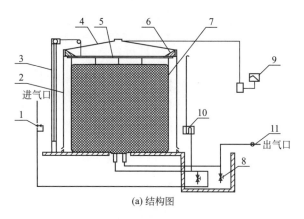

(a) 结构图

(b) 实物图

图 4-25　利浦干式储气柜

1—减压阀；　2—保护壳；　3—平衡器；　4—顶盖；　5—固环；
6—限位架；　7—气囊；　8—凝水器；　9—声呐仪；　10—安全阀；　11—管道泵

4.5.2.2　低压干式储气柜

低压干式储气柜是内部设有活塞的圆筒形或多边形立式储气柜（见图 4-26），主要结构包括一个可活动的密封膜、钢结构框架、外部覆盖的镀锌钢板、锥形顶端、荷载和导轨等。活塞直径约等于外筒内径，其间隙靠稀油或干油气密填封，随储气量增减，活塞上下移动。通过压载板通常能提供 $30 \sim 40 \mathrm{mbar}$（$1 \mathrm{mbar} = 100 \mathrm{Pa}$）的压力，该压力能满足小型沼气锅炉要求。低压干式储气柜的基础费用低，占地少，运行管理和维修方便，维修费用低，无大量污水产生，寿命较长。

图 4-26   低压干式储气柜

4.5.2.3   高压干式储气柜

高压干式储气柜储存压力最大约 16MPa，有球形和卧式圆筒形两种。高压储气柜设有内部活动部件，结构简单。按其储存压力变化而改变其储存量，多用于储存液化石油气、烯烃、液化天然气、液化氢气等，最近几年也有用来储存生物天然气。容量大于 $120m^3$ 者常选用球形，小于 $120m^3$ 者则多用卧式圆筒形（图 4-27）。

图 4-27   沼气高压干式储存系统

4.5.2.4   双膜干式储气柜

早期干式存储设施主要为红泥沼气袋，但由于其安全性与耐用性较差，逐渐被双膜储气柜所取代。双膜储气柜（见图 4-28）源于欧洲，并在欧美发达国家得到了广泛使用和推广，近年来也逐渐成为我国生物燃气工程中的主要储气装置。其结构是利用膜材加工成内、外两层以及附加底膜，其中内膜与底膜之间形成一个密闭容量可变的气密空间用于储存生物燃气，外膜与内膜之间依靠外部的增压控制系统进行充气从而形成一定的压力比将内气囊中的生物燃气输送出去。双膜储气柜相对于

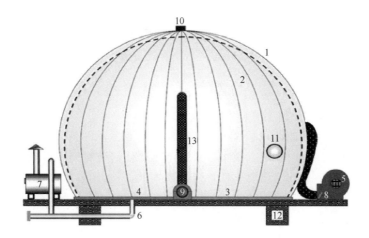

图 4-28　双膜储气柜示意

1—外膜；2—内膜；3—底膜；4—固定锚；5—风机；6—沼气管；7—正压保护；8—单向阀；
9—压力调节阀；10—高度计；11—视窗；12—基座；13—空气软管

传统的钢构气柜，其造价低、安装迅速、无需防腐维护，因此得到了广泛的应用和发展。双膜储气柜外观独特，也成为生物燃气工程中的一道风景线。

双膜沼气储气柜主体膜材采用高强聚酯织物制成，由高强抗拉纤维、气密性防腐涂层、表面涂层组成，主要成分为聚偏氟乙烯，具有防腐、抗老化、抗微生物及紫外线等功能，并且防火级别达到 B 级标准。双膜储气柜外膜长期处于大自然环境中，需要良好的抗紫外线、风、雨雪和微生物的能力。并且外膜长期处于承压状态，所以外膜需要坚固的物理特性和良好的防护能力。优秀的外膜一般采用 7000N/5cm 以上的抗拉力，3 遍 PVDF 表涂层防护。而且剥离强度达到 200N/5cm 以上才不容易出现脱层的情况。因其也有可能接触内膜气体，所以仍然需要有抗内膜相关气体腐蚀的功能。内膜用于盛装储存介质，首先就需要能有最好的抗气体介质腐蚀或溶解的能力，而且要最小的泄漏量，因其还需要反复的上升下降，所以内膜需要更厚、更软。优秀的内膜基布细腻，密封层很厚，而且防腐。为了防止脱层，也需要良好的剥离强度。

（1）双膜储气柜的主要结构及作用

① 外膜：形成调压室，使储存气体恒压输出并对内膜起到保护作用，外膜与内膜及底膜的边缘或发酵罐口连接。

② 内膜：隔离储存的气体和外膜调压气体。

③ 底膜：主要用于基础密封，以实现传统基础设施无法达到的防腐、防渗透。

④ 固定锚：固定外膜和内膜。

⑤ 风机：供给外膜调压气体。

⑥ 沼气管：沼气进出通道。

⑦ 安全阀：调压室空气释放和内膜过量保护性排放。

⑧ 止回阀：防止气体回流。

⑨ 出气调压阀：调节储气压力。

⑩ 超声波测距仪：测量内膜高度，进而计算出沼气体积。

⑪ 视窗：观察气柜内部情况。

⑫ 基座。

⑬ 空气软管。

（2）双膜储气柜的主要特点

① 投资少，占地面积小，可以直接建于地面。

② 主要部件为耐腐蚀专用柔性膜，不需要任何防腐处理措施。

③ 质量轻，基础建设要求低，建设成本低。

④ 沼气压力恒定。

⑤ 安装工期短，施工成本低。

⑥ 在工厂标准化生产，质量保证。

⑦ 采用专用材料，质地柔软，易于运输，寿命可达 10～15 年。

双膜干式储气柜实物如图 4-29 所示。

(a)

(b)

图 4-29　双膜干式储气柜实物

参考文献

［1］　Holm-Nielsen J B, Seadi T A I, Oleskowicz-Popiel P. The future of anaerobic diges-tion and biogas utilization ［J］. Bioresource Technology, 2009, 100（22）: 5478-5484.

［2］　张艳丽, 王飞, 赵立欣, 等. 我国秸秆收储运系统的运营模式、存在问题及发展对策［J］. 可再生能源, 2009, 27（1）:1-5.

［3］　胡纪萃, 周孟津, 左剑恶, 等. 废水厌氧生物处理理论与技术［M］. 北京: 中国建筑工业出版社, 2003.

［4］　Ghosh S, Ombregt J P, Pipyn P. Methane production from industrial wastes by two-phase anaerobic digestion ［J］. Water Research, 1985, 19（9）: 1083-1088.

［5］　André Laura, Pauss André, Ribeiro Thierry, et al. Solid anaerobic digestion: State-of-art, scientific and technological hurdles ［J］. Bioresour Technol, 2018, 247: 1027-1037.

［6］　Michael Klocke, Pia Mähnert, Kerstin Mundt, et al. Microbial community analysis of a bio-gas-producing completely stirred tank reactor fed continuously with fodder beet silage as mono-substrate ［J］. Systematic and Applied Microbiology, 2007, 30（2）: 139-151.

［7］　张晓明, 程海静, 郭强, 等. 高含固率有机垃圾厌氧发酵生物反应器研究现状［J］. 中国资源综合利用, 2010, 28（2）: 51-54.

［8］　Lettinga G, Hulshoff Pol L W. UASB-Process Design for Various Types of Wastewaters ［J］. Water Sci Technol, 1991, 24（8）: 87-107.

［9］　HJ 2023—2012［S］.

［10］　马溪平, 等. 厌氧微生物学与污水处理［M］. 北京: 化学工业出版社, 2005.

［11］　Barber W P, Stuckey D C. The use of the anaerobic baffled reactor（ABR）for wastewater treatment: a review ［J］. Water Research, 1999, 33（7）: 1559-1578.

［12］　Bachmann A, Beard V L, Mc Carty P L. Performance characteristics of the anaero-bic baffled reactor ［J］. Water Research, 1985, 19: 99-106.

［13］　Yang P Y, Chou C Y. Horizontal-baffled anaerobic reactor for treating diluted swine wastewater ［J］. Agricultural Wastes, 1985, 14（3）: 221-239.

［14］　Skiadas I V, Lyberatos G. The periodic anaerobic baffled reactor ［J］. Water Sci-ence and Technology, 1998, 38（8-9）: 401-408.

［15］　韩捷, 向欣, 李想. 覆盖槽沼气规模化干法技术与装备研究［J］. 农业工程学报, 2008（10）: 100-104.

［16］　Chae K J, Jang A m, Yim S K, et al. The effects of digestion temperature and tem-perature shock on the biogas yields from the mesophilic anaerobic digestion of swine manure ［J］. Bioresource Technology, 2008, 99（1）: 1-6.

［17］　Kaare Hvid Hansen, Irini Angelidaki, Birgitte Kiær Ahring. Anaerobic digestion of swine manure: inhibition by ammonia ［J］. Water Research, 1998, 32（1）: 5-12.

［18］　张玉秀, 孟晓山, 王亚炜, 等. 畜禽废弃物厌氧消化过程的氨氮抑制及其应对措施研究进展［J］. 环境工程学报, 2018, 12（4）: 985-998.

［19］　Chiu-Yue Lin. Effect of heavy metals on acidogenesis in anaerobic digestion ［J］. Water Research, 1993, 27（1）: 147-152.

［20］　Chiu-Yue Lin. Effect of heavy metals on volatile fatty acid degradation in anaerobic digestion ［J］. Water Research, 1992, 26（2）: 177-183.

第

5

章

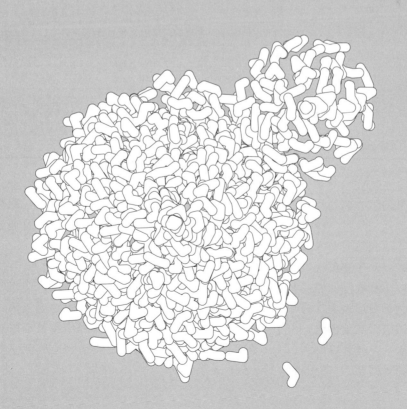

生物燃气的利用工艺

5.1 生物燃气的利用方式

生物燃气俗称沼气，是一种混合气体，其组成不仅取决于发酵原料的种类及其相对含量，而且随发酵条件及发酵阶段的不同而变化。当生物燃气厌氧反应器处于正常稳定发酵阶段时，生物燃气的体积组成大致为：甲烷（CH_4）50%～75%，二氧化碳（CO_2）25%～45%，水（H_2O，20～40℃下）2%～7%，氮气（N_2）0～2%，少量的氧气（O_2）0～2%，以及少于1%的氢气（H_2）、硫化氢（H_2S）等杂质气体。

生物燃气的主要特性参数[1] 和杂质的影响如表5-1所列。

表5-1 沼气中杂质的影响

杂 质	可能的影响
水	与 H_2S、NH_3 和 CO_2 反应,引起压缩机、气体储罐和发动机的腐蚀;在管道中积累;高压情况下冷凝或结冰
粉尘	在压缩机和气体储罐中沉积并堵塞
H_2S	引起压缩机、气体储罐和发动机的腐蚀;沼气中 H_2S 达中毒浓度（$>5cm^3/m^3$）,燃烧产生 SO_2 和 SO_3,溶于水后引起腐蚀;污染环境
CO_2	降低沼气热值
硅氧烷	燃烧过程中形成 SiO_2 和微晶石英;在火花塞、阀和汽缸盖上沉积,造成表面磨损
卤代烃类化合物	燃烧后引起发动机腐蚀
NH_3	溶于水后具有腐蚀作用
O_2	含量过高容易爆炸
N_2	降低沼气热值
Cl^- 和 F^-	腐蚀内燃机

生物燃气热值介于 21～28MJ/m^3 之间，而 CH_4 的热值为 39.8MJ/m^3。目前，常见的生物燃气利用方式主要有通过锅炉的燃烧对用户进行供热、通过燃气透平发电并产生热量、作为燃料用作固体燃料电池等的低值利用方式以及通过提纯方式用作车用燃料或并入天然气管网等的高值利用方式。

（1）生物燃气燃烧技术

生物燃气的燃烧利用主要为通过热水锅炉产生高温的蒸汽，进行集中供热或是作为燃料通过燃气透平、固体燃料电池进行热电联产[2]。生物燃气通过锅炉燃烧的方式进行热量供给，由于热量为低品位的能量形式，故因传递及辐射过程造成的损失较大，导致热量利用率不高，此外生物燃气直接燃烧也会造成温室效应及颗粒污染物等问题。

生物燃气在燃气透平进行原位的燃烧可以联产电和热，通常热电联产基于原料气低位热值的总效率可以达到 70%～80%，其中发电效率约为 30%～40%。而燃料电池技术的总效率可以达到 80% 以上甚至达 90%，发电效率达到 40% 以上。

（2）生物燃气提纯技术和高值化利用

沼气的净化提纯工艺主要是保留其可燃和助燃成分，包括 CH_4、H_2、O_2 和 CO，并对沼气中的 CO_2、H_2S、H_2O 和其他杂质进行去除。脱硫是为了避免 H_2S 腐蚀压缩机、气体储罐和发动机以及避免 H_2S 中毒，其燃烧产生 SO_2 和 SO_3，危害更大，且 SO_2 会降低露点。脱水是因为 H_2O 与 H_2S、CO_2 和 NH_3 反应，会引起压缩机、气体储罐和发动机的腐蚀，且当沼气被加压储存时，为了防止高压下冷凝或结冰，也必须对水进行去除。脱除 CO_2 是因为 CO_2 降低了沼气的热值、能量密度及燃烧速度，且增大了沼气的点火温度，如果沼气经净化提纯后须达到天然气标准或用作车用燃气，就必须脱除其中的 CO_2[3]。不同用途的生物甲烷产品具有不同的技术要求，对于用作管网天然气及车用燃气，要求甲烷产品的纯度（体积分数）高于 98%，CO_2 低于 2%（体积分数），且压力达到 200bar。目前，粗生物燃气提纯分离的常见方法主要有物理吸收法（如加压水洗、聚乙二醇二甲醚洗）、化学吸收法（如 MEA、MDEA 等）、吸附法（如 PSA、TSA 及 ESA 等）、深冷分离法、膜分离法以及催化转化法（如将 CO_2 通过催化加氢转化为 CH_4）[4-6]。据国际能源署 2013 年统计报告显示，欧洲目前广泛使用加压水洗法，大约占到 40%；其次是 PSA 和化学吸收法。

各种不同沼气提纯分离技术之间的对比如表 5-2 所列。

表 5-2　沼气提纯分离技术优劣性对比表

技术	优势	劣势
水洗	工艺简单，去除 H_2S 和 CO_2 使用水流；不需要特殊的化学物质；甲烷含量高（>97%）；低甲烷损失（<2%）；运营和维护成本低	压力高，需要更高的能量压缩气和泵水；基于物理溶解（物理过程）缓慢；需要一个较大的柱体积比进行化学吸收；二氧化碳回收困难；需要大量的水，存在由 H_2S 引起的腐蚀问题；细菌生长容易堵塞
化学吸收	甲烷纯度高（>95%）和低 CH_4 损失（<0.1%）；更多的二氧化碳溶解于每单位体积化学溶剂；过程比水洗快；化学溶剂容易再生	能源密集，需提供蒸汽用于再生化学溶液；溶剂难以处理；易腐蚀；废弃化学品可能需要处理
物理吸附	吸收能力高于水洗；甲烷纯度高（>95%）；甲烷损失低	如果不先去除 H_2S 溶剂再生复杂；需要更高的能量再生溶剂；溶剂昂贵且难以处理
PSA	低浓度生产成本较低；可以快速启动与运行	成本高（PSA 单元列数影响）；洗涤不完全（在之前或之后需要其他处理）；故障时甲烷会有所损耗
膜处理	快速安装和启动；生产效率可控；纯度与流速可控，需求能量低；高甲烷纯度（>96%）	膜种类较少；不适合高纯度需要；每单位气体消耗较多的电能；通常生产的是较低浓度的甲烷，高纯度甲烷需要高成本膜
低温	甲烷纯度高（90%～98%）；CO_2 可以作为干冰销售	采用大量的工艺设备，主要是增压器、换热器和冷却器；运行维护费用高

5.2 生物燃气净化技术

5.2.1 生物燃气脱硫工艺

硫化氢（H_2S）是一种无色的、有臭鸡蛋气味的剧毒气体，会对人体、设备以及环境造成诸多危害，根据我国现行规定的沼气工程设计要求，在沼气使用之前，必须进行有效的 H_2S 脱除，沼气中 H_2S 含量必须要小于 $20mg/m^3$。脱除硫化氢的工艺可分为原位脱硫和沼气脱硫两类。原位脱硫即把脱硫剂加入发酵罐，使硫化氢的脱除与发酵过程同步进行，此法可节省脱硫装置的投资，但出口沼气的硫化氢浓度仍偏高。沼气脱硫即脱除沼气中的硫化氢。

在沼气脱硫方法中，较为传统的有干法脱硫和湿法脱硫两类[7]。新型的沼气脱硫工艺有生物脱硫、微氧脱硫、熔融碳酸盐燃料电池精脱硫等方法。

几种沼气脱硫方法比较见表 5-3。

表 5-3　几种沼气脱硫方法比较

方法	优点	缺点
发酵罐原位脱硫（$FeCl_3/FeCl_2/FeSO_4$）	投资费用低、能耗低、操作及维护简单、技术简单、H_2S 不进入沼气管线	出口 H_2S 浓度仍较高（$100\sim150mL/m^3$），操作费用高，pH 值和温度变化对发酵过程不利，难以确定合适的添加量
$Fe_2O_3/Fe(OH)_3$ 床层	脱硫效率高于99%、投资费用低、操作简单	对水敏感、操作费用高、再生放热；床层有燃烧风险，反应表明随再生次数而减少，释放的粉尘有毒
活性炭吸附	脱硫效率高，出口 $H_2S<3mL/m^3$，净化率高，操作温度低	投资及操作费用高，H_2S 去除需要 O_2，H_2O 会占据的 H_2S 结合位，450℃再生，单质硫易沉积在孔道里
加压水洗法	出口 $H_2S<15mL/m^3$、废水不需要再生、费用低、同时去除 CO_2	操作费用高、技术难度大、吸收塔易堵塞
化学吸收法	去除效率可达 $95\%\sim100\%$、操作费用低、反应器体积小、可再生、甲烷损失小	技术难度大、氧化再生、CO_2 导致沉淀
膜分离法	脱硫效率高于98%，同时去除 CO_2，传质速率快，设备简单，能耗低，环境污染小	膜成本高、操作和维护费用高
生物脱硫	脱硫效率高于97%，投资成本低，设备简单，操作性强，工艺流程简单，能耗低	生物生长周期长，引入 O_2/N_2

5.2.1.1　干法脱硫

干法脱硫是 H_2S 通过物理吸附之后在化学氧化作用下转化为单质硫。在物理吸附过程中，借用吸附剂的表面能将 H_2S 通过化学反应转化为单质硫。

常见的有活性炭吸附脱硫法和氧化铁脱硫。

（1）活性炭吸附脱硫

活性炭吸附脱硫法的原理是在含氧条件下，硫化氢与活性炭孔隙表面之间发生相互作用，形成硫化物和氢气，是目前最常用的一种脱硫方法。该法的特点是吸附容量大、化学稳定性好、易解析再生。该气相过程在低温低压条件下发生。但是，必须防止液态水在活性炭过滤器中发生冷凝。因此，气体进入活性炭过滤器前，通常进行加热。活性炭过滤器中发生物理和化学吸附作用。

研究发现，活性炭对 H_2S 的去除效率与活性炭对气体中有机物质的吸附作用有很大关系。当有机物存在时，脱硫效率较大，成本较高。另外，在脱硫反应过程，活性炭表面会逐渐地沉积单质硫，积累至活性炭吸附饱和的程度需进行活性炭的再生。可见，该法具有操作复杂、不易连续进行、脱硫效率不稳定、经济成本高等缺点[8]。

为了提高活性炭的脱硫能力，常用金属氧化物或其盐类（如 Fe_2O_3、CuO、$CuSO_4$ 等）通过蒸汽活化等方法将活性炭改性[9]。活性炭的脱硫能力取决于各种工作条件，如相对湿度、工作温度和过滤器孔隙容积。需要定期（或在某些情况下连续）用氧气进行再生，将浸渍剂保持在金属氧化物形态。

脱硫主要使用三种活性炭，分别是颗粒活性炭（GAC）、压缩活性炭（EAC）和活性炭过滤器（ACF）[10]。相比颗粒活性炭，活性炭过滤器由于纤维直径更短，接触面积较大，适合用于体积密度更低、过滤阻力更小、压力降更低的脱硫。该工艺通常采用带有两个吸附床的超前-滞后控制系统，连续测量气流中的含硫量和/或容器之间设有一台含硫量指示器，见图 5-1。

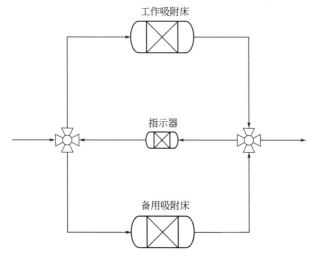

图 5-1　超前-滞后活性炭脱硫系统

根据具体项目要求，可以采用更简单的排列布置。不过，这样可能会降低脱硫可靠性，或要求在换炭期间关停设备。

（2）氧化铁法脱硫

氧化铁脱硫反应方程式如下所示

$$Fe_2O_3+3H_2S \Longleftrightarrow Fe_2S_3 \cdot H_2O+2H_2O$$
$$Fe_2O_3+3H_2S \Longleftrightarrow 2FeS+S+3H_2O$$

脱硫剂吸收达到饱和状态后，硫的去除率将逐渐降低，此时需要进行脱硫剂的还原再生。脱硫剂再生原理如下：

$$2Fe_2S_3+H_2O+3O_2 \Longleftrightarrow 2Fe_2O_3 \cdot H_2O+6S$$
$$4FeS+3O_2 \Longleftrightarrow 2Fe_2O_3+4S$$

有资料称，氧化铁脱硫是在常温下，采用含碱及水分（催化作用）的氧化铁脱除硫化氢。沼气中的硫化氢在固体氧化铁（$Fe_2O_3 \cdot H_2O$）表面进行脱硫反应，沼气在脱硫反应器内的流速越小，接触时间越长，反应进行得越充分，脱硫效果也就越好，但是，当脱硫剂中的硫化铁含量达到30%以上时，脱硫效果明显变差，脱硫剂不能继续使用，需要将失去活性的脱硫剂与空气接触，把$Fe_2O_3 \cdot H_2O$氧化析出硫黄，使失活的脱硫剂得到再生[11,12]。

应该注意到，氧化铁法脱硫还有很多缺点：

① 沉积硫黄会逐渐堵塞大部分微孔，造成脱硫能力降低，当脱硫剂中含质量分数为30%～40%的S时，需更换新的脱硫剂。

② 吸附反应是放热反应，可能引起单质硫的自燃。

$$Fe_2O_3+3H_2S \Longleftrightarrow Fe_2S_3 \cdot H_2O+2H_2O+62.3kJ$$

③ Fe_2S_3和FeS再生或作为废弃物暴露在空气中发生燃烧和自燃。

$$2Fe_2S_3 \cdot H_2O+3O_2 \Longleftrightarrow 2Fe_2O_3 \cdot H_2O+6S+606.1kJ$$

干法脱硫比较适用于H_2S含量较低的沼气净化，对处理含有高浓度沼气存在较大的缺陷。

5.2.1.2 湿法脱硫

湿法脱硫以液体吸收剂来脱除，溶剂通过再生后重新进行吸收。该类方法分为物理吸收法、化学吸收法和氧化法三种。但物理和化学方法存在H_2S再处理问题，因此并不常用。

常见的有碱液吸收法、醇胺吸收法、湿式氧化法[13,14]。

（1）碱液吸收法

1）碳酸钠吸收法

碳酸钠吸收法即碳酸钠与酸性的H_2S发生中和反应而脱硫，可以用来脱除含有CO_2和H_2S的天然气和沼气。该方法设备简单、运行方便、成本低。

但该方法的主要缺点是：在反应过程中，一部分碳酸钠变成了碳酸氢钠而导致吸收效率降低；另外还有一部分碳酸钠因反应而被消耗，因此该方法需要补充较多的碳酸钠。

2）氨水法

氨水法即氨水与 H_2S 发生中和反应：

$$H_2S+NH_4OH \longrightarrow NH_4HS+H_2O$$

这是一个物理化学过程。另外，值得注意的是，为避免解析过程中对空气造成污染，常采用氨水液相催化脱硫，使 H_2S 与对苯二酚反应生成元素硫而被分离，同时产生的氨水可循环利用吸收，从而可降低脱硫成本。这种方法运行不当容易造成环境污染的问题，操作较困难，对设备要求较高。

（2）醇胺吸收法

醇胺法脱硫早在 1930 年就已工业化，在工程应用已经相当成熟[15]。在工程应用上，主要使用的胺类吸收剂是一乙醇胺、二乙醇胺、三乙醇胺（FEA）、甲基二乙醇胺（MDEA）、二甘醇胺、二异丙醇胺六类。以一乙醇胺为例，该方法的反应过程如下：

$$2RNH_2+H_2S \Longleftrightarrow (RNH_3)_2S$$
$$(RNH_3)_2S+H_2S \Longleftrightarrow 2RNH_3HS$$

以上反应是可逆反应，当温度为 $29\sim40℃$ 时 H_2S 被吸收；当温度高于 $105℃$ 时脱硫剂再生。

该脱硫方法的优点是：成本较低，反应速率快，稳定性高，且易回收。

但是该方法仍然有很多缺点：

① 易产生腐蚀、气泡等问题，并且蒸气压较高，这对脱硫设备要求较高，操作较困难；

② 在有机硫存在下吸收剂易发生降解反应，从而降低脱硫效率。

（3）湿式氧化法

湿式氧化法是把脱硫剂溶解在水中，沼气中的 H_2S 与液体发生氧化反应，生成单质硫的过程。这类方法的研究已有 90 多年的历史，时至今日已有上百种工艺。该类方法的代表工艺有 A.D.A 法（蒽醌二磺酸盐法）、PDS 法（双核酞菁钴磺酸法）。

该类方法具有如下特点：

① 脱硫效率高，可使净化后气体中的 H_2S 浓度低于 $10mL/m^3$；

② 可将 H_2S 氧化为单质硫而回收利用；

③ 该法应用较广泛，既可在常温常压下运行，也可在加压下运行；

④ 大多数脱硫剂可以再生。

以常用的 PDS 法为例，PDS 法是以 Na_2CO_3 为碱源，以 PDS 为催化剂的湿式脱硫技术，在 1982 年开始工业化应用[16]。该法主要有脱硫和氧化再生两个过程组成，这两个过程均需要在催化剂的作用下完成。PDS 催化剂是含有单环酞菁钴磺酸铵和多环酞菁钴磺酸铵的混合物，还含有无活性物质如对苯二酚、硫酸亚铁、硫酸锰、水杨酸等助催化剂。PDS 法不仅可以脱除 H_2S，还可以脱除有机硫。去除的反应方程式如下：

$$H_2S+Na_2CO_3 \longrightarrow NaHS+NaHCO_3$$
$$NaHS+NaHCO_3+(x-1)S \longrightarrow Na_2S_x+CO_2+H_2O$$
$$NaHS+\frac{1}{2}O_2 \longrightarrow NaOH+S$$

目前，PDS 法虽然解决了氰化氢中毒问题，但工艺占地面大、工艺复杂需专人值守，从而阻碍了 PDS 法脱硫工艺的应用。

5.2.1.3　生物脱硫

传统的湿法脱硫可连续运行，适用于气体处理量大和 H_2S 含量高的工程，但废水处理难、运行成本高等问题影响其产业化应用。干法脱硫常用于低含硫气体的精脱过程，但硫容相对较低、废弃脱硫剂的二次污染等问题也成为产业发展的瓶颈。

生物脱硫（bio-desulfurization）技术是 20 世纪 80 年代发展起来的替代传统脱硫工艺的新技术[17]。生物脱硫不需催化剂、无二次污染、效率高、处理成本低且可回收单质硫，是目前的研究热点及产业化发展重点。

生物脱硫原理：大部分的脱硫微生物在有氧条件下，利用自然界硫循环过程的微生物群落的作用，通过控制氧化还原电位（ORP）和溶解氧浓度（DO），将还原态硫（H_2S）氧化为高价态硫（S^0、SO_4^{2-}）。

图 5-2 是常见的 3 种生物脱硫装置示意。

生物脱硫菌的有氧脱硫主要分为"硫化氢溶解—微生物吸收—微生物分解转化"3 个阶段：

① 由气相转移至液相的过程，即溶于水中的过程；

② 溶解后的硫化物以离子的形式在浓度差作用下进入微生物细胞内而被吸收；

③ 被吸收的硫化物被微生物作为营养物质在细胞内通过生物氧化作用被分解、转化和利用，从而脱除。

方程式如下：

$$H_2S(g) + OH^- \Longleftrightarrow HS^- + H_2O(解离作用)$$
$$HS^- + 0.5O_2 \longrightarrow S^0 + OH^-$$
$$HS^- + 2O_2 \longrightarrow SO_4^{2-} + H^+$$

但也有一些化能自养菌（如 *Thiobacillus denitrificans*）的脱硫，可在无氧条件下进行，以 NO_3^- 等作为电子受体完成 H_2S 的氧化[18]，方程式如下：

$$5HS^- + 8NO_3^- + 3H^+ \longrightarrow 5SO_4^{2-} + 4N_2 + 4H_2O$$

生物脱硫是基于自然过程的脱硫技术，原理简单，具有绿色、清洁的特点，可在探索和开发持续替代的可再生能源中应用。

几种氧化 H_2S 和其他低硫化物的菌种特性如表 5-4 所列。

5.2.1.4　非常规脱硫法

（1）清除剂

向混合气体中注射一种化学药品，气体可能由气相变成液相。建议水平接近或低于 $1000mg/L$。

图 5-3 显示了一般工艺流程。

该工艺生成一种硫-三嗪溶液，必须分开保管。通常可能被送入污水处理系统。

（2）冷冻法

另一种可能的方法是将气流降至硫化氢发生冷凝的温度，从而减少气流中的含

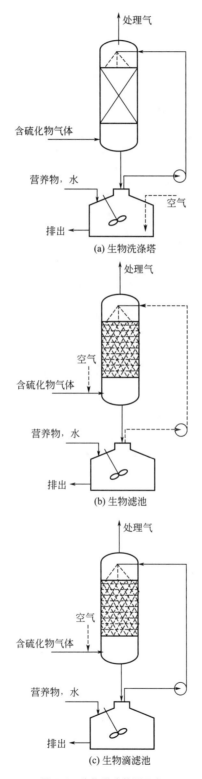

(a) 生物洗涤塔

(b) 生物滤池

(c) 生物滴滤池

图 5-2　生物脱硫装置示意

表 5-4 几种氧化 H₂S 和其他低硫化物的菌种特性

参数	菌种							
	排硫硫杆菌 (Thiobacillus thioparus) LV43	脱硫硫杆菌 (Thiobacillus denitrificans) TD	氧化硫杆菌 (Thiobacillus thiooxidans)	Thermothrix azorensis	那不勒斯硫杆菌 (Halothiobacillus neapolitanus)	粪产碱菌 (Alcaligenes faecalis) T307	硫微螺菌 (Thiomicrospira arctica)	Sulfurospirillum alkalitolerans
最适 pH 值	7.5	6.9	2.0~3.5	7.0~7.5	6.3~7.1	7.0	7.3~8.0	8.5
最适温度/℃	28	29.5	28~30	76~78	28~32	25~30	11.5~13.2	—
细胞类型	革兰氏阴性	革兰氏阴性	革兰氏阴性	革兰氏阴性	革兰氏阴性	革兰氏阴性	革兰氏阴性	革兰氏阴性
运动性	运动	端生鞭毛运动	—	运动	不运动	不运动	运动	运动
形态/μm	杆菌 0.9~1.8	杆菌 (0.5~0.8)× (1.5~2.0)	杆菌 0.5× (1.1~2.0)	杆菌 (0.3~0.8)× (2.0~5.0)	杆菌 (0.5~1.2)× (0.7~2.2)	杆菌 0.5×0.9	杆菌 (0.5~0.6)× (1.2~1.5)	逗点杆菌 (0.5~0.7)× (1.2~2.5)
营养型	专性化能自养	专性化能自养	专性化能自养	专性化能自养	专性化能自养	兼性化能异养	专性化能自养	兼性化能异养
能量来源	硫代硫酸盐、硫化物	硫代硫酸盐、连四硫酸盐、硫氧酸盐、硫化氢、单质硫	硫化氢、连多硫酸盐、单质硫	硫代硫酸钠、连四硫酸盐、硫化氢、单质硫	硫代硫酸钠、连四硫酸盐、硫化物	硫代硫酸盐、硫化物、酵母提取物、蛋白胨、尿素、明胶	硫代硫酸盐、连四硫酸盐、单质硫	硫代硫酸盐、单质硫、硫化物、硝酸盐、亚硝酸盐、富马酸盐、砷酸盐
氧需求	专性好氧	兼性厌氧	专性好氧	专性好氧	专性好氧	兼性厌氧	专性好氧	专性厌氧
单质硫排放	排出	—	—	细胞内	排出	排出	排出	细胞内

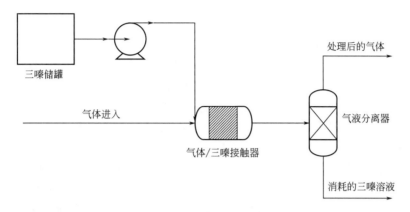

图 5-3　三嗪注射法脱硫工艺流程

硫量。含硫量较大时，此方法较为经济，但不能将含硫量降至最低。假设在压缩前，首先冷却气体，以分离出大部分含硫量，紧接着在压缩后进行再一次冷却，以净化尽量多的硫。此方法的工作原理是一种物理现象，且非常可靠。

5.2.2　生物燃气脱氧工艺

经传统生物脱硫工艺后的沼气一般含有 $0.8\%\sim 3\%$ 的氧气，沼气中氧的含量过大，会使沼气利用过程极具危险性，甚至威胁人们的生命安全。在压缩天然气制取工艺中，明确要求沼气中氧含量低于 0.5%（GB 18047—2000）。因此，脱除沼气中的氧气显得尤为重要。

气体脱氧主要有催化脱氧、吸附脱氧和燃烧脱氧三种[19]。在脱氧剂方面目前已研制出贵金属脱氧剂、铜系脱氧剂、锰系脱氧剂、镍系脱氧剂、钼系脱氧剂、铁系脱氧剂、耐硫脱氧剂等，并且这些脱氧剂已被成功地运用到煤层气脱氧、烯烃脱氧、合成气脱氧、普气脱氧等工业应用中。

对于沼气脱氧既与普通气体在脱氧方面有相似因素，又存在着自身的一些特点。结合前面所述的三种脱氧机理，对于沼气脱氧，加氢脱氧会混入氢气杂质，另外还需解决氢源问题；化学吸收脱氧又难以达到脱氧深度的工业要求；因此采用催化燃烧的方式，利用甲烷和氧在催化剂下反应脱除沼气中的氧将是最佳选择。甲烷催化燃烧脱氧是过量甲烷与少量或微量氧在催化剂作用下发生氧化反应，温度为 $200\sim 300\,^{\circ}\mathrm{C}$，为无焰燃烧。国内外已经成功研制了多种甲烷燃烧催化剂可供选用，按组成可大致分为贵金属负载型催化剂和过渡金属氧化物催化剂。结合沼气自身组成的特点，宜使用贵金属催化剂用于脱氧[20]。当使用 Pd/Pt＝1∶4（质量比）、含量为 0.2%（质量分数）的催化剂时，可将沼气中的氧脱除至 0.09%，且长时间保持高活性状态，稳定性好。

脱氧方法有很多种，其中一些主要提纯方法一直沿用至今（如变压吸附法或膜分离法）。本章论述了需要运用的专用技术或洗净方法。

5.2.2.1　催化氧化法

可以运用化学吸附法净化原料沼气或提纯沼气（如生物质甲烷）。当沼气或甲烷进入装有铂、钯催化剂的反应器后，可以将含氧量降至 $1mL/m^3$ 以下。此工艺中，氢氧化为水，一氧化碳氧化为 CO_2，高含量烃类氧化为 CO_2 和水。因此，沼气或生物质甲烷中的含氧量减少会消耗烃类，从而可能导致气体中的甲烷含量降低。甲烷消耗量取决于氧还原程度，常见问题是氧浓度较低，若氧化其他烃类而非甲烷，则可以减少甲烷消耗量。

该方案工艺流程简单，仅使用一台反应器，极易调节。由于生成了水，因此需要在脱氧后进行气体干燥。若能在现有干燥步骤前完成催化氧化，一般没有问题，但如果由于增加脱氧步骤而需要增加干燥步骤，则可能导致产生额外投资成本和经营成本。

催化氧化工艺在高温下工作（在某些工艺条件下，甚至高达 500℃），不但要求选用适当的管道和反应器材料，而且需要在脱氧后进行气体冷却处理。利用智能热集成，催化反应器中的进气和排气发生热交换，从而预热进气，催化法将以自热方式工作，连续工作期间无需额外供热，并将大大减少冷却需求。

铂、钯催化剂对如硫化物、氯、砷、磷、油类、酸雾或碱雾等基质较为敏感。因此，需要净化气体中所含的这些物质。当气体中不含这些催化毒物时，假设催化剂可以正常作用，在几年内无需更换催化剂。

5.2.2.2　化学吸附法

另一种降低沼气或甲烷氧含量的工艺是化学吸附法，其利用一个铜表面，铜被氧化为氧化铜。此工艺中，不进行气体加湿。因此，不需要进行气体干燥。然而，铜表面饱和后，需要进行再生。铜表面用氢或一氧化碳进行再生后，可重新用于还原氧。相比于使用铂、钯催化剂的催化氧化法，由于化学吸附法需要进行再生处理，从而增加了投资成本，并使脱氧调节工艺复杂化。要保持连续工作，需要使用至少两台反应器，这样，当第一台反应器进行再生处理时第二台反应器处于工作状态。

相比于使用铂、钯催化剂的催化氧化法，铜氧化沼气脱氧化学吸附法要求的温度更低（一般为 200℃ 左右），从而更加容易选择材料。可以像催化氧化法一样利用余热，从而降低经营成本。

铜表面对硫化物及油类和盐类较为敏感。

5.2.3　生物燃气脱水工艺

沼气中通常含有一定量的水分，这些水分会影响沼气的利用，如水分与气体中 H_2S 结合后会腐蚀管道和设备；水分凝聚在气体输送管道上的检查阀、安全阀等设备的膜片上影响其准确性；此外，水分会增大管路的气流阻力，降低沼气燃烧热值。因此，沼气的输配系统中需配套脱水流程。

目前，常用的脱水方法有重力脱水法、冷凝脱水法和吸附脱水法。

5.2.3.1　重力脱水法

重力脱水法主要原理是沼气以一定的压力从气水分离装置上部以切线方式进入后，沼气在离心力作用下进行旋转，然后依次经过水平滤网及竖直滤网，促使沼气中的水蒸气从沼气中分离出来，而装置内的水滴在重力作用下沿内壁向下流动，汇集于装置底部的水分定期排除。

图 5-4 是气水分离装置示意。

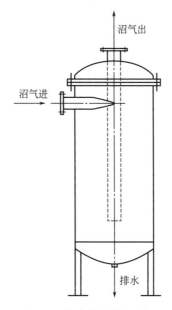

图 5-4　气水分离装置示意

5.2.3.2　冷凝脱水法

冷凝脱水是我国沼气工程最常用的脱水方法。通过在管道中设置冷却器，利用冷媒降低沼气的温度，使沼气中的水分在较低的露点温度下冷凝结露后分离排出，冷却后的气体经升温输送，避免产生冷凝水。在大中型的沼气工程上，需要在输送管路的最低点设置凝水器以便把管路中的冷凝水排除。

通常采用人工手动和自动的方法进行排水，如图 5-5 所示。

5.2.3.3　吸附脱水法

吸附脱水法是当生物燃气通过吸附床时，床层内的干燥剂将气体中的水分吸收。常用的干燥剂有硅胶、分子筛、氧化铝或氧化镁等。

分子筛是应用广泛的干燥剂。分子筛属强极性吸附剂，对沼气中的极性分子如 H_2O 及 H_2S 都有较强的亲和力，因此分子筛吸附剂同样也已广泛应用于脱除气体中的硫化氢。分子筛用于吸附气体后再生方式主要是变压再生和变温再生两种。变压再生时有一部分产品气要用作解吸气，会导致回收率下降，而采用变温再生则不必消耗产品气。

硅胶是一种亲水性吸附剂，比表面积可达 $600\mathrm{m}^2/\mathrm{g}$，可用于沼气脱水。活性氧

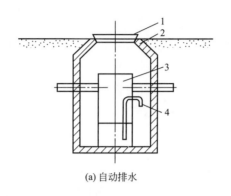

(a) 自动排水

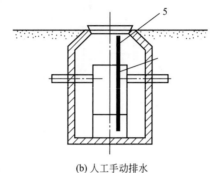

(b) 人工手动排水

图 5-5　凝水器
1—井盖；　2—集水井；　3—凝水器；　4—自动排水管；　5—排水管

化铝也是极性吸附剂，比表面积 $350 m^2/g$，特点是机械强度大，可多次循环使用。

三甘醇或二甘醇吸收脱水是天然气工业最常用的脱水工艺。脱水处理时原料气进入吸收塔塔底，自下而上与由塔顶进入的贫三甘醇逆流接触，其中水被三甘醇吸收。吸水后的富液过滤除杂后通过精馏柱和重沸器提浓再生。甘醇吸收法脱水处理量大，技术成熟，但运行一段时间后会出现溶液发泡、盐结晶堵塞、吸收液损耗等问题，需及时进行维护和管理。

5.2.4　其他微量气体脱除工艺

5.2.4.1　提纯系统杂质平衡

原料沼气中含有各种有害化合物，常称作杂质或污染物。这些化合物包括硫化氢、氨气、挥发性有机化合物、硅氧烷类、氧气、氮气和氢气。对于每种沼气提纯技术而言，其中的某些化合物可能不利于提纯工艺，因而需要在提纯前予以净化。另外，还可能存在对于提纯生物质甲烷中某些化合物的限制规定。这种情况下，需要根据杂质是否在沼气提纯工艺中与二氧化碳一起净化，或是否允许生成气中含有这些杂质，来考虑净化原料气或提纯生物质甲烷中所含杂质是否有利。杂质还可能最终存在于除提纯生物质甲烷以外的另一种气流中。这种情况下，一般存在废气限制规定，或当含有杂质的废气用作副产品时，可能存在其他各种环境规定要求。另外，需要考虑哪个工艺阶段的杂质净化效果最佳。

图 5-6 中说明性概述了采用不同提纯技术时不同杂质通过沼气提纯阶段的路径。

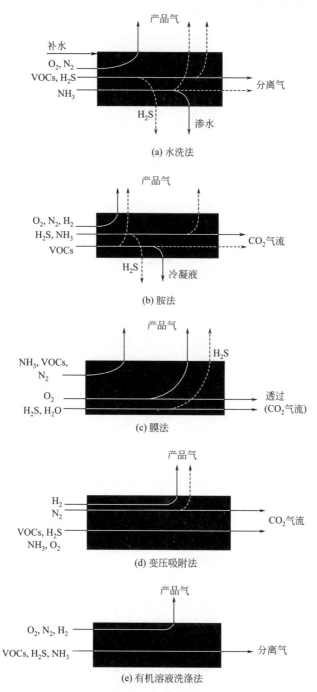

图 5-6　不同沼气提纯工艺沼气中的杂质路径

5.2.4.2 硅氧烷净化

在原料填埋气以及某些其他沼气中，极有可能发现挥发性硅氧烷类，如六甲基二硅醚，见表 5-5。

表 5-5 一些常见硅氧烷类的化学结构及特性

名称	六甲基二硅醚	六甲基环三硅氧烷	十甲基环五硅氧烷
结构式			
分子式	$C_6H_{18}OSi_2$	$C_6H_{18}O_3Si_3$	$C_{10}H_{30}O_5Si_5$
分子量	162.4	224.4	370.8
露点/℃	−59	65	−47
沸点/℃	101	134	210
蒸发压力	5.6kPa	133kPa	0.2Torr
体积密度(25℃)	5.6%	0.1%	$263×10^{-6}$
CAS	107-46-0	208-765-4	541-02-6

注：1Torr＝133Pa。

硅氧烷类用于各种不同的消费品，如化妆品、除臭剂、肥皂、食品添加剂、消泡剂等，并能作为四氯乙烯替代品，用于服装干洗。硅氧烷类用途广泛，存在于沼气中，浓度高达 $50mg/m^3$，远远超出几家发动机制造商设定的限值 $15mg/m^3$。硅氧烷类不溶于水，蒸发压力极高[21]。

当硅氧烷类到达干燥机时，被吸附在位于干燥机内用作干燥剂的沸石表面。当干燥机再通电时，最可能的结果是硅氧烷类受热后发生分解，并将析出硅沉淀物，导致积垢长期堵塞孔隙，因而降低干燥机的有效吸附速度。

硅氧烷净化的常规路径要么是水洗，净化大部分挥发性组分三甲基硅醇，要么用高温硫酸洗涤。不过，由于高温硫酸腐蚀性极强，可能不太好处理。现如今，高含量硅氧烷净化的首选方法是先将气体冷却至−30℃，再在活性炭保护床或硅胶分子筛上进行吸附处理。两种方法均被证实具有良好的吸附效率，还可能产生回热。不过，硅胶分子筛的吸附效率略高。

若气体中的挥发性有机化合物处于相对游离状态，则可用真空变压吸附塔（VSA）净化硅氧烷，其作用原理是用真空再生吸附床，常压或高压下吸附，真空下解吸。如果是挥发性有机化合物和硅氧烷类，可采用变温吸附法（TSA）工艺，常温吸附、升温脱附。

5.2.4.3 净化挥发性有机化合物/苯-甲苯-二甲苯混合物

沼气中的挥发性有机化合物含量因消化原料不同而迥异，总的趋势是：农业植物比填埋气作为原料生产的沼气中挥发性有机化合物含量低得多。采用不同的厌氧消化原材料时，消化池中原料沼气的挥发性有机化合物平均值相差高达 $690\text{mg}/\text{m}^3$。

通常，可利用不同沼气提纯法充分减少挥发性有机化合物含量，而且可以进一步完全净化。为进一步洗净气体，最常用的方法是让气体通过活性炭过滤器。然后，两台吸附床同时工作，一台吸附床进行再生处理，另一台吸附床保持运转。可利用热再生恢复活性炭的吸附能力。

如前所述，若沼气中同时含有挥发性有机化合物和硅氧烷类，则可采用变温吸附法（TSA）工艺。替代方法包括膜过滤法和催化氧化法。其中，催化氧化法因具有较高效率和经济合算而适合于多种应用。

5.2.4.4　侧流甲烷净化

（1）蓄热式热氧化法

蓄热式热氧化法（RTO）是一种节能型的灵活解决方案，其结合了气相热氧化与蓄热式换热，以净化沼气中的污染物。该工艺利用了接近 97% 左右的净化气体回热来预热进气。该工艺使用具有高传热能力的耐火材料（如陶瓷介质）。工作温度高达 $750\sim1000℃$。

蓄热式热氧化法最简单的工艺配置由一间卧式燃烧室组成，用一台燃烧器启动氧化器，燃烧室与两间填充了陶瓷介质的立式余热回收室连接。两间余热回收室均设有一台进气阀和一台出气阀，根据循环时间每隔 $1\sim3\text{min}$ 切换一次气流方向。低温含杂质进气在第一间热交换室内进行预热，然后进入燃烧室进行氧化。然后，净化气体离开利用陶瓷介质余热的第二间热交换室。

图 5-7 显示了蓄热式热氧化法典型工艺流程。

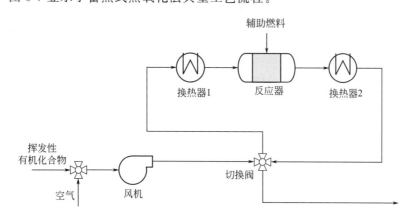

图 5-7　蓄热式热氧化法典型工艺流程

商业市场上，主要应用两室和三室两类蓄热式热氧化法，但可能采用了不同的切换阀技术。

（2）蓄热式催化氧化法

作为蓄热式热氧化法的一种替代方法，蓄热式催化氧化法（RCO）能够在低得多的温度（$250\sim500℃$）条件下工作，因而更加节能。很多情况下，运用改进的蓄热式催化氧化法经济效益更高。蓄热式催化氧化法的总体原理与蓄热式热氧化法相同，唯一的不同之处是前者在室内陶瓷介质上面增加了一层催化剂床。

催化剂的选用应满足各种要求，如特定物质在沼气中具有高氧化活性、高热稳定性及高机械强度等。

（3）发电机组法

此工艺采用一种稀薄燃烧模式的发电机组，用废气驱动，处理不同类型提纯法生产的废气时，可回收能源，减少排放。其工作原理是：内燃机工作，点燃可燃液体，受热膨胀后产生热能，亦可用贫气。作用于活塞的推力可转换成机械能，再转换成电能。

废气中含有少量可能燃烧的甲烷和挥发性有机化合物。不同的提纯技术得出的标准甲烷含量各异，但即便废气中的甲烷含量最高值约为 $1\%\sim5\%$，仍不足以达到使内燃机工作的高热值。然而，分流部分原料沼气，或在采用变压吸附法时改变运行模式，即可获得更高的热值，在与空气混合燃烧前达到至少 $5MJ/m^3$ 的废气有效热值。

发电机组法的缺点是燃烧过程产生氮氧化物气体并形成颗粒物，必须要用过滤器法、催化还原法或其他合适方法进行处理。这种技术投资及提纯甲烷损失必须与可再生能源销售之间保持平衡。

5.2.4.5 脱氨

沼气中的氨气含量取决于使用什么样的厌氧消化基质。生活垃圾和工业废物生产的沼气中，未检测出氨气或仅检测出微量氨气，屠宰场废料生产的沼气则显示出了更高的氨气含量（约为 100×10^{-6}）。另外，亚硝酸化合物含量较高的其他基质，如鸡粪和青草，生产出的沼气中氨气浓度较高。

可运用冷凝干燥法进行沼气脱氨。办法是冷凝过量的水，然后水和可溶于水的部分氨气同时净化。其余的氨可以在其他清洗干燥机（如 SiloxaGKW）中净化，其结合了干燥工艺及吸附水中的氨气和硫化氢。此工艺中，气体流过与低温冷凝水流方向相反的填充塔。这样，通过冷凝作用净化了氨气和硫化氢，进而吸附出水中所含氨气和硫化氢。

还可以用分子筛进行沼气脱氨。分子筛可根据分子大小分离出气体化合物。用这种方法，可以将氨气和硫化氢的浓度从 2%（体积分数）左右降低至 $1mL/m^3$ 以下。一旦分子筛将氨气和硫化氢吸附饱和，就需要进行再生处理，增加了投资成本和经营成本。

5.2.4.6 可能的提纯顺序取决于气体品质要求

设计沼气提纯工序顺序时，做到全面考虑很重要。第一个问题涉及是否净化原料沼气、生物质甲烷或任何其他有效气流中的各种杂质。

以上所述不同的提纯方法对于热量和压力要求不同。例如，活性炭过滤器要求过热，以免炭床中发生冷凝，因此需要在活性炭过滤器之前加热湿气。若将用于提高气体温度的风扇或压缩机直接安装在下游，则可以不用进一步加热。

在同一气流中设置几个提纯步骤时，重要的是要考虑不同化合物的成分，以确定在实际步骤中去除想要净化的化合物。例如，当气流中硫化氢浓度较高，但只含有微量挥发性有机化合物时设置提纯步骤则不太合理。在这种情况下，最可能只会净化硫化氢。所以，最好是在气体进入净化挥发性有机化合物步骤前先净化大部分硫化氢。

5.3　生物燃气提质技术

生物燃气提纯的基本理念是分离出进气中所含 CO_2 及其他少量杂质气体（H_2S、水分、H_2、N_2、O_2 和挥发性有机化合物等），从而提高生物燃气中 CH_4 的体积百分比，获得更高热值的产品气。根据分离原理和机制，将生物燃气提纯技术分类为变压吸附法、溶剂吸收法（物理法和化学法）、气体膜渗透法、低温精馏法。

（1）变压吸附法

变压吸附技术是利用不同压力条件下吸附介质表面 CO_2 的选择性亲和力来控制分离。

（2）溶剂吸收法

溶剂吸收技术，利用液态介质对不同气体成分的溶解/吸收性的差异，通过调节压力和温度，进一步增大液态介质对 CO_2 和 CH_4 的吸收选择性，控制吸附和解吸过程。根据液态介质的不同，主要分为水洗法、胺洗法和物理溶剂法。

（3）气体膜渗透法

气体膜渗透技术，选用 CO_2 与 CH_4 分子的渗透率差异大的材料制成膜组，在原料生物燃气通过膜组的同时，将 CO_2 与 CH_4 隔离并分别收集。

（4）低温精馏法

低温精馏法，利用 CO_2 与 CH_4 沸点差异（在 1 个标准大气压条件下，CH_4 的沸点为 $-161.5℃$，CO_2 的沸点为 $-56.55℃$），将生物燃气低温冷却至 CO_2 沸点以下，CO_2 转变为液态，而 CH_4 仍保持气态，从而将其分离。

5.3.1　变压吸附脱碳工艺

变压吸附法（PSA）属于一种干燥法，主要利用气体成分的不同物理特性进行分离。变压吸附法的基本原理是：原料沼气在高温条件下被压缩，输入吸附塔，吸附塔截留 CO_2，释放甲烷。在塔中吸附材料截留一定量的 CO_2 后，压力释放，实现 CO_2 解吸，由废气流管道释放。同时使用几个吸附柱，通过相继关闭和打开操作，可以实现连续性生产。典型设置包含 4 个吸附柱，如图 5-8 所示。

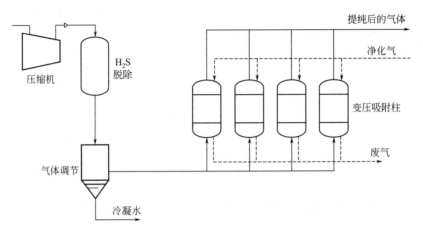

图 5-8　采用变压吸附法（PSA）进行沼气提纯工艺流程

在四步法循环（Skarstrom 循环）中，4 个吸附柱并联运行，实现连续工作。提高分离效率及能源效率的方法之一是增加更多的吸附柱，并优化吸附柱之间的气流，但必须在合理工艺复杂度和投资成本之间取得平衡。

如何选用选择性吸附原料气流中的二氧化碳的吸附剂床料，对发挥变压吸附设备的功能至关重要。常用吸附剂材料包括活性炭、天然沸石、合成沸石、硅胶和炭分子筛（CMS），但是，对金属-有机骨架化合物之类吸附剂的研究工作尚处于发展阶段。目前，变压吸附技术研发的重点是尽量减少变压吸附设备，优化该技术的小规模应用，降低能源消费。研发工作还包括结合使用不同的吸附剂，以增强吸附特性，以及在单个吸附柱中对硫化氢和二氧化碳进行综合分离，不然的话，就必须在变压吸附法吸附柱之前通过预处理工艺进行分离。要分离原料气中游离水分，也存在同样的问题，即必须在变压吸附法上游工艺阶段进行净化。

在变压吸附法工艺中，硫化氢将不可逆地吸附在吸附介质上。因此，需要在预处理期间净化硫化氢。常用的办法是使用一台活性炭过滤器。活性炭过滤器用于中低浓度硫化氢分离经济可行。另外，还需要净化原料沼气中所含氨气及挥发性有机化合物，可以在压缩阶段后在吸附柱中完成提纯过程[22]。

变压吸附法提纯工艺留下的生物质甲烷露点温度低于−50℃，且十分干燥，可直接使用，无需另外干燥。氧气和氮气得以从沼气中有效净化。

在瑞典，现有 55 家沼气提纯厂，其中 8 家提纯厂采用了变压吸附技术。根据国际能源署统计资料，这些工厂生产的提纯沼气用作汽车燃料和供气网气源，这些工厂的沼气生产原料包括下水污泥、生物废弃物和粪肥（国际能源署第 37 号生物质能源任务专家组，2012 年）。

5.3.1.1　工艺描述

一个变压吸附塔循环主要由四个阶段组成，一个所谓的 Skarstrom 循环，包括增压、进料、排料和净化，如图 5-9 所示，以及一条循环阶段的压力曲线。在进料阶段，吸附塔中注入原料沼气。二氧化碳在床料上被吸附，甲烷则流出吸附塔。当

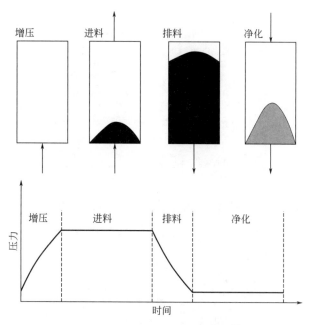

图 5-9　Skarstrom 循环四个阶段示意图和循环压力曲线

吸附床吸满二氧化碳后，进料关闭，排料阶段开始，压力大大降低，解吸出吸附剂中的二氧化碳，含有高浓度二氧化碳的气体被抽出吸附塔。由于在这一阶段开始时，吸附塔中充满原料沼气，一些甲烷会随着解吸的二氧化碳而损失。在吸附塔中压力最低时，净化阶段开始。提纯气体吹过吸附塔，净化掉吸附床解吸的所有二氧化碳。吸附塔进行再生，可以将原料沼气或提纯气体再次增压。至此，循环结束。

由于这个循环由四个阶段组成，变压吸附设备的通用设计包括四个吸附塔。因此，其中的一个吸附塔始终投入吸附，另外三个吸附塔处于不同的再生阶段。为减少工艺过程中的胺损失，吸附塔通常进行互联。这样，可以将一个吸附塔在排料期间的排气在均压阶段用于给另一个吸附塔增压，而且减少工艺过程的能源消耗。一个吸附塔循环时长一般为 2～10min。

使用几个吸附塔时，可以采用多种方式更改过程循环，以提高从原料沼气到提纯气体的甲烷产量，减少甲烷损失，提高工艺能效。排料阶段的排气可以与原料沼气一起再循环，将产量提高 5%。曾有人建议在新的先进工艺循环中包含九个循环阶段。按照模拟结果，采用新循环的四个吸附塔设备能够生产出含 98% 甲烷纯度的提纯气体，而且提高了产量，降低了能耗。增加吸附塔数量还能为设计新循环带来新机遇，提高吸附塔之间的气流品质，使能源利用最优化[23,24]。不过，工艺复杂度和设备安装成本会不可避免地增加，从而需要在系统效率与成本之间权衡。变压吸附技术研发重点是尽量减少变压吸附设备，优化小规模应用技术，减少能源消耗，结合运用不同的吸附材料，共同发挥不同材料的吸附特性，在一个吸附塔中同时分离硫化氢和二氧化碳。

瑞典的变压吸附提纯设备见图 5-10。

(a)

(b)

图 5-10　瑞典的变压吸附提纯设备

5.3.1.2　理论背景

　　气体吸附分离成功与否，很大程度上依赖于吸附剂的性能，因此，选择吸附剂是确定吸附操作的首要问题，对于发挥变压吸附设备功能至关重要。吸附剂是一种多孔性固体，具有较高的比表面积，与气体接触面积较大。常用吸附剂材料有活性炭、天然沸石、合成沸石、硅胶和炭分子筛（CMS）。一种新型吸附剂材料是金属-有机骨架（MOFs）。这些吸附材料以前曾被用于储存氢气等气体，而且显示出具有应用于变压吸附法的巨大潜力。要将这些新材料成功应用于变压吸附法，不仅必须对二氧化碳具有较强反应活性和吸附选择度，而且对环境必须无害，随时可用并保持长期稳定性。通常，吸附剂分为两大类：一类是平衡吸附剂（活性炭、沸石），其吸附二氧化碳远多于甲烷；另一类是动能吸附剂（炭分子筛），特点具有大量微孔，能够让小尺寸二氧化碳分子比烃类渗透更快，从而使其通过吸附床。

吸附等温线图显示了特定吸附剂的气体吸附与压力之间的关联性。图 5-11 显示了两类吸附剂的吸附等温线。两条通用吸附剂等温线，显示进料压力（高压）和再生压力（低压）条件下气流中的二氧化碳分压。压差 Δq 等于一个吸附塔循环的分离能力。等温线显示了某一给定压力时的吸附平衡度。变压吸附运行期间，以压力 p 进料输入原料沼气。在此压力作用下，吸附剂能够留住一定数量的二氧化碳。达到平衡后，即当吸附剂吸满二氧化碳时，压力降至 p_r，开始进行吸附剂再生。表面解吸出二氧化碳，并将达到新的平衡 $q_{r,1}$ 和 $q_{r,2}$。因此，Δq 等于工艺循环期间从原料气流中分离出来的二氧化碳总数。尽管吸附剂 2 能够在压力为 p_f 时吸附多得多的二氧化碳，吸附剂 1 显然更适合于该工艺，因为 Δq_1 比 Δq_2 大得多。因此，好的吸附剂等温线接近直线，因为如果等温线的第一部分为陡增曲线，就必须在极低的压力下吸附二氧化碳，以保证有效分离。这样的话，就增加了工艺的功率消耗。

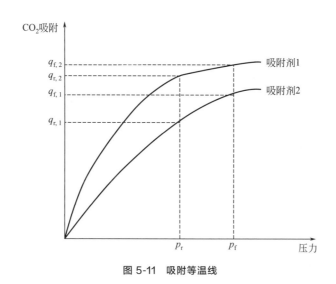

图 5-11　吸附等温线

5.3.1.3　运行操作

变压吸附设备排放高浓度二氧化碳气体，气体在排料和净化阶段从吸附塔中排出。如前所述，净化阶段排出的气体一般进行再循环，以提高提纯工艺的甲烷产量。排料阶段排出的气体同样含有一些甲烷，可采用几种方式进行处理。

如果变压吸附工艺排出的气体中甲烷含量足够高，则可以点燃，或可以在特殊设备中进行催化氧化，以防甲烷泄漏。排出气流还可以与消化池中的原料沼气一起燃烧，产生能够就地使用的热量，例如，加热消化池或就地供热。不过，燃烧甲烷会减少提纯生物质甲烷的产量。若无就地供热需求，最重要的问题是要保证泄漏到大气中的甲烷数量最少。许多设备没有安装能够氧化排出气流中甲烷的系统。根据变压吸附设备供应商提供的资料，在一般情况下，由于泄漏到大气中导致的甲烷损失应低于甲烷总产量的 2%。2007 年，瑞典废物管理学会发起了自愿减排协议计划，目的是研究沼气生产中的甲烷损失和排放。根据该计划测量结果，显示甲烷排放量较低。测定的变压吸附提纯设备甲烷损失中值为1.8%，但由于单台设备的甲烷损失量较高，平均值达到2.5%。具有末端处理的设备（即燃烧或催化氧化甲烷）甚至显示出更低的甲烷损失量，平均值仅为1.0%。

5.3.1.4 投资成本和耗材

由于没有变压吸附设备制造商以全面伙伴身份参与本项目，可获得的投资成本资料数量有限。早期研究结果显示，处理能力为$500m^3/h$的变压吸附设备投资额约为110万～140万欧元。从2009年起，投资额根据通货膨胀进行了调整。有研究表明，比投资成本随着生产处理能力增加而减少，但设计因素如原料气成分、产成气质量标准以及制造商采用的压力容器材质等对投资成本也有极大影响。

图5-12显示了根据所得数据绘制的估计投资成本曲线。

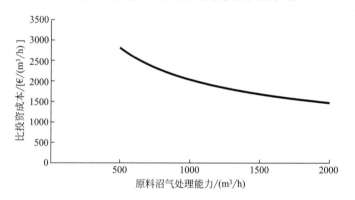

图 5-12　变压吸附提纯设备的比投资成本曲线

变压吸附技术不需要使用大量的资源，因此适合于多种应用。变压吸附技术属于一种干燥处理技术，既不消耗水也不产生污水。该工艺还不需要任何热量。但由于该工艺采用了较高压力，因而耗电量极大。此外，如果没有外部冷却水可用，则可能需要一台冷冻机，用于气体除雾和冷却主压缩机。

根据变压吸附系统生产商的要求，变压吸附提纯工艺的耗电量为0.15～$0.3kW \cdot h/m^3$原料沼气。研究文献中建议了类似的耗电量水平，为$0.2kW \cdot h/m^3$原料沼气，加上干燥和最终压缩所需$0.17kW \cdot h/m^3$产成气耗电量。瑞典变压吸附设备的工艺值显示：能量需求为0.25～$0.3kW \cdot h/m^3$。因此，变压吸附设备的电能需求得到了充分证实。如果系统能够利用外部冷却水，则有可能达到最低值；而如果系统配有冷冻机，则工艺值略高。使用催化氧化器还增加了能量需求，大约为$0.3kW \cdot h/m^3$。

若在吸附塔之前使用活性炭过滤器分离硫化氢，则将消耗活性炭。不过，这种需求量有限。根据系统生产商要求，变压吸附设备计划维护保养周期通常为一年两次。

5.3.2 高压水洗脱碳工艺

5.3.2.1 技术概况

水洗器是一种物理洗涤器，其利用了 CO_2 在水中的溶解度高于甲烷这一特性。在水洗器中，分离出原料沼气中的 CO_2，用高压（通常为 6～10bar）将 CO_2 溶解于吸收塔中的水中。然后，在大气压力条件下加气，使解吸塔的水中释放出 CO_2，见图 5-13。

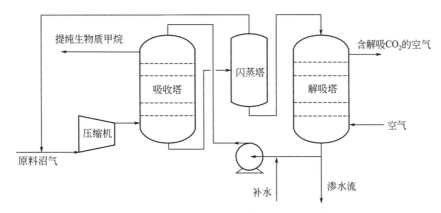

图 5-13　水洗器示意

若干年前，人们建造了无水循环的沼气提纯设备，部分设备至今仍在使用。但是，所有新建提纯厂均有水再循环系统，如图 5-13 所示。带有水循环系统的设备，工作更加稳定，运行问题更少。

5.3.2.2 理论背景

亨利定律描述了水溶解法吸收 CO_2 和甲烷，说明了气体分压与接触吸收溶剂的气体浓度之间的关系。

$$C_A = K_H p_A$$

式中　C_A——A 的液相浓度，mol/L；

　　　K_H——亨利常数，mol/(L·atm)；

　　　p_A——A 的分压，atm。

25℃时，CO_2 的亨利常数为 3.4×10^{-2} mol/(L·atm)，甲烷的亨利常数为 1.3×10^{-3} mol/(L·atm)，CO_2 的溶解度约高于甲烷溶解度 26 倍。

如果原料沼气分别含有 50％的甲烷和 CO_2，则在吸收塔底部，这些气体的分压相等。此外，在一个理想的系统中，如果 100％的 CO_2 溶解于水，至少 4％的甲烷也将溶解于水。

净化 CO_2 所需的水量取决于吸收塔设计、提纯气体中要求的 CO_2 浓度以及 CO_2 在某一容积的水中的溶解度（根据压力和温度决定）。吸收塔高度和填料类型将决定理论塔板数量。这是一个假设阶段，气相和液相彼此建立平衡。装有更多理论塔板的吸收塔效率将更高，需要的沼气处理水流量更低。

净化沼气中最后残留的 CO_2 分子是难度最大的分离工艺，因为残余 CO_2 的分压较低。因此，将需要更高的水流量，以达到极低的 CO_2 浓度。需要增加多少的水流量将取决于吸收塔中理论塔板的数量。

采用特殊设计，且提纯气体中的 CO_2 有规定浓度时，水流量将由 CO_2 的溶解度来决定。大部分设备符合此项规律，因此，可以用下式表示水流量。

$$Q_{水} = \frac{Q_{CO_2}(g)}{C_{CO_2}(aq)} \tag{5-1}$$

式中　$Q_{水}$——需要的水流量，L/h；

$Q_{CO_2}(g)$——要求净化的 CO_2 的摩尔流量，mol/h；

$C_{CO_2}(aq)$——CO_2 的溶解度，描述为水中可能达到的最大 CO_2 浓度，$mol/L^{[25,26]}$。

需要净化的 CO_2 的数量采用合计流速和气体成分来描述，而溶解度则根据亨利定律确定：

$$Q_{水} = \frac{Q_{沼气} \, m_{CO_2}}{K_H p_{tot} C_{CO_2}} \tag{5-2}$$

式中　$Q_{沼气}$——沼气总流量，mol/L；

m_{CO_2}——原料沼气中 CO_2 所占百分比；

p_{tot}——吸收塔中的压力；

C_{CO_2}——CO_2 的溶解度。

可以去掉上式中进气中所含 CO_2 百分比，因为需要的水流量不受进气中所含 CO_2 百分比的影响。

特定气体的亨利常数值仅在特定温度条件下有效。当温度增高时，溶解度通常降低，反之，当温度下降时，溶解度通常增高。以下以范特霍夫方程为例，可以根据该方程求出溶解度随温度而变化的近似值。

$$K_H(T_2) = K_H(T_1) \exp\left[C\left(\frac{1}{T_2} - \frac{1}{T_1}\right)\right] \tag{5-3}$$

式中　T_1 和 T_2——常数已知和未知时的绝对温度；

C——特定系数，定义为 $C = dlnK_H/d(1/T)$。

对于水中的 CO_2，特定系数 C 的值为 2400。

图 5-14 显示了根据式(5-3)得出的在 10～25℃条件下 CO_2 溶解度的变化情况。

如图 5-14 所示，10℃时比 25℃时的 CO_2 溶解度高出 50% 以上。之前也有类似的曲线图。

5.3.2.3　工艺描述

通常，原料沼气运抵提纯厂时，允许原料沼气温度达到 40℃。原料沼气被输入吸收塔前，绝对压力增高 6～10bar（根据制造商和应用决定）。通过增高压力和降低温度（与水洗器中的水温相同），沼气中的大部分水发生冷凝，在进入吸收塔前就被分离。如果 40℃的含水原料沼气进入提纯设备，将绝对压力增高至 6bar，温度降低

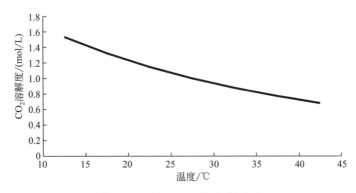

图 5-14　温度-CO_2 溶解度变化曲线

图 5-15　沼气提纯水洗器

至 15℃（根据安托万方程计算），将仅有 5％左右的水分保持气相。此外，已经确定了冷凝物中所含挥发性有机化合物和氨气。

图 5-15 中，两个塔分别为吸收塔和解吸塔。照片右边所示为带有蓄热式热氧化设备的水洗器，图片来源 Malmberg Water。

加压沼气注入吸收塔底部，水注入吸收塔顶部。保持水流和气流逆流很重要，这样能将能耗和甲烷损失降至最低。吸收塔排出的水已经通过 CO_2 最高分压和甲烷最低分压达到平衡，使得水中含有尽可能多的 CO_2 和尽可能少的甲烷。

吸收塔装满了松散填料。典型填料设计见图 5-16。

为增加水和沼气的接触面积，应确保尽量有效吸收水中的 CO_2。吸收床高度和填料类型决定了吸收塔中的吸收效率，直径则决定了气体总处理能力。因此，更高的吸收床能够净化出甲烷进气浓度更低的沼气，更宽的吸收塔能够处

图 5-16 水洗器吸收塔中所用松散填料典型设计（图片来源 Malmberg Water）

理更大容积的沼气。另外还要注意：吸收塔直径不仅能提高最大处理能力，而且能达到可能处理的最小原料气流。如果负荷过低，水就不会均匀分配在整个横截面上，沼气将会与水混合，从而达不到最佳标准。根据设计，最小负荷为最大处理能力的 50%。

为避免释放出吸收塔水中吸收的甲烷，将水输入闪蒸塔。在闪蒸塔内，将压力降至 $2.5\sim3.5bar$（$1bar=10^5Pa$）左右。水中释放出部分 CO_2 和大部分甲烷，循环流回压缩机。由于溶解于水中的 CO_2 比甲烷数量多得多，闪蒸塔中释放气体的成分 $80\%\sim90\%$ 为 CO_2，$10\%\sim20\%$ 为甲烷。因此，计算得出的甲烷分压将只有闪蒸塔内压力的 $10\%\sim20\%$，导致甲烷溶解度较低。输入闪蒸塔的水将含有大部分 CO_2，但原料沼气中的甲烷含量低于 1%。

若原料沼气中的甲烷浓度增高，必须降低闪蒸塔内的压力，以保持相同甲烷残余浓度。原因是：更多的甲烷和更少的 CO_2 溶解于水后进入闪蒸塔，导致闪蒸塔气体容积成分发生改变——甲烷增多，CO_2 减少。若压力保持不变，甲烷分压将明显增高，导致甲烷在水中的溶解度更高。若系统工作压力为 8bar，则必须将闪蒸压力从 3bar 左右降至 2bar 左右，原料沼气中的甲烷浓度从 50% 提高至 80%。

闪蒸塔中无填料，直径设计够宽，以降低水的垂直速度。闪蒸塔顶部应设计为不会将水吸回压缩机。回流到压缩机的气体容积通常为原料进气流量的 $20\%\sim30\%$。

净化掉闪蒸塔内水中的大部分甲烷后，吸收塔内的水释放出 CO_2。水进入吸收塔顶部，空气则进入吸收塔底部。吸收塔中还装满了松散填料，以增加空气和水的接触面积。空气中 CO_2 百分比较低，加上压力下降，导致 CO_2 分压接近为零，因而 CO_2 在水中的溶解度极低。吸收塔排出的水中几乎不含 CO_2，重新抽回吸收塔顶部。根据不同的设计和水流负荷，特定容积的水在水洗系统中循环一次的时间约为 $1\sim5min$。

表 5-6 显示了每小时提纯 $1000m^3$ 原料沼气所需水流量，前提是提纯沼气中 CO_2 含量低于 2%。

表 5-6　每小时提纯 $1000m^3$ 原料沼气（标态）通常所需水流量

压力/bar	水温/℃	水流量/（m^3/h）
8	20	210～230
8	14	180～200
6.5	14	210～230

注：$1bar=10^5Pa$。

如前所述，原料沼气中的甲烷浓度对水流量没有影响。压力与所需水流量成正比。因此，容易计算出对应于另一压力条件下的水流量。所需水流量取决于水温。当水温略低几摄氏度时，所需水流量将减少几个百分比。

5.3.2.4　运行操作

水洗器是如今市面上对杂质最不敏感的一种提纯方法。通常，沼气被直接注入消化池。不同制造商规定的硫化氢的允许浓度各不相同，一般为 300～2500mg/L。硫化氢在吸收期间被水有效吸收，然后在解吸过程中被释放。含有高浓度硫化氢的排气必须在排入大气之前进行净化处理，以免造成环境污染并影响健康。常用脱硫设备为活性炭过滤器或某种蓄热式热氧化器（RTO）。

在吸收塔中，注入空气，部分硫化氢就会发生氧化，生成硫元素和硫酸。人们研究了硫化氢在注入空气的水中的氧化速度，发现了温度与酸碱度之间存在明显的关联性。在试验条件下，当温度增加 20℃ 时氧化速度增加 3 倍左右；当酸碱度从 4 增加到 8 时氧化速度增加 4 倍左右。

如果硫化氢被氧化成硫酸，碱度将减小，酸碱度将下降。几家工厂经历过这种情况，会造成各种组件如水泵和水管特别是铸铁件腐蚀。腐蚀速率取决于水中的氯含量。氯含量越高，导致的腐蚀越严重。在运行期间增加碱度，或在系统中交换更大容积的水，即可避免这个问题。此外，通过减小沼气中的硫化氢浓度，降低工艺水温度，在水中酸碱度更低时运行，均可将生成的硫酸数量减至最小。

在瑞典的几家现有工厂中，不需要使用消泡剂。相比之下，其他工厂如果不添加消泡剂则无法运行，特别是在德国。直至今日，人们仍未正确理解其中原因。使用的消泡剂成分为二氧化硅和可降解有机化合物。与总运营成本和资本成本相比，消泡剂成本微乎其微。

微生物排泄的物质（如糖类）或溶解于水中的沼气所夹带的化合物均能在水洗器中形成泡沫。一些工厂一开始就需要使用消泡剂，说明某些杂质被沼气夹带而进入系统。观察发现，大量气泡与其他设备中微生物滋生具有明显的关联性。消泡剂的正面效果到底只是消除泡沫，还是表面张力减少而导致发挥同样的作用，尚不清楚。通常，当提纯沼气难以达到较低的 CO_2 浓度（0～2%）

时，需要使用消泡剂。这是由于水和沼气之间的接触面积减小时，吸收塔中的吸收效率降低。

水洗器中始终会有活着的微生物，根据不同的参数，如水温、水的酸碱度、原料气成分、周围空气中的既有微生物、添加的灭微生物剂等化学药品，不同点位的微生物滋生状况将不同。有些水洗器会被菌类及其他微生物堵塞。然后，必须取出吸收塔中的松散填料，在设备重新启用前用消毒填料予以更换。

图 5-17 显示了鲍尔环被滋生的微生物堵塞的情形。

图 5-17 微生物在水洗器吸收塔中鲍尔环上生长

一直以来，水洗器吸收塔中微生物的生长是个很大的问题，原因是水洗器中水温通常较高（特别是在夏季），且处理过的污水一般用作设备工艺水。这种水比饮用水含有更多营养成分。有些老旧设备仍在运行，亟需更新换代。即使这个问题在过去更严重，但至今仍然存在，处理办法是添加灭微生物剂和/或经常清洗水洗器吸收塔。不过，制造商已经意识到这个可能的问题，知道如何应对这个问题，以将损失的工艺有效性降至最低。

5.3.2.5 投资成本和耗材

过去几年间，水洗器投资成本十分稳定，表明水洗提纯技术已经成熟。今天，在投资成本改变方面，货币价值和汇率或许与技术研发同样重要。

图 5-18 显示了如今市场上水洗器比投资成本的大致范围。参与本次研究的公司对这些值进行了商议，并认可和接受了它们。图中所示值指的是设计了特定处理能力的提纯厂，不打算将来扩容或备份关键组件。投资成本中，不包括气体净化或废气处理价格。

设备利用率保证值通常为 $95\%\sim96\%$，但如果增加额外投资成本，对关键组件（如压缩机和水泵）进行备份，则可能获得更高的利用率。

水洗器中使用的耗材数量极少。最重要的是需要换水，以防原料沼气中所

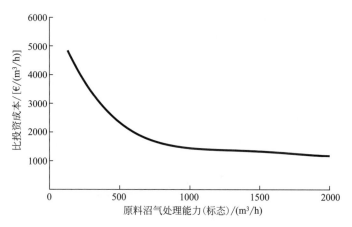

图 5-18　无附加设备的水洗器比投资成本曲线

含杂质积聚，并避免硫化氢被氧化后引起酸碱度降低。若设备、尺寸及工作条件不同，则所需的用水量不同。不过，一般耗水量为 $0.5\sim5m^3/d$ 左右。除了水以外，压缩机（根据压缩机机型而定）还要消耗润滑油，还可能需要使用更少量的消泡剂。

水洗器每年的维修成本约占投资成本的 $2\%\sim3\%$，可以与一些生产商签订服务合同。水洗器沼气提纯的能耗有压缩机、水泵和冷冻机三个主要设备。这三者能量需求量都很大。这些设备的能源消耗量取决于"原料"沼气的特性、水洗器设计和环境气候。本章论述的各项能耗均指进入设备的原料沼气（以标准立方米计）。

在现代应用中，当工作压力为 $6\sim8bar$ 左右时，压缩工序所需的能量通常不变，为 $0.10\sim0.15kW\cdot h/m^3$ 原料沼气。在现有水洗器中，水泵通常采用离心泵。水泵的能量需求量取决于用水量、进水压力、出水压力以及水泵的效率。通常选用满负荷条件下效率较高的水泵。在设计点，水泵效率可能为 80% 左右；但当水泵在半负荷条件下工作时，水泵效率要低 $10\%\sim30\%$；当水泵在更低负荷条件下工作时，单位能耗大大增加。净化 CO_2 所需用水量取决于水温和系统压力。但如前所述，与原料沼气中的甲烷浓度无关。现代应用中，在设计条件下（满负荷），水泵工作所需能量（标态）一般为 $0.05\sim0.10kW\cdot h/m^3$ 左右。冷却工艺水及压缩气体所需能量取决于几个因素，如所在地点的气候条件及水洗器的设计。冷却系统通常分为两个系统，一个是"热"系统，另一个是"冷"系统。"热"系统采用干式冷却器将压缩沼气冷却至 $30\sim50℃$，以净化制冷剂吸收的热量；"冷"系统中制冷剂的温度通常为 $5\sim15℃$。因此，在冬季期间，只能使用干式冷却器来冷却系统，其余时候则需要使用冷冻机。即使带走超过 200kW 的热量，一台干式冷却器的能耗也非常低（$1\sim5kW$），相比之下，冷冻机的能耗则高得多。根据冷冻机设计和室外温度，一台冷冻机的工作性能系数（COP）通常为 $2\sim5$，相当于用 $20\sim50kW$ 电力冷却 100kW 热量。现代应用中，冷却系统的能耗（标态）通常

为 $0.01\sim0.05kW \cdot h/m^3$。

有些水洗器配有热回收系统，可以用来加热消化池。可以采用不同的设计方式，如前所述，可以将换热器与"热"系统直接连通，或者使用冷冻机将"冷"系统的热量传至"热"系统。第二个替代方案（使用冷冻机）会增加水洗器的能耗，特别是在冬季，但水洗器可以利用高达80％甚至更多的电力来提供热量。

图 5-19 显示了运用最新技术制造的水洗器耗电量。

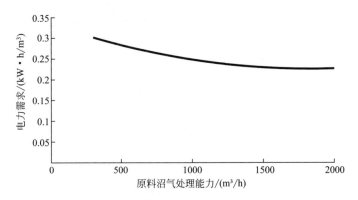

图 5-19　不同尺寸的水洗器平均耗电量曲线（标态）

图 5-19 中所列数据由主要制造商提供，并使用几家德国工厂的数据验证了图中所列数据。这些值为年平均值，对于无附加设备的系统有效。如上所述，能耗将随几个因素而变化。因此，不应将本图看作是绝对真实，本图仅表明在多数情况下不同规模工厂的耗电量预计范围。注意：提纯含不同浓度甲烷的原料沼气的能耗将完全相同，因为甲烷浓度不会影响到需要在系统中循环的用水量。

5.3.2.6　生物甲烷回收和品质

现代水洗器中，制造商保证的甲烷回收率超过99％。研究人员分析研究了近几年间在瑞典使用的几种水洗器的甲烷残余浓度。结果显示，甲烷的平均回收率低于99％。原因是这次研究的许多设备的设计值和不同保证值均已过时。另外，一些工厂可能采用了过高的闪蒸压力，也可能水流速度高于规定值。这两个参数都会引起甲烷残余浓度增加和回收率降低。

欧洲生物质甲烷产业发展迅速，某些国家（如丹麦）对甲烷的体积浓度要求达到98％，以确保天然气管网气体具有稳定可靠的热值和综合品质。

使用水洗器提纯沼气后，甲烷含量可能达到98％，但需要解决一些重要的问题。水洗器不会分离出原料沼气中所含氧气和氮气。因此，考虑氧气和氮气浓度很重要。原料沼气中的甲烷浓度为50％左右时，由于净化了 CO_2，生物质甲烷中的氧气和氮气浓度将增加一倍。此外，一些额外的氧气和氮气将随水从解吸塔带入吸收塔。所以，考虑到高浓度甲烷稳定工作时，原料沼气中所含氧气和氮气允许浓度很重要。

　　另一个重要考虑因素是，水洗器通常调节生物质甲烷中的 CO_2 浓度，如果 CO_2 浓度接近零，则调节可能不稳定。

　　要讨论的另一个重要参数是，要求的生物质甲烷浓度是否为恒定值，小时平均值还是日平均值。在所有系统中，可能发生扰动，导致产成沼气特性改变。为让系统有时间对这些扰动做出反应和进行调节，如果要求的浓度采用日平均值而不是恒定值，则更为有利。如果以恒定值作为限值，则存在设备利用率减少的风险，至少是现行设计和调节存在问题。

　　德国评价了一家德国工厂的水洗器将 CO_2 浓度从 2.5％降至 1.5％（相当于将甲烷浓度从 98％降至 97％）的额外能耗。结果显示能耗量增加了大约 2％。

5.3.3　有机溶剂脱碳工艺

5.3.3.1　技术概况

　　在有机溶剂洗涤器中，Genosorb® 是沼气提纯工艺中最常用的溶剂。该溶剂由二甲醚和聚乙二醇混合物组成。根据亨利定律，有机溶剂洗涤器中发生的吸附作用与水洗器工作原理相似。但和水溶剂相比，CO_2 在有机溶剂中的溶解度要高得多。因此，使用有机溶剂时，溶剂的再循环容量要低得多，所需的吸收柱直径也小得多。

　　工艺流程和运行过程与水洗器或胺洗器十分相似。沼气压缩至 7～8bar，进行冷却，再从吸收柱底部注入。CO_2 以液相被吸收。然后，消耗的溶剂主要被导入闪蒸罐，部分 CO_2 和甲烷在闪蒸罐中被解吸，然后进入解吸柱，通过加热再生其余的溶剂。

　　所需热量由工艺余热提供。如此一来，有机溶剂洗涤器的能量消耗与水洗器相似，只需压缩机、冷却器和供气泵消耗电力。

　　图 5-20 为有机溶剂洗涤器的工艺流程。

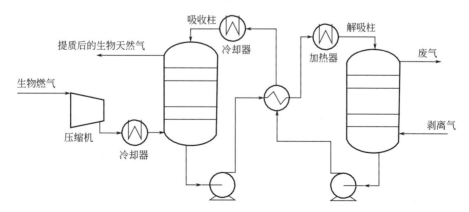

图 5-20　采用有机溶剂洗涤器进行沼气提纯的工艺流程

Genosorb® 洗涤器中不存在胺洗器中发生的腐蚀作用，因为使用的是防腐溶剂。因此，气体管道不必采用不锈钢材料制作。此外，也可以忽略胺洗器中的起泡问题，不过，可能需要添加补充有机溶剂，以补偿少量的蒸发损耗。

5.3.3.2　工艺描述

在有机溶剂物理吸收工艺中，采用有机溶剂吸收净化沼气中所含 CO_2。Genosorb 工厂所用的溶剂为二甲醚和聚乙二醇混合液。有机溶剂物理洗涤器的吸收作用理论背景与水洗器相似。亨利定律描述了有机溶剂吸收 CO_2 和甲烷的值。不过，CO_2 在有机溶剂中的溶解度比在水中的溶解度高得多，即 CO_2 在有机溶剂中溶解度的亨利常数值更高。CO_2 在聚乙二醇二甲醚中的溶解度为 $0.18mol/(L \cdot atm)$，比在水中的溶解度高出 5 倍左右。CO_2 在 Genosorb 中的溶解度为甲烷的 17 倍左右，比水与 CO_2 的溶解度差异更小；在水中，CO_2 的溶解度是甲烷的溶解度的 26 倍。

相比水洗器，由于 CO_2 在有机溶剂中的溶解度更高，系统中必须再循环的溶剂量大大增加。

有机溶剂脱碳工艺设计方式与水洗脱碳工艺相似，主要不同之处有以下两个方面：

① 由于需要的有机溶剂流量更低，所以，吸收塔直径更小；

② 必须在解吸前加热有机溶剂，以及在吸收前冷却有机溶剂。

图 5-21 为典型有机溶剂物理吸附法的简化工艺流程。

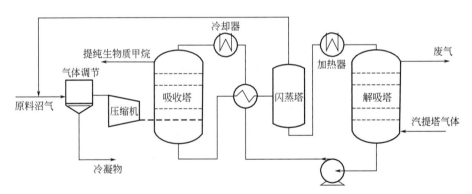

图 5-21　典型有机溶剂物理吸收法的简化工艺流程

将沼气压缩至 $7\sim8bar$，然后在注入吸收塔底部前进行冷却。往吸收塔顶部添加有机溶剂，使气体和液体逆向流动。有机溶剂注入吸收塔前进行冷却，将吸收塔温度保持在 20℃ 左右。如式(5-3) 所述，温度很重要，因为温度影响亨利常数值。吸收塔充满松散填料，以增加溶剂与沼气的接触表面积。CO_2 被有机溶剂吸收。提纯沼气在输入供气网或加气站前进行干燥处理。

吸收塔底部排出的有机溶剂与将要注入吸收塔顶部的有机溶剂进行热交换。然后，将有机溶剂注入闪蒸塔，闪蒸塔内压力减小。大部分溶解的甲烷和部分 CO_2 被释放出来，流回压缩机进行循环。闪蒸塔内的准确压力取决于要求的甲烷残余浓度、吸收塔内部压力及原料沼气中所含甲烷浓度。

为再生有机溶剂，在有机溶剂进入吸收塔前继续将其加热至 40℃左右。将有机溶剂注入吸收塔顶部，压力减小至 1bar。吸收塔中还充满了松散填料，以增加溶剂与注入吸收塔顶部的空气的接触表面积。该工艺需要的全部热量均采用余热，余热由压缩机和氧化废气中甲烷残余浓度的蓄热式热氧化（RTO）设备产生。

由于有机溶剂具有防腐特性，不必用不锈钢材料制作管道，而且，有机溶剂冰点较低，使得系统可以在 -20℃的低温下正常运行，而无需额外加热或使用电散热器。

图 5-22 为在德国安装的一台有机溶剂物理洗涤器。

图 5-22　原料沼气处理能力为 1100m³/h 的有机溶剂物理洗涤器
（图片来源 Haase Energietechnik）

5.3.3.3　运行操作

硫化氢通常在提纯设备前净化，以保护系统组件，满足大气污染防治规定要求。具体做法是在净化掉原料沼气中所含大部分水分后，使用活性炭过滤器进行脱硫。采用气体加压和冷却方式进行脱水。如果含有高浓度氨气和硅氧烷类，就在沼气提纯前将其从原料沼气中净化掉。

现代有机溶剂物理洗涤器的甲烷回收率为 98.5% 以上，这是制造商的保证值。如今，一些工厂的提纯沼气中甲烷含量达到 98%。然而，保证值取决于原料沼气品质和其他项目条件。

5.3.3.4 投资成本和耗材

2004 年，研制出了有机溶剂物理吸附技术，如今，这项技术已经成熟，可以预见近期内投资成本不会发生较大变化。就像本章论述的其他技术一样，比投资成本随着规模增加而减小，见图 5-23。

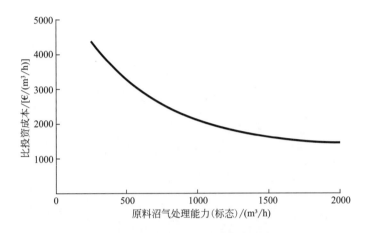

图 5-23 沼气提纯所用有机溶剂物理洗涤器的比投资成本曲线
（包括蓄热式热氧化器和生物质甲烷干燥机）

有机溶剂物理吸收法只需使用极少量的耗材。要求使用活性炭吸附净化硫化氢以及（所有提纯技术）分析设备所需的试验气体。不需要消耗消泡剂或水，但需要少量添加（每年一次）有机溶剂，以补偿蒸发损失。

使用蓄热式热氧化器氧化废气中的甲烷时，由于不需要额外热量，全部能耗为电力。

使用有机溶剂物理洗涤器提纯沼气的能耗与使用水洗器相似，同样的组件（压缩机、冷却器和进料泵）为主要能耗设备。与水洗器相比，由于有机溶剂物理洗涤器流速更低，进料泵能耗量更少。对水洗器而言，其能耗取决于设备尺寸，见图 5-24，而与原料沼气中所含甲烷浓度无关。

设备利用率保证值通常为 96%～98%，年维修成本为投资成本的 2%～3%。可以与制造商签订维修成本协议。德国 Wolfshagen 的 BMF Haase 公司有机溶剂洗涤器见图 5-25。

有机溶剂洗涤器沼气提纯是一项强大的技术，能够像水洗器一样处理各种杂质。大部分其他杂质，如硫化氢、氨气和挥发性有机化合物，都溶于有机溶剂，从而可净化气体。因此，根据环境法规要求，需要在许多情况下对硫化氢净化气体进行后处理。这些情况下，建议最好净化原料气中早已存在的硫化氢，而不是等到最后对净化气体进行后处理。然而，原料气中所含高浓度硫化氢或氨气对于该工艺并无害，也不会影响其工艺效果。只有同时含有高浓度硫化氢和氨气，导致发生反应而析出硫酸铵时，才会带来问题。这种情况下，就需要净化原料气中所含高浓度硫化氢或

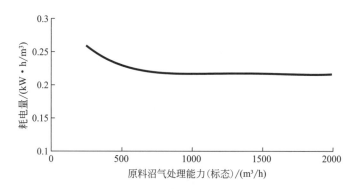

图 5-24　有机溶剂物理洗涤器的平均耗电量

图 5-25　德国 Wolfshagen 的 BMF Haase 公司有机溶剂洗涤器

氨气。

　　使用有机溶剂洗涤器前，原料气中所含可溶于水的挥发性有机化合物主要采用冷凝水在气体压缩期间进行净化。可溶性挥发性有机化合物（如柠檬烯）将溶解于涤气工艺所用的有机溶剂中，因此会发生冷凝。然而，通过增加溶剂清洗步骤（例如，溶剂蒸馏）净化挥发性有机化合物，即可比较简单地解决该问题。这是一种更为节省的替代方案，常常用于活性炭过滤器净化原料气中所含挥发性有机化合物，尤其是含有高浓度挥发性有机化合物的沼气，活性炭消耗成本相对较高。

　　原料气中所含氧气和氮气通过有机溶剂洗涤器进行吸收，生成气还含有少量的水分。在 1bar 的压力条件下，露点温度标准低于 $-20℃$，需要进一步干燥生成气。

5.3.4 膜分离脱碳工艺

膜是一种密纹过滤器，能够将气体或液体中的有害成分进行分子分离。早在 20 世纪 90 年代，美国就开始在填埋气提纯中采用膜分离技术。这些设备使用的选择性分离膜更少，甲烷回收需求更低。如今，在欧洲市场的多数应用中，要求生物质甲烷中的甲烷浓度达到 97%～98%，提纯工艺的甲烷回收率超过 98%。荷兰和德国等国则例外，这些国家的液化供气网的沃泊指数限值更低。

为达到高甲烷回收率，满足高甲烷浓度要求，应选用正确的选择性分离膜并进行适当设计。2007 年，奥地利布鲁克建造了第一台此类设备，其选用了 Air Liquide Medal^{TM} 分离膜。此后，奥地利、德国和法国先后建造出具有类似特性的设备。2012 年，至少建造了 7 台新设备，选用了多家制造商生产的分离膜，如 Air Liquide Medal^{TM}、Evonik Sepuran$^®$ 和 MemfoACTAS。

如图 5-26 所示，沼气提纯分离膜能留住大部分甲烷，同时渗透出大部分二氧化碳。因此，可以将生物质甲烷直接输入供气网，或将其用作汽车燃料。

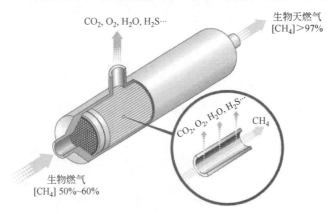

图 5-26 沼气提纯膜分离法的分离图解（图片来源 Air Liquide）

分离二氧化碳期间，同时净化掉生物质甲烷中所含水蒸气、氢气和部分氧气。沼气提纯所用典型分离膜（玻璃状高分子材料制成）的渗透速度主要取决于分子尺寸，也取决于分离膜材料的亲水性。

图 5-27 显示了根据膜制造商经验建议的相对渗透速度。

图 5-27 不同分子透过玻璃状高分子材料分离膜的相对渗透速度

在今天的市场上，几家制造商生产的分离膜均用于沼气提纯，例如，两种聚合（玻璃状高分子材料）中空纤维膜（Air Liquide Medal^{TM} 和 Evonik Sepuran$^®$）及一种碳膜（Memfo ACTAS$^®$），见图 5-28。分离膜质量不断得到提高，以实现更多的选择性、更高的渗透率和更低的制造成本。

(a) Evonik Sepuran®生产的中空纤维膜

(b) Air Liquide Medal™生产的中空纤维膜

(c) Memfo ACTAS生产的中空纤维膜

图 5-28　Evonik Sepuran® 生产的中空纤维膜、 Air Liquide Medal™ 生产的中空纤维膜、
Memfo ACTAS® 生产的中空纤维膜（图片来源 Evonik Fibres、 Air Liquide 和 Memfo ACTAS）

5.3.4.1 技术概况

　　膜分离沼气提纯技术利用了气体通过膜纤维的渗透率不同这一特性。沼气提纯工艺在分离 CO_2 和甲烷期间，使用了高分子中空纤维膜。膜分离一般发生于 $10\sim 20bar$ 的压力范围内。因此，相比于气体沼气提纯法，产出的生物质甲烷压力更高。在高压应用中使用生物质甲烷时，这是一种优势，但要考虑一点，在某些应用中，需降低生物质甲烷中的压力。市面上的膜纤维被不断改进，以获得更好的分离选择性和更高的通过渗透率，从而提高分离效率，并降低甲烷残余浓度。另外，为提高生成气中的甲烷浓度、降低废气中的甲烷含量，一般采取多级膜分离步骤。

　　沼气提纯膜分离工艺的流程配置不断发展，最新发展为四阶段流程，进一步降低了再循环率。通过几个膜分离阶段的工艺设计，使得沼气提纯工艺流程更加灵活，从而优化了甲烷残余浓度和能量消耗等参数。这样，经过权衡后，可以采用合适的工艺流程，根据不同的约束条件（能源成本、生物质甲烷价格、环境要求等），在每个项目中取得最好的经济效益[27]。

　　多数纤维膜对于液态水、油类和颗粒物较为敏感。为了安全起见，这些物质需要在冷凝式过滤器或凝聚式过滤器或活性炭过滤器中进行净化。另外，应避免纤维膜表面出现冷凝，特别是防止气体中所含硫化氢或氨气发生冷凝，这会导致纤维膜表面形成腐蚀性酸性物。因此，在分离过程中，应始终保持气体处于露点温度以上，这一点很重要。

5.3.4.2 工艺描述

　　膜分离法沼气提纯设备的典型设计如图 5-29 所示。

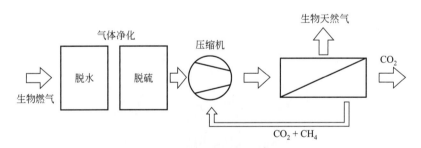

图 5-29　膜分离法沼气提纯设备的典型设计

　　通常，原料沼气在压缩前予以净化，以净化水分和硫化氢。若预计氨气、硅氧烷类和挥发性有机碳浓度较高，一般在沼气提纯前净化这些杂质成分。进行脱水，以防压缩期间发生冷凝；进行脱硫是因为膜不会完全净化掉硫化氢。一般采用冷却和冷凝脱水，而硫化氢则一般用活性炭予以吸附净化。除此净化外，一般还采用一台颗粒过滤器，以保护压缩机和分离膜。

　　气体净化后，将沼气压缩至 $6\sim 20bar$。压缩压力取决于特定点位要求以及提纯设备设计和制造商要求。由于一般采用油润滑压缩机，压缩后进行有效的油分离很重要。不仅要分离压缩机产生的油类残留物，而且要分离沼气中自然出现的油类。若不加以分离，油类就会污损纤维膜，缩短其使用寿命。

根据不同的系统制造商及其使用的膜，膜分离阶段采用不同的设计。

图 5-30 显示了如今市场上最常见的三种设计。

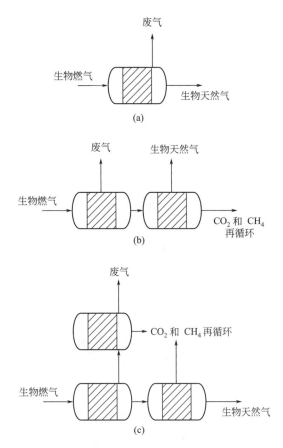

图 5-30　常见的三种不同的膜分离阶段设计

第一种设计不包括沼气内循环［图 5-30（a）］。因此，压缩的能耗更低，不过，甲烷损失量会更高，重要的是要使用具有高选择性的分离膜，即甲烷与 CO_2 渗透速度存在较大差异的分离膜，以将甲烷损失降至最低程度。若能有效利用废气中所含甲烷，如锅炉或热电联产中的废热发电，也有益处。大部分采用 Air Liquide Medal™ 分离膜的沼气提纯设备使用图 5-30（b）所示的设计。相比于图 5-30（a）所示的设计，图 5-30（c）所示的设计提高了甲烷回收率。系统净化了第一个膜分离阶段的渗透物（通过分离膜的气体），而第二个膜分离阶段的渗透物则在压缩机中进行再循环，以将甲烷残余浓度降至最低，从而将增加能耗［图 5-30（b）］。图 5-30（c）所示的设计用于 Evonik Sepuran® 分离膜沼气提纯设备。第一个膜分离阶段的滞留物（未通过分离膜的气体）在第二个膜分离阶段进一步净化，与图 5-30（c）所示的设计情形类似，以获得甲烷纯度超过 97％的产成气。除了图 5-30（b）所示的设计外，第一个膜分离阶段的渗透物也在第三个膜分离阶段进一步净化，以将废气中的甲烷浓度降至最低，同时尽量减少在压缩机中再循环的气体容积。第二个膜分离阶段的渗透物与第三个膜分离阶段的滞留物结合，在压缩机中循环再生。

在膜分离设备中，压缩后的大部分水分与 CO_2 一起从生物质甲烷中分离出来。因此，一般不需要使用气体干燥机将气体降至露点温度。

图 5-31 显示了位于英国 Poundbury 的一家沼气提纯厂，该厂运用了膜分离技术。

(a)

(b)

图 5-31　位于英国 Poundbury 的膜分离沼气提纯厂

［处理能力（标态）为 650m³/h 原料沼气］

5.3.4.3　理论背景

进入分离膜的气流称作进料流。进料在膜组件内部分离为渗透物和滞留物。滞留物为未通过分离膜的气体，而渗透物则为通过分离膜的气体。

渗透过致密高分子材料膜的气体分子可以用下式表示：

$$j_i = \frac{D_i K_i \Delta p_i}{l} \tag{5-4}$$

式中　j_i——气体 i 的摩尔通量；

D_i——渗透物扩散系数；

K_i——吸附系数；

Δp_i——进料端与渗透物端的分压差；

l——膜厚度。

膜渗透率定义为扩散系数与吸附系数之积；气体"a"和"b"的膜选择性定义为气体"a"的渗透率除以气体"b"的渗透率。式(5-4) 中采用扩散系数还是吸附系数取决于使用的膜材料。根据已有研究结果，因为主要是扩散系数，玻璃状高分子材料（一般用于制作沼气提纯分离膜）的分子尺寸越大，则膜渗透率越低。

通过膜的气体分离推动力是滞留物与渗透物之间所含 CO_2 的分压差，见式(5-4)。渗透物主要包括 CO_2，在大气压力条件下，该渗透物产生接近 1bar 的 CO_2 分压。如果系统工作压力为 10bar，则分压差（驱动力）将为零，滞留物中包含 10％的 CO_2。由于该提纯工艺不足以满足市场用气要求，渗透物端经常保持真空，以降低渗透物分压，使得生产的生物质甲烷中甲烷浓度高于 97％，CO_2 浓度低于 3％。膜分离一般分为两个阶段，其中在第一阶段，净化大部分 CO_2 不采用真空，因而真空需求最小。

5.3.4.4　投资成本和耗材

膜分离提纯设备投资成本主要取决于提纯厂工艺设计。沼气提纯设备利用率保证值一般为 95％以上。一些现有膜分离沼气提纯厂利用率超过了 98％。备份关键组件能帮助提高设备利用率，当然，也会增加投资成本。

多数制造商提供的服务合同含有 3％～4％的额外投资成本，包括膜更换成本。膜分离提纯设备中使用的耗材数量极少。通常，需要使用压缩机润滑油，以及吸附净化 CO_2 的活性炭。其他预处理工序的额外维修成本数额也可能较大。分离膜的估计使用寿命为 5～10 年。

膜分离提纯厂的能耗主要取决于压缩机的能耗。压缩机的能耗与原料沼气中的甲烷浓度关系甚小。因此，只要用"$kW \cdot h/m^3$ 原料沼气"表示，能耗就不受原料气成分影响。根据制造商提供的资料，能保证 0.20～0.30$kW \cdot h/m^3$ 原料沼气的耗电量。大部分应用能达到这个要求，不受提纯厂规模影响。

特殊应用的能耗将取决于几个参数，如甲烷残余浓度、要求的 CO_2 净化度（即产成生物质气体中的甲烷浓度）、安装的分离膜面积以及压缩压力。若要求生物质气体中含有高浓度甲烷，则需要更大的分离膜面积和/或更高的压缩压力。此外，如果允许更大的甲烷残余浓度，则所需在压缩机中循环再生的沼气容积更小，反过来又会减少能耗。最后，安装的分离膜面积将决定需要采用多大的压力来提纯更大容积的沼气。如果分离膜面积较大，因为可以接受更低的通量（分离膜面积的渗透物流量），则只需要更低的压力，见式(5-4)。

5.3.4.5　运行操作

如今市场上，有几家制造商能保证甲烷浓度超过 98%。如前所述，需要更高的能耗和更大的分离膜面积，以提高提纯沼气中的甲烷浓度。

不同应用和设计情况下，甲烷回收率各不相同。采用图 5-30（b）所示的设计的沼气提纯设备时，甲烷回收率可能达到 98%～99%，而采用图 5-30（c）所示的设计的沼气提纯设备时，预计甲烷回收率可能达到 99%～99.5%。如果需要净化废气所含甲烷，可在蓄热式热氧化器中进行氧化，或使用热电联产设备净化原料沼气。另一种可能性是液化 CO_2，采用低温精馏法分离回收废气中 100% 的甲烷。然后，根据用户要求提供液态或气态 CO_2。

Envi Tec 的膜分离提纯设备典型布置如图 5-32 所示。

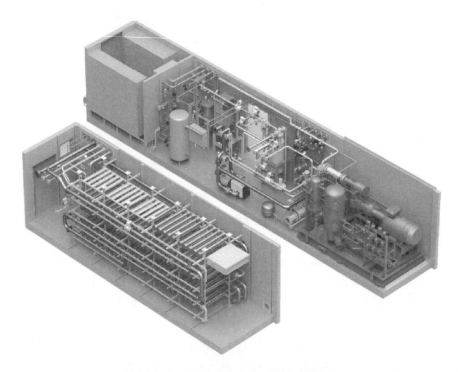

图 5-32　Envi Tec 的膜分离提纯设备典型布置

在沼气提纯所用的纤维膜中，净化沼气中所含水蒸气及 CO_2，一般不需要干燥生成气。部分氧气采用膜分离工艺进行净化。是否有必要进行追加分离，取决于原料沼气中的杂质浓度，以及提纯生物质甲烷的品质要求。

膜分离提纯设备中只使用为数不多的几种耗材。沼气提纯纤维膜的使用寿命取决于沼气品质、预处理质量及运行质量。不过，市面上有些膜分离提纯设备最初所用纤维膜成功使用了 10 年以上。

5.3.5　低温提纯工艺

在生产出较高纯度 CO_2 气流的膜分离提纯工艺中，可运用低温精馏法将甲烷与 CO_2 分离，以将甲烷排放量降至低于 $10mL/m^3$。当沼气受压冷却时，CO_2 变成了液态，而甲烷仍然保持气态。这样，就可以将 CO_2 和甲烷彼此分离。然而，这种简单的转变只在高压条件下发生。在大气压力作用下，CO_2 将升华，直接从气态变成固态。Pentair Haffmans 曾供应几个采用低温精馏法的膜分离提纯系统，以降低 CO_2 气流中的甲烷浓度，并使分离出的甲烷返回膜原料。该方法完全消除了系统中的甲烷残余浓度。低温精馏法的工作压力为 18bar，工作温度为 $-24℃$，使用液化 CO_2 来液化更多的 CO_2。可以增加第二个冷冻步骤，以产生液态 CO_2，再将其作为其他应用。CO_2 压缩和冷却需要消耗能量，但当甲烷价格较高且甲烷排放量限制严格时，其仍不失为一种经济可行的方案。不过，低温精馏法并不适合广泛应用于商业化沼气提纯。目前荷兰公司 Gas Treatment Services 有一家小规模样板工厂，位于该公司总部附近。瑞典 Biofrigas 公司销售小型（$35m^3/h$ 原料气）低温精馏沼气提纯和液化设备。法国清洁技术公司 CryoPur 建造了一家试验工厂，其容量为 $120m^3/h$ 原料气，地点位于巴黎 Valenton 污水处理厂（见图 5-33）。

图 5-33　法国 CryoPur 的 Valenton 试验工厂低温沼气提纯和液化设备

采用低温精馏提纯前，原料沼气需要进行预处理，以净化硫化氢，否则硫化氢就会损坏热交换器。低温精馏提纯工艺常用的冷却和冷凝期间，可以有效净化挥发性有机化合物和硅氧烷类。

可采用低温精馏沼气提纯法净化填埋气中的微量污染物。这样，可以净化甲烷中的氧气和氮气，如果不用这种方法，则只能以变压吸附法进行沼气提纯。

低温精馏法还有其他用途，如从 CO_2 气流中净化甲烷，液化 CO_2 以生产生物液化天然气或液化生物气体。

参考文献

［1］ 刘宗攀. 生物质气化模拟与生物燃气特性分析［D］. 天津：天津大学，2012.

［2］ 罗东晓，王华. 生物燃气高效利用技术［J］. 煤气与热力，2019，39（2）:28-30，44.

［3］ 陈祥，梁芳，盛奎川，等. 沼气净化提纯制取生物甲烷技术发展现状［J］. 农业工程，2012，2（7）:30-34.

［4］ 郑戈，张全国. 沼气提纯生物天然气技术研究进展［J］. 农业工程学报，2013，29（17）:1-8.

［5］ 冉毅，蔡萍，黄家鹄，等. 国内外沼气提纯生物天然气技术研究及应用［J］. 中国沼气，2016，34（5）:61-66.

［6］ 桑润瑞. 沼气提纯技术方法分析［A］. 中国土木工程学会燃气分会. 中国燃气运营与安全研讨会（第九届）暨中国土木工程学会燃气分会 2018 年学术年会论文集（上）［C］. 中国土木工程学会燃气分会:《煤气与热力》杂志社有限公司，2018:4.

［7］ 李金洋，敖永华，刘庆玉. 沼气脱硫方法的研究［J］. 农机化研究，2008（8）:228-230.

［8］ 孙威. 活性炭吸附脱硫影响因素的实验研究［D］. 西安:西安建筑科技大学，2009.

［9］ 王鹏. 改性活性炭吸附脱硫性能的研究［D］. 开封：河南大学，2015.

［10］ 钟毅，曾汉才，金峰，等. 活性炭纤维脱硫性能研究［J］. 华中科技大学学报（自然科学版），2003，31（8）:53-55.

［11］ 杨艳，童仕唐. 常温氧化铁脱硫剂研究进展［J］. 煤气与热力，2002，22（4）:326-328.

［12］ 贺恩云，樊惠玲，王小玲，等. 氧化铁常温脱硫研究综述［J］. 天然气化工（C1 化学与化工），2014（5）:70-74.

［13］ 张云飞，范晶俊，钱燕君，等. 沼气湿法脱硫技术研究进展［J］. 能源环境保护，2014，28（1）:19-21，29.

［14］ 王睿. 沼气工程中湿法脱硫工艺设计及过程优化［D］. 杭州：浙江大学，2017.

［15］ 王睿，石冈. 工业气体中 H_2S 的脱除方法［J］. 天然气工业，1999（3）: 84-90.

［16］ 孔秋明，陈彬. PDS 催化脱硫机理和工业应用［J］. 上海化工，2003（11）:29-32.

［17］ 王姝琼. 沼气生物脱硫技术的应用研究［D］. 北京：北京石油化工学院，2019.

［18］ 张兴，苏显中，丁玉，等. 化能自养型硫杆菌脱硫机制及脱硫策略［J］. 现代化工，2005，25（7）:7-10.

［19］ 刘华伟，胡典明，孔渝华. 气体净化脱氧剂研究进展［J］. 天然气化工，2006（6）:56-59.

［20］ 张鑫，陈耀强，史忠华，等. 过渡金属氧化物催化剂上甲烷催化燃烧的研究［J］. 化学研究与应用，2002，14（3）:352-354.

［21］ 杨顺生，陈钰，黄芸，等. 沼气中硅氧烷的来源及其去除方法［J］. 中国给水排水，

2013, 29（20）: 19-21.

[22]　王春燕，杨莉娜，王念榕，等. 变压吸附技术在天然气脱除 CO_2 上的应用探讨 [J]. 石油规划设计，2013, 24（1）:52-55.

[23]　李平辉，王罗强，梁美东，等. 变压吸附脱碳工艺的应用 [J]. 氮肥技术，2008（3）:12-14.

[24]　高瑞廷. 变压吸附脱碳的开发与应用 [J]. 河南化工，1995（11）:22-23.

[25]　张良，袁海荣，李秀金. 沼气水洗提纯吸收塔的体积吸收系数研究 [J]. 可再生能源，2019, 37（1）:1-6.

[26]　牛超，薄翠梅，丁键. 生物沼气加压水洗脱碳过程研究及其控制系统设计 [J]. 现代化工，2017, 37（3）:171-174, 176.

[27]　吕红岩. 天然气膜法脱碳技术应用研究 [J]. 石油和化工设备，2018, 21（5）:19-22.

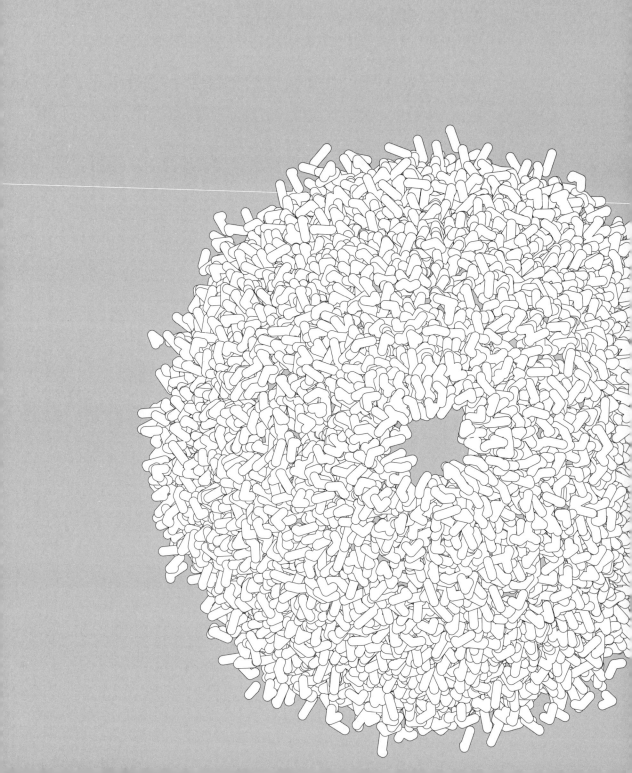

第6章

厌氧发酵剩余物利用技术及工艺

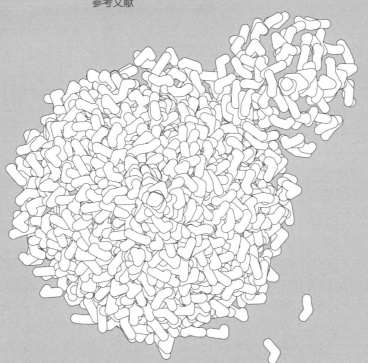

6.1 厌氧发酵剩余物的特性与质量标准

厌氧发酵剩余物一词大多数来自外文文献，综合国内外学者的讨论，厌氧发酵剩余物可定义为：可生物降解的有机废弃物（如人畜粪便或各种农林废弃物），在一定的含水量、温度条件下及厌氧微生物的作用下，经密闭容器厌氧发酵，产生甲烷、二氧化碳等气体后的残留物，其中固体部分称为沼渣，液体部分称为沼液。沼液、沼渣是沼气工程的主要副产物，用之则利、弃之则害。随着我国沼气工程朝着大型化、产业化方向发展，每年产生大量的沼液和沼渣，其中含有大量的营养物质和污染物，如果随意排放，会对土壤、水体等环境造成污染。沼渣沼液的无害化处理和资源化利用已经成为规模化沼气工程发展过程中亟待解决的问题[1,2]。

6.1.1 营养成分

厌氧发酵剩余物中含有大量的 N、P、K 元素，生理活性物质（BAC），数量庞大的微生物菌群以及其他无机离子和极微量的重金属成分等（表 6-1）。农林废弃物、畜禽粪便及有机垃圾等原料被降解，干物质（TS）含量和 C/N 比降低，大分子有机物被微生物降解和转化为易被植物和土壤吸收的小分子，并大多数保留在发酵剩余物中。牛红志等[3] 分析了稻壳厌氧发酵前后的物质流和能量流，稻壳制备生物燃气的转化效率约为 30%，发酵剩余物中含有超过原料 65% 的 C 元素和 90% 的 N 元素。因此，厌氧发酵剩余物具有很大的资源化利用潜力。

表 6-1　厌氧发酵剩余物的三大营养成分

主要成分	营养物质	作用
营养元素	N、P、K 等	以营养成分的形式存在，速效营养能力强，养分利用率高
矿物质	Mg、Si、S、Cl、Ca、Fe、Mn、Zn	矿物质中的微量元素可以渗入种子细胞内，刺激发芽和生长
有机质	氨基酸、生长素、赤霉素、纤维素酶、单糖、腐植酸、不饱和脂肪酸、纤维素及某些抗生素类物质等	可刺激种子，提高发芽率，促进作物茎、叶快速生长，防止落花、落果，提高坐果率等

沼液的营养成分略低于沼渣，但沼液具有消解迅速、易被吸收的优点。N、P、K 是农作物生长所必需的营养物质，沼液中离子态的 N 含量为 0.03%～0.08%、P 的含量为 0.02%～0.07%、K 的含量为 0.05%～1.40%，沼渣含有 30%～50% 的有机质、10%～20% 的腐植酸、0.8%～2% 的全氮、0.4%～1.2%

的全磷、0.6%～2%的全钾。将沼液和沼渣作为一种速效肥料进行喷施、追施均对农作物生长有较好的效果，同时可以改善和优化土壤的理化性质。矿物质原本就存在于有机废水中，通过发酵转变为离子态，其中的微量元素可以渗入种子细胞内，刺激发芽和生长。通过对以猪粪、牛粪、鸡粪为厌氧消化原料的沼液成分研究表明，其中人体所必需的微量元素 Mg、Si、S、Cl、Ca、Fe、Mn、Zn 等含量较高。厌氧发酵剩余物中其他有机质种类相当复杂，已测出的有氨基酸、生长素、赤霉素、纤维素酶、单糖、腐植酸、不饱和脂肪酸、纤维素及某些抗菌类物质等，如赤霉素可以刺激种子，提高发芽率，促进作物茎叶快速生长；腐植酸能够改善土壤肥力，其含量是评价沼液和沼渣作为土壤改良剂和有机肥的重要参数，腐植酸主要以富里酸（FA）和胡敏酸（HA）为主，富里酸可与土壤中的重金属形成不同形态的可溶物，胡敏酸可改善土壤缓冲能力和阳离子交换能力，HA/FA 比值评价堆肥产品腐熟度及其腐殖化程度；干旱时，某些核酸可增加作物的抗旱能力；低温时，游离氨基酸、不饱和脂肪酸可使作物免受冻害；某些维生素可增强作物的抗病能力，在作物生殖生长期，这些物质可诱发作物开花，防止落花、落果，提高坐果率等。

6.1.2 污染物

厌氧发酵剩余物中还含有一些污染物，为其资源化利用带来风险。不同原料和不同工艺发酵后的沼液沼渣中，重金属元素和抗生素等有毒有害成分的含量有显著差异，可能存在着重金属、兽药、抗生素残留等问题，这些残留物质被动植物吸收进入食物链以及在农业环境中积累将导致农产品的污染和环境风险；沼液沼渣中有机质含量较高，过量使用或随意排放，将造成水体富营养化及影响农作物品质等问题。因此沼液沼渣在使用前必须进行无害化处理[4-6]。

（1）有机物过量排放污染

受原料特性和发酵工艺条件的影响，沼气工程出料的 COD 浓度从几百到上万毫克每升不等，属于高浓度有机废水，其 COD 含量一般高达 1000～5000mg/L、NH_3-N 600～1200mg/L、TN 1000～1800mg/L、浊度 150～300NTU、电导率＞6000μS/cm。而我国《畜禽养殖业污染物排放标准》（GB 18596—2001）中规定的 COD 排放限值为 400mg/L，有机废水 COD 二类排放标准为 120mg/L，显然，经沼气发酵后，残留液体无法达到国家排放标准。未经无害化处理的沼液和沼渣直接施入土壤和农田，一旦超过土壤的自净能力会导致土壤和水体中的总氮、总磷超标，导致富营养化，而有机物降解不完全或厌氧腐解，会产生恶臭和亚硝酸盐等有害物质，引起土壤组成和性质发生改变，破坏其原有的基本功能。

沼液和沼渣中还可能含有多氯化溴（PCB）、多环芳烃（PAH）、氯化石蜡、苯酚和邻苯二甲酸酯等有机物，发酵过程中微生物不能将其完全降解，这些污染物对农田土壤扰动方面存在潜在风险，例如苯酚会抑制土壤中氨氧化菌的生长，沼液和沼渣中的苯酚可能来自厌氧发酵中的异生前体物质，在中温发酵条件下更容易降解[6]。沼液沼渣中污染物的浓度、化学反应性、波动性、水溶性和吸收能力等关键决定因素，对土壤的降解能力具有潜在的长期影响[7]。

（2）重金属污染

沼液沼渣中的重金属元素主要包括 Pd、Cd、Cr、As、Hg、Cu、Zn 等。随着我国规模化畜禽养殖业的发展，为了改善猪、牛等的生长性能，大量使用含有重金属添加剂的饲料，大部分最终随畜禽粪便排出，高剂量的添加可导致畜禽粪污中重金属含量提高。据调查，全国大部分地区，沼气工程沼液和户用沼液中的重金属元素含量的数据均不符合正态分布。沼气工程沼液除 As 外，Cd、Cr、Hg 和 Pb 的平均含量均大于户用沼液，且重金属含量的变异程度也均大于户用沼液。发酵原料对沼液中重金属含量的影响较大，不同原料的沼液其重金属元素含量存在显著性差异，猪场沼液中 As、Cd、Cr、Hg、Pb 重金属元素含量均大于牛场沼液，且风险也较高。采用综合风险指数进行评价，户用沼液中 Pb、As 的单位向量指数评价结果属于低风险，其余重金属的各指标均无风险；工程沼气中 Hg 的各种指数评价结果风险最高。按 Nemerrow 指数计算，工程沼液中的 Hg 属较高风险，按均值指数和单位向量指数计算，Hg 属于低风险等级；Cd 的 Nemerrow 指数评价，属于低风险；其余重金属的综合风险指数虽然随计算方法不同而变化，但其风险等级一致，均属于无风险。两种类型沼液中 Hg、Cd 含量较低但其风险较大，建议在灌溉前通过物理化学方法予以去除。

与沼液不同，沼渣中的重金属多为不可溶态，但是长期以沼渣施肥，重金属可能在土壤中富集，pH 值等参数的变化也可能导致重金属形态变化，慢性污染土壤，所以使用沼渣作为有机肥时，需严格控制重金属含量，并对土壤质量定时监测，合理使用沼肥。北京化工大学刘研萍等[8] 对秸秆沼渣中的重金属进行了安全风险分析，整体来说，沼渣的重金属含量变化受进料类型、物料比例、预处理方式等多种因素的影响，通过对重金属含量分析，沼渣基本符合我国《城镇垃圾农用控制标准》，但 Cu 和 Zn 含量较高，分别达 399mg/kg 和 591mg/kg，超出国外一些发达国家重金属农用标准。从单因子和综合污染指数两方面考虑，沼渣中 Cd、Cr、Pb、Hg、As 等重金属均在安全范围内，但是 Cu 和 Zn 达到重度污染级别；分析重金属潜在生态危害指数，得出重金属中 Cd、Hg、Cu 这三种重金属贡献最大，尤其是 Hg 的潜在危害性最强。通过对厌氧发酵剩余物中重金属含量和对土壤影响的文献分析，沼液和沼渣农用存在着重金属积累的风险，需要进一步研究其安全使用技术，制定相关规范和标准。

（3）抗生素与激素污染

在集约化、规模化畜禽养殖过程中，抗生素、激素等添加剂有利于促进畜禽生长和减少畜禽疾病，但由于经济利益的驱动、监管措施的不力和科学知识的不足，滥用上述药物的现象普遍存在。大多数抗生素、激素在动物体内都不能够被完全吸收利用，有 30%～90% 会以原形和活性代谢产物的形式排泄到体外，畜禽粪污经厌氧消化处理后，其 COD 可充分降解，但对抗生素和激素的去除效果不佳，大多数残留在沼液和沼渣中。据调查，江苏省的集约化养殖场排泄物中，土霉素（OTC）、金霉素（CTC）等检出率分别为 17.3%、30.9%，残留量分别为 1.95mg/kg、9.75mg/kg；浙江北部地区的规模化养殖场粪便中抗生素残留量明显高于家庭养殖，四环素、土霉素和金霉素的残留量分别为 1.57mg/kg、3.10mg/kg 和 7.80mg/kg；长江三角洲地区典型废水中，养殖场废水中检出的抗生素种类最多、浓度最高；畜禽废水中抗生素和激素含量高于农田灌溉用水，其总量为 294.0～376.1μg/L。由此可见，属于四环素类（TCs）的土霉素（OTC）、四环素（TC）、金霉素（CTC）以及属于激素的喹乙醇在养殖排泄物中存在较高的检出率，是目前我国畜禽养殖常用的兽药，经过厌氧消化处理系统后仍然具有较高的量产水平。

因此，目前养殖场附近的土壤和水体具有较高的抗生素和激素污染负荷，通过迁移和积累对水产养殖以及农产品安全产生影响，同时造成二次污染并最终通过食物链危害人类健康。医学表明抗生素与激素残留可能使人体的免疫系统失调，最终可导致基因突变或者染色体畸形。另外，不断向环境中排泄抗生素、激素等代谢产物，使环境中的耐药病原菌与变异病原菌不断产生。这两者反过来又刺激生产者增加用药剂量、更新药物品种，造成了进一步污染，形成恶性循环局面，以至于高致病性禽流感、猪蓝耳病等畜禽病害频发。

（4）微生物污染

沼液和沼渣中含有大量的微生物种群，包括细菌、真菌、放线菌等，还包括一些寄生虫卵和各种病原菌等。厌氧过程可以杀灭大多数病原菌，但是有一些病原菌可以持续生长到发酵结束，例如在畜禽粪污中分布较多，厌氧发酵过程中涉及的微生物数量巨大，种类复杂，其中多数微生物既可以改变重金属在环境中的存在状态，使化学物质毒性增强，引起严重的环境问题，还可以浓缩重金属，并通过食物链累积。

6.1.3　卫生性能

沼渣沼液的卫生性能主要参照标准《粪便无害化卫生要求》（GB 7959—2012），其主要要求列表如表 6-2～表 6-5 所列。

表 6-2　好氧发酵（高温堆肥）的卫生要求

编号	项目	卫生要求	
1	温度与持续时间	人工	堆肥≥50℃，至少持续 10d 堆肥≥60℃，至少持续 5d
		机械	堆肥≥50℃，至少持续 2d
2	蛔虫卵死亡率	≥95%	
3	粪大肠菌值	≥10^{-2}	
4	沙门氏菌	不得检出	

表 6-3 厌氧与兼性厌氧消化的卫生要求

编号	项目	卫生要求	
1	消化温度与时间	户用型	常温厌氧消化≥30d 兼性厌氧发酵≥30d
		工程型	常温厌氧消化≥10℃ 中温厌氧消化35℃ 高温厌氧消化35℃
2	蛔虫卵	常温、中温厌氧消化沉降率≥95% 高温厌氧消化死亡率≥95%不得检出活卵	
3	血吸虫卵和钩虫卵	不得检出活卵	
4	粪大肠菌值	中温、常温厌氧消化≥10^{-4} 高温厌氧消化≥10^{-2} 兼性厌氧发酵≥10^{-4}	
5	沙门氏菌	不得检出	

表 6-4 密封储存处理的卫生要求

编号	项目	卫生要求
1	密封储存时间	少于 12 个月
2	蛔虫卵死亡率	≥95%
3	血吸虫卵和钩虫卵	不得检出活卵
4	粪大肠菌值	≥10^{-4}
5	沙门氏菌	不得检出

表 6-5 脱水干燥、粪尿分集处理粪便的卫生要求

编号	项目	卫生要求	
1	储存时间	尿	及时应用； 疾病流行时,不少于 10d
		粪	草木灰混合 2 个月 细沙混合 6 个月 煤灰、黄土混合 12 个月
2	蛔虫卵	死亡率≥95%	
3	血吸虫卵和钩虫卵	不得检出活卵	
4	粪大肠菌值	≥10^{-2}	
5	沙门氏菌	不得检出	
6	pH 值	草木灰、粪混合后 pH>9	
7	水分	50%以下	

6.1.4　质量标准

厌氧发酵剩余物的质量标准主要指两方面：一是厌氧发酵剩余物的排放标准；二是厌氧发酵剩余物资源化利用的质量标准。

（1）厌氧发酵剩余物直接排放的质量标准

沼气工程沼液向环境中排放，其水质应符合《畜禽养殖业污染物排放标准》（GB 18596—2001）的规定，沼气工程沼液农田施用，应符合《农田灌溉水质标准》（GB 5084—2005）的标准，有地方排放标准的应符合地方排放标准。沼渣直接作为肥料或基质利用前，应进行无害化处理，无害化处理应按照《畜禽粪便无害化处理技术规范》（NY/T 1168—2006）的规定执行，无害化指标按照《粪便无害化卫生要求》（GB 7959—2012）的规定执行。

农田灌溉用水水质基本控制项目标准值如表 6-6 所列，农田灌溉用水水质选择性控制项目标准值如表 6-7 所列，《畜禽养殖业污染物排放标准》（GB 18596—2001）如表 6-8 所列。

表 6-6　农田灌溉用水水质基本控制项目标准值

序号	项目类别		作物种类		
			水作	旱作	蔬菜
1	BOD_5/(mg/L)	≤	60	100	40[①],15[②]
2	COD/(mg/L)	≤	150	200	100[①],60[②]
3	悬浮物/(mg/L)	≤	80	100	60[①],15[②]
4	阴离子表面活性剂/(mg/L)	≤	5	8	5
5	水温/℃	≤	25		
6	pH 值	≤	5.5～8.5		
7	全盐量/(mg/L)	≤	1000[③]（非盐碱地区），1000[③]（盐碱地区）		
8	氯化物/(mg/L)	≤	350		
9	硫化物/(mg/L)	≤	1		
10	总汞/(mg/L)	≤	0.001		
11	镉/(mg/L)	≤	0.01		
12	总砷/(mg/L)	≤	0.05	0.1	0.05
13	铬(六价)/(mg/L)	≤	0.1		
14	铅/(mg/L)	≤	0.2		
15	粪大肠菌群数/(个/100mL)	≤	4000	4000	2000[①],1000[②]
16	蛔虫卵数/(mg/L)	≤	2		2[①],1[②]

① 加工、烹调及去皮蔬菜。

② 生食类蔬菜、瓜类和草本水果。

③ 具有一定的水利灌排设施，能够保证一定的排水和地下水径流条件的地区，或有一定淡水资源能满足冲洗土体中盐分的地区，农田灌溉水质全盐量指标可以适当放宽。

表 6-7　农田灌溉用水水质选择性控制项目标准值

序号	项目类别		作物种类		
			水作	旱作	蔬菜
1	铜/(mg/L)	≤	0.5	1	
2	锌/(mg/L)	≤	2		
3	硒/(mg/L)	≤	0.02		
4	氟化物/(mg/L)	≤	2(一般地区),3(高氟区)		
5	氰化物/(mg/L)	≤	0.5		
6	石油类/(mg/L)	≤	5	10	1
7	挥发酚/(mg/L)	≤	1		
8	苯/(mg/L)	≤	2.5		
9	三氯乙醛/(mg/L)	≤	1	0.5	0.5
10	丙烯醛/(mg/L)	≤	0.5		
11	硼/(mg/L)	≤	1[①](对硼敏感作物),2[②](对硼耐受性较强的作物),3[③](对硼耐受性强的作物)		

① 对硼敏感作物,如黄瓜、豆类、马铃薯、笋瓜、韭菜、洋葱、柑橘。
② 对硼耐受性较强的作物,如小麦、玉米、青椒、小白菜、葱等。
③ 对硼耐受性强的作物,如水稻、萝卜、油菜、甘蓝等。

表 6-8　《畜禽养殖业污染物排放标准》(GB 18596—2001)

控制项目	BOD$_5$/(mg/L)	COD$_{Cr}$/(mg/L)	NH$_3$-N/(mg/L)	TP/(mg/L)	SS/(mg/L)	粪大肠菌群/(个/mL)	蛔虫卵/(个/L)
标准值	150	400	80	8.0	200	10000	2.0

（2）厌氧发酵剩余物资源化利用的质量标准

根据《沼肥》(NY/T 2596—2014),厌氧发酵剩余物制备有机肥的质量标准具体如表 6-9～表 6-11 所列。

表 6-9　沼肥的技术指标

项目	指标	
	沼液肥/(g/L)	沼渣肥/%
水分	—	≤20
酸碱度(pH 值)	5～8	5.5～8.5
总养分(N+P$_2$O$_5$+K$_2$O)含量(以干基计)	≥80	≥5.0
有机质(以干基计)	—	≥30
水不溶物	≤50	—

表 6-10　沼肥的限量指标

项目	指标	
	沼液肥	沼渣肥
类大肠菌群数/[个/g(mL)]	≤100	≤100
蛔虫卵死亡率/%	≤95	≤95
总砷(以 As 计)/(mg/kg)	≤10	≤15
总镉(以 Cd 计)/(mg/kg)	≤10	≤3
总铅(以 Pb 计)/(mg/kg)	≤50	≤50
总铬(以 Cr 计)/(mg/kg)	≤50	≤150
总汞(以 Hg 计)/(mg/kg)	≤5	≤2

表 6-11　中国和部分国家有机堆肥的重金属最大允许浓度　　　　　　　　单位：mg/kg

国家	Cu	Zn	Pb	Cd	Cr	As	Hg
美国	1500	2800	300	39	300	41	17
德国	200	400	200	6	200	40	4
英国	280	560	1100	7	1200	20	2
法国	200	600	200	4	300	40	2
荷兰	200	1000	300	10	500	60	4
加拿大	150	330	90	1.6	210	14	8
日本	—	240	—	5	—	50	2
中国	—	—	100	3	300	30	5

6.2　发酵剩余物的加工工艺

6.2.1　固液分离

　　厌氧发酵剩余物含水率高，资源化利用前一般进行固液分离，对厌氧发酵剩余物进行固液分离的目的是优化沼气工程出料农田施用的管理模式，无论是从施用时间还是施用量上，沼渣沼液不同的农田管理模式可以更好地满足作物对营养成分的需求，提高营养成分的利用效率，并降低农田施用沼液过程时对搅拌条件、施用工艺与储存条件的要求，使得沼液施用措施更加成熟。固液分离的方法有物理和化学方法，物理法主要是对厌氧发酵剩余物进行挤压或离心脱水，化学法主要为絮凝等。物理法的设备总体上分为三类，即筛分、离心分离和过滤。

（1）螺旋挤压式固液分离机

该机主要由机体、螺旋推进器、筛网、卸料门、减速器、振动电机、进料泵、搅拌电机、配重块、电控箱组成，如图 6-1 所示。

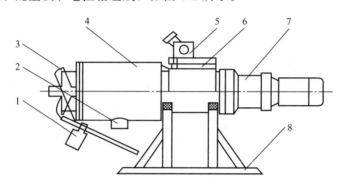

图 6-1 LJG-1 型螺旋挤压式固液分离机示意

1—配重块； 2—出水口； 3—卸料装置； 4—机体；
5—振动电机； 6—进料口； 7—传动电机及减速器； 8—支架

该机主要特点是：

① 连续自动进料、出料；

② 由配重调节，分离后的干物质含水率低；

③ 进料泵的进料口带有切割刀头，可将小的杂物切碎，保护分离机筛网和绞龙；

④ 筛网为浮动式，使物料在机体内布料均匀，减少绞龙磨损；

⑤ 接触物料的部件均采用不锈钢材料制成。

表 6-12 是北京某猪场采用螺旋挤压机固液分离的效果。

表 6-12 螺旋挤压机固液分离效果

猪粪污水固形物浓度/%	分离后固形物含水率/%	分离后液体含固量/%	去除率/%	处理能力/(m³/h)	筛网间隙/mm
4.41	72.94	3.69	16.3	10.86	0.50
4.43	73.82	3.62	18.3	11.65	0.50
5.39	68.57	3.29	39.0	17.64	0.75
6.32	66.50	4.60	32.6	15.16	0.75

从表 6-12 中可见，当选用间隙为 0.75mm 的筛网时，其去除率较高，分离机处理量为 10～18m³/h，挤压分离后干物质含水率 65％～73％，TS 去除率达 40％左右。分离机适合污水含固量 3％～8％范围，完全可达到用 UASB 发酵工艺处理污水和生产有机复合肥的工艺要求。

有些厂家采用的挤压螺旋为双翼，不锈钢材质，特殊加固防磨损；机头可根据对固态物质的不同要求进行干湿度调节；机身一般为铸件，表层涂防护漆。

螺旋挤压式固液分离机的附属配件有堵塞污泥泵、污泥搅拌机、配电箱、配套管道及污泥泵、提升装置。

（2）卧式螺旋离心机

以酒精废液为代表的高浓度工业有机废水浓度高、黏度大、含砂量多、固形颗粒软，因此，疏水性较差，用带式压滤、真空过滤、螺旋挤压等多种固液分离方式均不能达到满意的效果。采用卧式螺旋离心机可以有效解决上述问题。

图 6-2 为卧式螺旋离心机的主要结构组成。

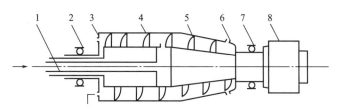

图 6-2 LW-400 卧式螺旋离心机结构示意
1—加料管； 2—左轴承座； 3—溢流口； 4—转鼓； 5—螺旋叶片；
6—排渣口； 7—右轴承座； 8—差速器

该机的工作原理是：转鼓与螺旋推料器同心安装，两者之间借助于差速器以一定的差转速同向高速旋转。由于螺旋推料器的转速比转鼓转速每分钟快 3%，在离心力的作用下，从进料管引入机中的物料，其中密度较大的固相颗粒沉积在转鼓壁上，由螺旋叶片将其推向转鼓小端的排渣孔推出；密度较小的澄清液通过螺旋叶片的缝隙，在水压下由大端溢流口流出。它是一种连续进料分离的高效分离设备。

在处理酒精废醪过程中，分离效果主要取决于分离机的分离因素、差转速及处理量。

① 分离因数表示离心力场的强弱。提高分离因数，使生产能力和分离效果提高，但也增大了功率消耗及转鼓和螺旋的磨损。经试验，对酒精废醪的固液分离，可采用分离因数为 1500 左右。

② 差转速大小取决于排渣的大小。提高差转速，排渣迅速，但出渣含水率高，回收率低；降低差转速，推料螺旋扭矩阻力大，排渣能力降低，转鼓易堵塞。差转速宜选在 25～30r/min 范围。

③ 分离机的处理量若选过大，则分离的固体渣回收率低，含水率大；而处理量小，虽提高了固相回收率，但会降低离心机的使用价值。

（3）带式过滤机

带式过滤机包括辊压型和挤压型两种。其结构示意如图 6-3 所示。

沼渣经过投加絮凝剂，在旋转混合器 1 内进行充分混合反应后流入重力脱水段，由于脱去大部分自由水，而使污泥失去流动性。再经"楔"形压榨段，由于污泥在"楔"形压榨段中，一方面使污泥平整，另一方面受到轻度压力，使污泥再度脱水，

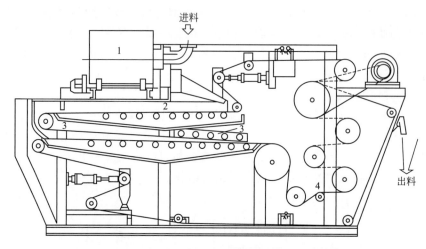

图 6-3   带式过滤机结构示意
1—旋转混合器；   2—重力脱水段；   3—"楔"形压榨段；   4—"S"形压榨段

然后喂入"S"形压榨段中，污泥被夹在上、下两层滤带中间，经若干个不同口径的辊筒反复压榨，这时对污泥造成剪切，促使滤饼进一步脱水，最后通过刮刀将滤饼刮落，而上、下滤带进行冲洗重新使用。

6.2.2 沼液深加工

针对我国大中型沼气工程沼液产生量巨大，沼液农用受季节和地域条件影响，而直接排放会造成环境污染问题，目前沼液处理方式主要分为两大类型：

① 降解其中的污染物使其能够达标排放或安全回用；

② 浓缩并回收沼液中的营养物质，使沼液体积减量化。

具体的处理方式主要分以下几类[5]。

6.2.2.1 沼液好氧处理

好氧处理是指装有好氧微生物的容器或构筑物中，在不断地供给充足氧的条件下，利用好氧微生物分解沼液中的污染物质，该手段处理沼液可以有效地降解COD，去除氮磷，具有处理能力强、适应性广等优点。典型的生化好氧处理手段主要有活性污泥法和生物膜法两种。

（1）活性污泥法

活性污泥法是以悬浮状生物群体的生化代谢作用进行好氧处理的沼液处理形式。其缺点主要表现为：

① 曝气池中生物浓度较低；

② 运行不够稳定；

③ 污泥量大；

④ 对 N、P 的处理能力明显不高。

因此，人们不断地对活性污泥法进行改进，以期达到对有机物的处理率高、污泥量少、运行稳定、能耗低的目的。如传统活性污泥法、A^2/O 工艺、氧化沟法、SBR 法等，分别适用于不同成分或者不同有机浓度的废水处理。

表 6-13 是各类活性污泥法的比较总结。

表 6-13　各类活性污泥法的比较总结

方法	优点	缺点
传统活性污泥法	(1)处理效果好,BOD 的处理效果达到 90％以上; (2)适合处理净化要求程度较高的污水	(1)曝气池容积大,占地面积大,基建费用高; (2)在池前可能出现好氧速率高于供氧速率的现象,影响处理效果; (3)易受水质水量变化影响,脱氮除磷效果不佳
A^2/O 工艺	(1)水力停留时间少于其他同类工艺; (2)无污泥膨胀现象; (3)运行中无需投加药品,运行费用低	(1)脱氮除磷效果难以再次提高; (2)进入沉淀池的水要保持一定浓度的溶解氧,但是又不能太高,这点较难控制
氧化沟法	(1)可有力克服短流和提高缓冲能力; (2)具有明显的溶解氧浓度梯度; (3)功率密度不均匀,有利于氧的传质、液体混合以及污泥絮凝; (4)整体功率较低,节约能源	(1)占地面积大; (2)污泥容易沉积; (3)易产生浮泥和漂泥; (4)氧化沟的好氧区和缺氧区设计不够完善
SBR 法	(1)SBR 工艺对水质、水量的变化适应性强,出水水质稳定; (2)基建费用低,节省造价,节省占地; (3)污泥沉淀和浓缩好; (4)可以通过灵活运行周期和时间来节省运行费用	(1)运行管理较为烦琐; (2)抗冲击能力弱; (3)氨氮完全硝化需要消耗大量的氧,增加了动力消耗和运行费用

（2）生物膜法

生物膜法是指微生物附着在填料表面，形成胶质相连的生物膜。沼液在流经载体表面过程中，通过有机营养物质的吸附、氧向生物膜内部扩散以及在膜中所发生的生物氧化作用等，对污染物进行分解。生物膜一般呈蓬松的絮状结构，微孔较多，表面积很大，具有很强的吸附作用，有利于微生物进一步对这些被吸附的有机物进行分解和利用。目前，较为广泛应用的类型有曝气生物滤池法、生物转盘法、生物接触氧化法、生物流化床法和 MBBR 法等。

表 6-14 为各类生物膜法优缺点比较。

表 6-14　各类生物膜法优缺点比较

方法	优点	缺点
曝气生物滤池法	(1)节约基建投资,占地面积少; (2)出水水质较好,运行费用低,管理方便; (3)氧的传输效率高,曝气量小,供氧动力消耗低; (4)抗冲击负荷能力强,耐低温; (5)易挂膜,启动快	(1)对进水的 SS 要求较高; (2)曝气装置的性能要求很高,国产品牌大多在运行一段时间后存在无法达到要求的现象

续表

方法	优点	缺点
生物转盘法	(1)不需曝气和回流,运行时动力消耗和费用低; (2)运行管理简单,技术要求低; (3)工作稳定,适应能力强; (4)适应不同浓度、不同水质的污水; (5)剩余污泥量少,易于沉淀脱水; (6)可多层立体布置	(1)氧化槽的有效水深有限; (2)占地面积较大; (3)仅适用于中小型废水排放量的废水处理工程
生物接触氧化法	(1)池内充氧条件良好,具有较高的容积负荷; (2)无需设污泥回流系统,运行管理方便; (3)适应性强; (4)传质条件好; (5)有利于丝状菌的生长,可提高对有机物的分解	(1)进水需要预处理,增加工艺的复杂性; (2)填料造价高,增加投资; (3)生物滤池内布水、布气不均匀,影响污水处理效果
生物流化床法	(1)抗冲击负荷能力强; (2)微生物活性强,处理效率高; (3)占地少,投资省	(1)设备的磨损比固定床严重,载体颗粒在流动过程中会磨损变小; (2)能耗较大
MBBR法	(1)占地面积小,投资少,管理方面; (2)出水水质稳定,不易堵塞,无污泥回流	载体价格比国内采用的其他组合填料或弹性填料更贵

6.2.2.2 沼液浓缩

（1）蒸发浓缩工艺

蒸发浓缩是料液受热后溶剂分子获得动能克服分子间的吸引力逸出液面,蒸汽不断排出从而达到将料液浓缩的目的。为了提高这种气化速度,大多数采用在沸腾状态下的气化过程,由于料液的沸点与外压有关,低压情况下,料液的沸点就会降低,那么在较低的温度下就能达到浓缩的目的,这就是负压蒸发浓缩。废水的蒸发处理技术在危废水、造纸废水、垃圾渗滤液等处理中已经有广泛研究和应用,在沼液处理领域的报道较少。蒸发法处理沼液具有对水质水量变化适应性强、产生的浓缩液少等优点,但能耗较高,整个蒸发过程需消耗较长的时间,占据大量体积,氨氮、硫化氢有毒有害等物质逸出会造成大气环境污染。

（2）膜浓缩工艺

膜分离技术是指利用选择性透过膜作为分离介质,当膜两侧存在某种推动力（压力差、浓度差、电位差等）时,原料侧组分选择性地透过膜以达到分离提纯的一种高效的分离方法。

1）微滤膜（MF）

微滤膜为聚丙烯材质,膜的口径一般为 $0.1\sim1\mu m$,为对称型膜,允许大分子和溶解性固体（无机盐）等通过,但会截留悬浮物、细菌及大分子量胶体等物质。微滤膜的运行压力一般为 $0.3\sim7bar$。微滤膜过滤是世界上开发应用最早的膜技术,以天然或人工合成高分子化合物作为膜材料。对微滤膜而言,其分离机理主要是筛分截留。

2）超滤膜（UF）

超滤膜为中空纤维膜、聚砜膜和陶瓷膜，膜的孔径一般为 10nm，是在外界推动力（压力）作用下截留水分中胶体、颗粒和分子量相对较高的物质，而水和小的溶质颗粒透过膜的分离过程，通过膜表面微孔筛选可截留分子量大的物质。

3）纳滤膜（NF）

纳滤膜为聚酰胺膜，膜的孔径一般为 1nm，为非对称膜。纳滤分离机理不同于超滤和反渗透，由于纳滤膜孔径范围接近分子水平，以及纳滤膜的电荷性，使得纳滤的分离机理十分复杂，对纳滤截留机理的研究成为纳滤发展的重要方向，中外学者对纳滤的传质机理做了大量的研究，建立了许多数学模型。纳滤膜的分离机理模型主要有非平衡热力学模型、Maxwell-Stefan 传递模型、优先吸附-毛细孔流动模型、电荷模型等。

4）反渗透（RO）

反渗透为聚丙烯酰胺膜，膜孔径为 0.1nm，为非对称膜。在水处理领域中，反渗透因其处理效果好、能量消耗低、无后续产物污染等特性，得到广泛应用，其工作原理可简单理解为：当膜两侧分别放置存在一定物质含量差别的体积相同的液体时，由低侧向高侧流动叫作渗透现象，当迁移现象达到稳定时，膜两侧的液体因体积不同而存在高度差，形成一定压差，即渗透压。当浓度较高一侧液体施加高于渗透压的压力时，液体会从浓度较高的一侧迁移到浓度较低的一侧，这种反式迁移现象被称作反渗透。关于反渗透的机理和模型说法不一，主流的理论有 3 种：a.氢键理论；b.优先吸附-毛细孔流理论；c.溶解-扩散模型。其中溶解-扩散模型被认为是最具有说服力的理论。

6.2.2.3　人工湿地处理

湿地是分布于陆地生态系统和水生生态系统之间，具有独特水文、土壤与生物特征的生态系统。湿地具有巨大的环境调节功能和生态效益，如气候调节、涵养水源、保持水土、净化环境、保持生物多样性等。人工湿地是一种由人工建造控制的、与沼泽地类似的地面，它是利用自然生态系统中的物理、化学和生物的三重协同作用来实现对污水的净化。湿地系统主要由各种具有透水性的基质、水生植物、水体、湿地中低等动物和好氧或厌氧微生物种群五部分组成。人工湿地根据水流方式差异大致可分为 3 种：a.自由表面流人工湿地（surface flow wetland，SFW）；b.水平潜流人工湿地（sub-surface flow wetland，SSFW）；c.垂直流人工湿地（vertical flow wetland，VFW）。自由表面流人工湿地与自然湿地接近，污水在填料表面漫流，污染物质的去除主要通过生长在植物水下茎干上的生物膜来完成，虽然表面流人工湿地不能充分利用填料和植物根系的作用，且卫生条件也不好，但是其富氧能力强，有利于去除耗氧的氨氮和有机污染物，同时表面流人工湿地容易解决悬浮物沉积导致的淤堵问题；在潜流人工湿地中，污水在湿地床体内流动，可充分利用系统中微生物、植物、填料的协调作用降解污染物，因此潜流人工湿地具有较强的净化能力，根据水流方向，可以分为水平潜流人工湿地与垂直潜流人工湿地。我们通常说的潜流人工湿地一般是指水平潜流人工湿地，由于在地表下流动，很少有恶臭产生且不易滋生蚊虫，具有保温性较好、处理效果受气候影响小、卫生条件较好的特点，是目前研究和应用比较多的一种人工湿地处理系统；在VFW中，污水从湿地表面纵向流向填料床底部，床体处于不饱和状态，氧可以通过大气扩散和植物传输进入人工湿地系统，其硝化能力高于潜流湿地，且占地面积小，但操作控制相对复杂，建造要求高。

6.2.2.4 微藻处理沼液

微藻（microalgae）为原核或者真核光合微生物，具有单细胞或简单的多细胞结构，通过利用光能、水和二氧化碳生长并积累生物量。微藻因其分布广、适应性强、生理生态功能特殊等特点，具有同步实现废水氮磷净化和高附加值产品富集的应用前景[6-10]。

微藻处理废水主要是通过人工措施创造有利于微藻生长繁殖的良好环境，依托于微藻自身的新陈代谢实现废水中氮磷等物质脱除和水体净化的一种新型污水处理方法。用于废水处理的藻种有小球藻（*Chlorella vulgaris*）、栅藻（*Scenedesmus obliquus*）、葡萄藻（*Botryococcus braunii*）等。目前微藻处理废水技术多应用于低浓度废水（如生活废水）处理，高浓度废水需要预处理或者加水稀释。

沼液作为一种富含氮磷的有机废水，可作为原料供给微藻生长，但因其含有重金属、高分子有机物、病原微生物和寄生虫卵等物质会影响微藻生长繁殖能力和沼液净化效果。微藻处理沼液前需进行预处理以去除悬浮颗粒、微藻生长有害生物，并调节沼液成分。悬浮颗粒去除工艺有物理法，如气浮分离法、过滤工艺、沉降-过滤工艺、高速离心法等，物理法不适合规模化养殖微藻系统的污水预处理。絮凝剂添加可降低废水中悬浮颗粒含量和浊度，有效改善微藻培养环境，但絮凝剂也同时使氮磷等营养物质沉降，若絮凝剂未完全去除也会导致微藻藻体絮凝。微藻生长有害生物去除方法有高温灭菌法、化学试剂法等。高温灭菌法应用于大规模处理沼液时实施成本成为重要限制因素。化学试剂如有效氯、漂白粉等，但化学试剂也会影响沼液组成和微藻生长。沼液成分调节主要是由于预处理后的沼液组成成分并不一定适宜藻类生长，需根据藻类生长特性和环境因素对沼液进行营养补充或水质调节。

微藻处理沼液可使总氮去除率达到75%～95%，总磷去除率达到53%～94%，COD和氨氮去除率分别达到46%～82%和100%，并可实现产油、产氢、产烃、产碳水化合物等高附加值产品生产。鸡粪沼液经5h电解预处理可实现完全除去氨氮、浊度与细菌，并去除97.6%总磷、81.5%总有机碳和96.6%无机碳。牛粪沼液经$Ca(OH)_2$与$KAl(SO_4)_2$絮凝处理可去除55%总氮和93%总磷。以稀释20倍的牛粪沼液培养普通小球藻可达到0.25g/(L·d)的生物产量。以秸秆沼液培养海洋小球藻，6d后总氮与总磷的去除率分别为83.94%和80.43%，生物量为0.1026g/(L·d)。采用微藻处理沼液的研究仍较少，主要原因是其生长速率远低于异养微生物，且需要充足的光照和合适的温度、pH值和营养盐组成等条件。

6.2.3 沼渣深加工

（1）沼渣混合堆肥

沼渣是厌氧发酵后的固态残余物，其有机质含量较低，特别是以畜禽粪便和秸秆为原料的沼渣主要成分为纤维类物质，不适合单独堆肥，一般与其他易降解有机物混合进行堆肥，一方面促进沼渣进一步降解，另一方面沼渣可作为调理剂，提高堆肥产品质量，降低堆肥成本。

（2）沼渣人工基质

沼渣作为厌氧消化产物中固含量最多的成分，不仅营养丰富，而且质地疏松，也适于作为作物培养基质使用。近年来沼渣人工基质技术也日益受到重视，被视为是沼渣高值利用的最新途径。目前的研究重点多集中在将沼渣与其他材料按比例进行混合，分析其理化性质并用于育苗和栽培实验。

（3）沼渣制备生物炭

生物炭是有机垃圾加工制备成的多孔炭，有机垃圾包括动物粪便、动物骨头、植物根茎、木屑和麦秸秆等。目前生物炭多为热解炭化所得，其反应温度通常在300℃以上，且物料含水率一般不超过10%。水热炭化以水（常处于亚临界状态）为反应介质，在密闭的高压反应釜中，在一定温度（通常在300℃以下）和压强下将其中的生物质转化为水热炭。生物炭的制备条件需根据其用途而加以调整。农业废弃物沼渣制备成生物炭可用于处理含磷废水，经 Ca/Mg 改性后沼渣生物炭在中性偏碱的条件时对水中磷的吸附量可达 76.92mg/g，最大吸附量为改性前的 30.1 倍，经 5 次连续循环后对磷去除率仍高于 50%。沼渣水热炭添加系统的平均产气量和产甲烷量分别为 313.07mL/g VS 和 191.35mL/g VS，较纯猪粪处理提高了 29.81% 和 26.22%[11,12]。

6.3 发酵剩余物的利用途径

6.3.1 沼液利用途径

（1）沼液浸种

沼液内富含多种营养物质及生物活性物质。其中钙、铁、锰、铜等元素，在浸种时渗入种子细胞内，能够刺激种子发芽和生长；氨基酸、生长素、水解酶、腐植酸、B 族维生素及有益菌等活性物质，可以促进细胞分裂和生长。沼液作为浸种剂，不仅能提高作物抗性，杀灭种子表面的病菌，还能促进植物根系发育，提高种子发芽率、成秧率及抗逆性。

沼液浸种的作用在多种作物中均有研究。蔡大兴等对水稻和玉米进行了浸种实验，结果表明水稻浸种后，秧苗生长旺盛，粗壮，白根多，抗寒力强，分蘖早而多；玉米浸种后，相对于清水浸种可提高其发芽率 10 个百分点，成苗率提高 1~2 个百分点。据调查，浸种后植株苗病、病株率减少 5%~10%；在同等栽培条件下，产量可提高 5%~8%。此外，沼液浸种秧苗的抗寒、抗病、抗逆能力都有所增强。试验还表明，沼液浸种可使水稻增产 5%~10%，玉米增产 5%~10%，小麦增产 5%~7%，棉花增产 9%~20%[1,13,14]。

（2）农作物肥料

沼液富含多种作物所需的水溶性营养成分，是一种速效水肥。沼液既可以作为叶面肥施洒，也可以作为有机肥进行灌溉。作为叶面肥施用方法为：沼液兑 6~10 倍（视浓度而定）的水，搅拌均匀，静置沉淀 10h 后，取其澄清液用喷雾器直接喷洒在叶面上。这能显著提高叶面的叶绿素含量，增加叶片厚度，增强光合作用，提高产量。沼液作为叶面肥尤其适用于果树，可调节果树生长代谢，促进生长平衡，有利于花芽分化、保花保果，使得果实增重快、光泽度好、成熟一致，提高其商品果率。

沼液作为有机肥料，适宜作根外施肥，喷施效果明显。灌溉沼液可以为作物提供多种营养与微量元素，促进其生长发育，有利于保持和提高土壤质量，减少化肥可能带来的负面作用。

（3）生物农药

沼液中含有多种厌氧发酵产物和少量抗生素类物质，能够防治某些作物病虫害，可作为生物农药施用。沼液之所以具有优良的抗病防虫能力，主要是因为：厌氧发酵液中 NH_4^+、乙酸、丁酸、丙酸、赤霉素、吲哚乙酸等具有抑制病虫害生长的作用；厌氧发酵液中含有大量的维生素、氨基酸等营养物质，增强了作物的抗病防虫能力；施用沼液后，在作物周围产生甲烷、乙烯等挥发性气体，造成局部厌氧状态，阻碍菌虫生长，从而达到抗病防虫目的。经过研究发现，沼液对多种病虫害均有不错的效果，对蚜虫、红蜘蛛、日粉虱等害虫和白粉病、霜霉病、灰霉病等病害有良好的防治效果。尤其是化学农药都不易防治的白粉虱，在喷洒沼液后，虫口密度大大降低，同时叶面健壮，抗病力增强。利用沼液替代部分化学农药，有利于生产无公害蔬菜和绿色食品，增强食品安全性。

（4）无土栽培

沼液中有丰富的营养物质，稍加处理就可以成为优良的无土栽培营养液。沼液中含有各种水解酶类、有机酸类、植物激素类和抗生素类，成分较全的氨基酸，丰富的微量元素、B 族维生素以及腐植酸等生物活性物质；沼液中的矿物质元素也非常丰富，可分为钙、钠、氯、硫、镁、钾等常量元素和铁、锌、铜、锰、钴、铬、钒等微量元素。总之，沼液的营养成分除硝氮、硫的含量偏低外，其他营养元素均高于专用营养液 4~5 倍。利用沼液进行无土栽培生产番茄、黄瓜、芹菜、生菜、茄子，较之无机标准营养液栽培，品质显著提高，尤其体现在维生素 C 含量的增加和硝酸盐含量的降低，产量也有一定的提高。

（5）饲料添加剂

沼液中含有多种元素，如 Ca、Fe、Cu、Zn、Sn 以及氨基酸、有益菌群、维生素等，而且富含菌体蛋白，作为动物饲料的掺拌剂，不但可以有效补充所需元素，还可以提高动物抗病能力，促进其生长发育。

在鸡饲料中添加沼液能够增强鸡肠道健康。金家志等将沼液中分离出来的 3 株芽孢杆菌——Bac. 2、Bac. 12、Bac. 24 培养后将菌液加入养鸡饲料，结果表明：芽孢杆菌可以促进鸡肠道内有益菌群的生长，抑制有害菌在肠道内的滋生；芽孢杆菌也可以产生多种酶类，促进肠道对有机物的消化利用，提高饲料的利用价值。

将沼液施入鱼塘，可为水中的浮游动植物提供营养，增加鱼塘中浮游动植物产量，丰富滤食性鱼类饵料；沼液中营养成分易为浮游生物吸收，促进其繁殖生长，能够改善水质，减少溶解氧的消耗，避免泛塘现象的发生。

6.3.2 沼渣利用途径

6.3.2.1 肥料

由有机物质经厌氧发酵所得到的沼肥，不仅氮、磷、钾等营养成分保存完好，而且还含有大量的有机质及多种生物活性物质，是一种速缓肥效兼备的优质有机肥。沼渣中含有机质 28%～50%，腐植酸 10%～20%，半纤维素 25%～34%，纤维素 11%～15%，全氮 0.8%～2.0%，全磷 0.4%～1.2%，全钾为 0.6%～2.0%，另外还含有少量的微量元素和其他矿物质营养。

朱列书等在湖南省桂阳县对烟草施用沼渣，进行肥力实验。实验表明，沼肥对烟草生长发育有明显促进作用，最高增产达 10.39%。沼肥的施用还能提高烟株移栽成活率，缩短还苗期，团棵期提前，烟株稳健生长。施用沼肥的处理烟株叶片数增加，叶片成熟落黄好，易烘烤，烤后烟叶质量提高[15,16]。

6.3.2.2 养殖

（1）菌类养殖

沼渣中含有的营养成分较为全面，同时它的酸碱度适中，质地也较为疏松，是人工栽培蘑菇的上好培养料。使用沼渣养殖菌类不仅可以降低育菇成本，还能够有效提高蘑菇产量和品质。据报道，使用沼渣和棉籽壳养殖蘑菇可降低育菇成本 30% 以上；每百千克培养料可收鲜菇 100～1200kg，单产提高 20%；菌丝生长快，杂菌少，出菇早，缩短了育菇时间；蘑菇肥厚，色泽好，味道佳，耐贮运。S. Banik 等用稻草秸秆和沼渣以 1:1 的比例混合，作为培养蘑菇的基质，可显著提高蘑菇实体的蛋白质和 Na、K、Ca、Fe、Mn、Cu、Zn 等矿物质元素的含量，减少碳水化合物的含量，使蘑菇种植更为经济有效。

（2）蚯蚓养殖

蚯蚓是一种富有高蛋白质等各种营养物质的环节动物。据测定，蚯蚓本身含有蛋白质60％以上，富含18种氨基酸，有效氨基酸占58％～62％。因此蚯蚓是良好的畜禽渔饲料。孙敏等利用沼渣和稻草混合物养殖蚯蚓，方法简单易行，投资少，效益大，有利于改善环境卫生。

（3）畜禽渔饲料

经厌氧消化后，沼渣还含有丰富的碳水化合物、粗蛋白质、多种氨基酸、微量元素、生长激素和糖类，是养殖畜禽渔的优良添加饲料。

利用沼渣代替部分饲料来养猪，可以显著地降低饲料的成本，提高养猪者的经济效益。在浙江省建德市做的用沼渣喂猪的研究表明，喂养商品猪5760头，降低了饲料成本，平均每头增加利润35.23元，共计增加经济效益约20.3万元。另外，利用沼渣喂猪，可以节约种植饲料的土地资源，从而防止土地资源的过度利用。

沼渣富含氮、磷、钾等微量元素，施入鱼塘后耗氧量小、肥水快、肥效持久，部分可被鲤鱼等底层杂食性鱼类直接食用。而且沼渣可替代化肥和部分配合饲料，成本低廉。姚绍泽等在唐海县进行对比试验，在试验过程中，按照统一的方法喂养管理。结果表明，试验池每公顷产鱼4950kg，每公顷成本为10440元；对比池每公顷产鱼4590kg，每公顷成本12240元，试验池比对比池每公顷节约饵料4200kg，每公顷多产鱼360kg，每公顷增收达3120元。

沼渣中含有丰富的腐植酸，其含量在10％～20％之间。在饲料添加剂的应用方面，添加腐植酸钠与添加沼渣，对畜禽表现出优良的效果。因而用沼渣喂鸡，可明显改善鸡的营养、发育，增加鸡的体重，提前产蛋期，提高产蛋量，并对粪便有显著的除臭作用。

（4）土壤改良

沼渣是很好的改土材料，施用于农田不仅可补充磷、钾元素，有利于养分平衡，而且能改善土壤的通透性能。

金一坤连续10年对施用沼渣的试验地土壤结构进行鉴定，结果表明，黏质黄泥土土体变松，有较多的根系穿插，结构体呈卵圆形，20mm孔隙度增加3.93％，10mm孔隙度增加4.69％，<10mm孔隙度增加4.49％；土壤有机碳由0.858％提高到1.320％，重组碳由0.781％提高到1.181％，增值复合度为86.36％，微结构体数量增加6％，多孔性和胶结性都得到改善。

陈维志等利用沼渣作底肥对日光温室内的土壤进行改良，经过3年的试验，土壤的容重减小了$0.2g/cm^2$，孔隙度则增加了6.6％，与化肥作底肥的对照区相比，平均容重减小了$0.113g/cm^2$，孔隙度增加4.27％，使得土壤可蓄存更多的水分和空气，有利于作物的生长发育。据四川省渠县沼肥科研所资料显示，连续6年使用沼渣的土壤有机质含量增长58.4％，密度下降16.1％，孔隙度增长12.9％，熟土层增厚8cm，团粒结构大幅度增加。

参考文献

［1］　骆林平.沼液浓缩液与化肥配施对水稻和油菜产量及品质的影响［D］.杭州：浙江农林大学，2010.

［2］　Wu J，Yang Q，Yang G，et al. Effects of Biogas slurry on Yield and Quality of Oil-seed Rape［J］.Journal of Plant Nutrition，2013，36（13）：2084-2098.

［3］　牛红志，孔晓英，李连华，等.厌氧发酵制备生物燃气过程的物质与能量转化效率［J］.化工学报，2015，66（2）：723-729.

［4］　骆林平，张妙仙，单胜道.沼液肥料及其利用现状［J］.浙江农业科学，2009，5：977-978.

［5］　Feng H，Qu，G F，Ning P，et al. The Resource Utilization of Anaerobic Fermenta-tion Residue［C］//2011 2nd International Conference on Challenges in Environmental Science and Computer Engineering. Zhou，Q.，Ed. Elsevier Science Bv：Amster-dam，2011，11：1092-1099.

［6］　王书亚.小球藻-细菌共培养体系的构建及用于沼液废水处理的研究［D］.烟台：烟台大学，2016.

［7］　赵陆敏.基于绿球藻、大型溞的猪场沼液净化及资源化利用的研究［D］.上海：上海海洋大学，2018.

［8］　刘研萍，文雪，张继方，等.秸秆沼渣中重金属的安全风险分析［J］.中国沼气，2014，32（1）：90-94.

［9］　郭沛，马荣江，余南阳，等.基于微藻培养的沼液处理相关耦合技术进展［J］.化工进展，2019，38（2）：1027-1036.

［10］　孙宏，张恒，吴逸飞，等.处理猪场沼液的微藻筛选及其净化效果评价［J］.中国畜牧杂志，2019，55（2）：112-117.

［11］　Wang L，Li Y C，Chen P，et al. Anaerobic digested dairy manure as a nutrient sup-plement for cultivation of oil-rich green microalgae Chlorella sp［J］.Bioresour Tech-nol，2012，101（8）：2623-2628.

［12］　易蔓，李婷婷，李海红，等.Ca/Mg 负载改性沼渣生物炭对水中磷的吸附特性［J］.环境科学，2019，40（3）：1318-1327.

［13］　靳红梅，杜静，郭瑞华，等.沼渣水热炭添加对猪粪中温厌氧消化的促进作用［J］.中国沼气，2018，36（1）：47-53.

［14］　隋倩雯，董红敏，朱志平，等.沼液深度处理技术研究与应用现状［J］.中国农业科技导报，2011，13（1）：83-87.

［15］　Levén L，Nyberg，K，Schnürer A. Conversion of phenols during anaerobic diges-tion of organic solid waste - A review of important microorganisms and impact of tem-perature［J］.Journal of Environmental Management，2012，95：S99-S103.

［16］　Insam H，Gomez-Brandon M，Ascher J. Manure-based biogas fermentation resi-dues -Friend or foe of soil fertility？［J］.Soil Biology & Biochemistry，2015，84：1-14.

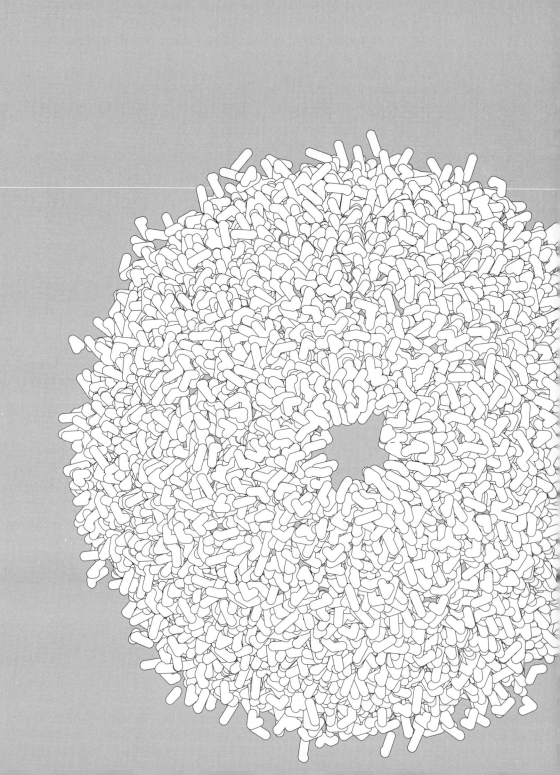

第7章

我国生物燃气政策与产业现状

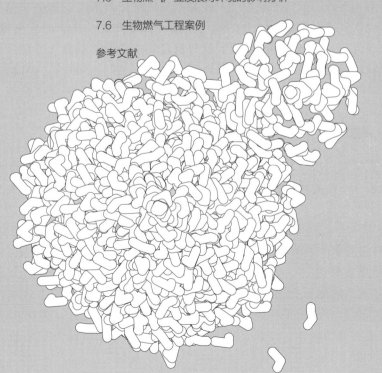

7.1 中国生物燃气产业政策环境分析

生物燃气相关政策主要涉及规划部署、鼓励倡导、财政扶持、具体的管理条例及标准等，相关的国家立法主要有 7 部，国家各部委规划 10 项，对产业鼓励倡导性文件 5 项，财税政策 10 余项，地方具体管理办法 20 余项，国家及行业标准 40 余项，分布于产业链的各个环节，对推动生物燃气产业规范化发展具有重要意义。

7.1.1 国家法律

我国涉及生物燃气的法律法规主要有 7 部。《中华人民共和国农业法》（2002 年修订）、《中华人民共和国退耕还林条例》明确规定应发展沼气；《中华人民共和国可再生能源法》除"鼓励清洁、高效地开发利用生物质燃料，鼓励发展能源作物"外，还规定"利用生物质资源生产的燃气和热力，符合城市燃气管网、热力管网的入网技术标准的，经营燃气管网、热力管网的企业应当接收其入网"；《中华人民共和国节约能源法》《中华人民共和国循环经济促进法》《中华人民共和国清洁生产促进法》（2012 年修订）及《畜禽规模养殖污染防治条例》分别从节约能源、废物循环利用及综合利用等角度鼓励发展沼气，并提出税收优惠政策[1]。这些法律的颁布引导了沼气产业的发展，为沼气产业的原料供应、技术开发及产品的应用提供了法律保障，同时也为国家各职能部门及地方政府制定相应的发展规划、管理条例及财税政策提供了法律依据。

7.1.2 发展规划及产业指导政策

除国家立法外，农业部、发改委、能源局等部委也从各主管领域的角度，结合我国沼气产业的发展现状及趋势制定了该领域一段时期内的发展规划。农业部制定了《大中型畜禽养殖场能源环境工程建设规划（2001—2005）》《全国农村沼气工程建设规划（2006—2010）》《农业生物质能产业发展规划（2007—2015）》，发改委制定了《可再生能源中长期发展规划》，能源局制定了《可再生能源发展"十二五"规划》《生物质发展"十二五"规划》《可再生能源发展"十三五"规划》《生物质发展"十三五"规划》分别对沼气的建设内容、规模数量、利用方式等方面做了详细的规划布局，并制定了相应的补贴标准与保障措施。此外，多项产业指导政策将沼气产业相关的原料、设备、利用等内容作为优先或鼓励发展项目，并给予重点支持（见表 7-1）。

表 7-1　沼气相关的发展规划及产业指导政策

时间	政策	内容要点
2007 年	《全国农村沼气工程建设规划(2006—2010)》	• 到 2010 年底,户用沼气达到 4000 万户,规模化养殖场大中型沼气工程达到 4700 处 • 户用沼气西北和东北地区中央支持 1200 元/户,西南地区 1000 元/户,其他地区 800 元/户
2007 年	《农业生物质能产业发展规划(2007—2015 年)》	• 到 2010 年,新建规模化养殖场、养殖小区沼气工程 4000 处,年新增沼气 3.36 亿立方米 • 到 2015 年,建成规模化养殖场、养殖小区沼气工程 8000 处,年产沼气 6.7 亿立方米
2007 年	《可再生能源中长期发展规划》	• 到 2010 年,建成规模化畜禽养殖场沼气工程 4700 座、工业有机废水沼气工程 1600 座,大中型沼气工程年产沼气约 40 亿立方米,沼气发电达到 100 万千瓦。约 4000 万户(约 1.6 亿人)农村居民生活燃料主要使用沼气,年沼气利用量约 150 亿立方米 • 到 2020 年,建成大型畜禽养殖场沼气工程 10000 座、工业有机废水沼气工程 6000 座,年产沼气约 140 亿立方米,沼气发电达到 300 万千瓦,约 8000 万户(约 3 亿人)农村居民生活燃气主要使用沼气,年沼气利用量约 300 亿立方米
2012 年	《可再生能源发展"十二五"规划》	• 鼓励沼气等生物质气体净化提纯压缩,实现生物质燃气商品化和产业化发展,完善生物质供气管网和服务体系建设 • 到 2015 年,生物质集中供气用户达到 300 万户 • 到 2015 年,全国沼气用户达到 5000 万户,50%以上的适宜农户用上沼气
2012 年	《生物质能发展"十二五"规划》	• 到 2015 年,全国沼气用户达到 5000 万户,年产气量达 190 亿立方米;工业有机废水和污水处理厂污泥等沼气 1000 处,年产气量达 5 亿立方米
2014 年	《能源发展战略行动计划(2014—2020 年)》	• 着力优化能源结构,把发展清洁低碳能源作为调整能源结构的主攻方向。坚持发展非化石能源与化石能源高效清洁利用并举,逐步降低煤炭消费比重,提高天然气消费比重,大幅增加可再生能源和核电消费比重,形成与我国国情相适应、科学合理的能源消费结构,大幅减少能源消费排放,促进生态文明建设 • 到 2020 年,非化石能源占一次能源消费比重达到 15%,天然气比重达到 10%以上,煤炭消费比重控制在 62%以内
2016 年	《可再生能源发展"十三五"规划》	• 加快生物天然气示范和产业化发展。选择有机废弃物资源丰富的种植养殖大县,以县为单位建立产业体系,开展生物天然气示范县建设,推进生物天然气技术进步和工程建设现代化。建立原料收集保障和沼液沼渣有机肥利用体系,建立生物天然气输配体系,形成并入常规天然气管网、车辆加气、发电、锅炉燃料等多元化消费模式。到 2020 年,生物天然气年产量达到 80 亿立方米,建设 160 个生物天然气示范县
2016 年	《生物质能发展"十三五"规划》	• 大力推动生物天然气规模化发展,到 2020 年,初步形成一定规模的绿色低碳生物天然气产业,年产量达到 80 亿立方米,建设 160 个生物天然气示范县和循环农业示范县
2005 年	《可再生能源产业发展指导目录》	• 将"大中型沼气工程供气和发电"及"城市固体垃圾发电(包括填埋场沼气发电)"列为发展项目 • 将"高效、宽温域沼气菌种选育"列为原料发展项目

续表

时间	政策	内容要点
2009 年	《促进生物产业加快发展的若干政策》	• 鼓励废水处理、垃圾处理、生态修复生物技术产品的研究和产业化 • 鼓励与生物产业相关的企业、人才、资金等向生物产业基地集聚，促进生物产业基地向专业化、特色化、集群化方向发展，形成比较完善的产业链。在基础条件好、创业环境优良的区域，逐步建立若干个国家级生物产业基地。国家在创新能力基础设施、公共服务平台建设以及实施科技计划、高技术产业计划等方面按规定给予重点支持
2011 年	《当前优先发展的高技术产业化重点领域指南（2011 年度）》	• 农业废弃物生产高值生物燃气技术，垃圾、垃圾填埋气和沼气发电技术等生物质能列为优先发展产业化的重点领域 • 将包括"垃圾分选、破碎、生化脱水等预处理和综合处理技术与装备，城市及农村固体废弃物处置及能源利用技术，厨余垃圾处理技术与配套设备"等在内的"固体废弃物的资源综合利用"列为优先发展产业化的重点领域
2013 年	《产业结构调整指导目录（2011 年本）》修正版	• 将农林生物质资源收集、运输、储存技术开发与设备制造，以畜禽养殖场废弃物、城市填埋垃圾、工业有机废水等为原料的大型沼气生产成套设备、沼气发电机组、沼气净化设备、沼气管道供气、装罐成套设备制造等作为鼓励型列入目录
2016 年	《关于促进生物天然气产业化发展指导意见（征求意见稿）》	• 东北、黄淮海、长江中下游等重点地区 13 个粮食主产省份以及畜禽养殖集中区种植养殖业大县将作为生物天然气开发建设的重点区域，整县推进，开发建设生物天然气 • 未来将以示范县为基础，打造生物天然气和有机肥"两大产品"的新型商业化运营模式，推动原料收集保障、生物天然气消费、有机肥利用和环保监管"四大体系"建立，完善政策扶持措施，以县域有机废弃物处理和生物天然气开发建设规划为重要抓手，形成"能源、农业和环保"的联动发展模式 • 到 2020 年，生物天然气年生产量和消费量目标达到 100 亿立方米，生物天然气在示范县天然气总体消费中比重超过 30%。到 2025 年，生物天然气年产量和消费量达到 200 亿立方米，到 2030 年，年产量和消费量超过 400 亿立方米。生物天然气将初步形成一定规模的绿色低碳新兴产业

7.1.3 财税政策

我国在沼气产业的原料利用、工程建设及产品上均有财政扶持政策（见表 7-2），主要采取资金投入、补贴及免征或退税等形式。在原料利用方面，对于秸秆等原料利用及原料基地可享受《秸秆能源化利用补助资金管理暂行办法》《关于发展生物质能源和生物化工财税扶持政策的实施意见》及《生物能源和生物化工原料基地补助资金管理暂行办法》等政策规定的补助及税收优惠政策。

表 7-2　沼气相关的财税鼓励政策

时间	政策	内容要点
2004 年	《农村沼气建设国债项目管理办法(试行)》	• 对农村沼气项目的建设内容与补助标准、申报与下达、组织实施及检查验收等做了详细的规定 • 一个"一池三改"基本建设单元,中央投资补助标准为:西北、东北地区每户补助 1200 元,西南地区每户补助 1000 元,其他地区每户补助 800 元。补助对象为项目区建池农户
2006 年	《可再生能源发电价格和费用分摊管理试行办法》	• 生物质发电项目上网电价实行政府定价的,由国务院价格主管部门分地区制定标杆电价,电价标准由各省(自治区、直辖市)2005 年脱硫燃煤机组标杆上网电价加补贴电价组成,补贴电价标准为每千瓦时 0.25 元 • 发电项目自投产之日起,15 年内享受补贴电价,运行满 15 年后,取消补贴电价。自 2010 年起,每年新批准和核准建设的发电项目的补贴电价比上一年新批准和核准建设项目的补贴电价递减 2%
2006 年	《关于发展生物质能源和生物化工财税扶持政策的实施意见》	• 鼓励利用秸秆、树枝等农林废弃物,利用薯类等非粮农作物为原料加工生产生物能源。今后将具备原料基地作为生物能源行业准入与国家财税政策扶持的必要条件 • 开发生物能源与生物化工原料基地要与土地开发整理、农业综合开发、林业生态项目相结合,享受有关优惠政策。对以"公司+农户"方式经营的生物能源和生物化工龙头企业,国家给予适当补助 • 鼓励具有重大意义的生物能源及生物化工生产技术的产业化示范,以增加技术储备,对示范企业予以适当补助 • 对国家确实需要扶持的生物能源和生物化工生产企业,国家给予税收优惠政策,以增强相关企业竞争力
2007 年	《生物能源和生物化工原料基地补助资金管理暂行办法》	• 林业原料基地补助标准为 200 元/亩;补助金额由财政部按该标准及经核实的原料基地实施方案予以核定 • 农业原料基地补助标准原则上核定为 180 元/亩,具体标准将根据盐碱地、沙荒地等不同类型土地核定
2007 年	《全国农村沼气服务体系建设方案(试行)》	• 对农村沼气服务体系的建设内容、补贴标准、职责内容等制定了详细的方案 • 沼气乡村服务网点建设中央及地方配套补助不低于 5 万元;县级服务站建设中央及地方配套补助不低于 30 万元
2007 年	《养殖小区和联户沼气工程试点项目建设方案的通知》	• 养殖小区集中供气沼气工程和畜禽粪便型联户沼气,按不超过国债户用沼气补助标准的 120% 予以补助 • 联户秸秆沼气按不超过国债户用沼气补助标准的 150% 予以补助
2008 年	《秸秆能源化利用补助资金管理暂行办法》	• 申请补助资金的企业应满足以下条件:企业注册资金在 1000 万元以上;企业秸秆能源化利用符合本地区秸秆综合利用规划;企业年消耗秸秆量在 1 万吨以上(含 1 万吨);企业秸秆能源产品已实现销售并拥有稳定的用户 • 根据企业每年实际销售秸秆能源产品的种类、数量折算消耗的秸秆种类和数量,中央财政按一定标准给予综合性补助
2008 年	《关于有机肥产品免征增值税的通知》	• 自 2008 年 6 月 1 日起,纳税人生产销售和批发、零售有机肥产品免征增值税

续表

时间	政策	内容要点
2010 年	《关于完善农林生物质发电价格政策的通知》	• 未采用招标确定投资人的新建农林生物质发电项目,统一执行标杆上网电价每千瓦时 0.75 元(含税)。通过招标确定投资人的,上网电价按中标确定的价格执行,但不得高于全国农林生物质发电标杆上网电价
2011 年	《关于调整完善资源综合利用产品及劳务增值税政策的通知》	• 以餐厨垃圾、畜禽粪便、稻壳、花生壳、玉米芯、油茶壳、棉籽壳、三剩物、次小薪材、含油污水、有机废水、污水处理后产生的污泥、油田采油过程中产生的油污泥(浮渣),包括利用上述资源发酵产生的沼气为原料生产的电力、热力、燃料。生产原料中上述资源的比重不低于 80%,则销售自产货物实行增值税即征即退 100% 的政策 • 对垃圾处理、污泥处理处置劳务免征增值税
2015 年	农村沼气转型升级工作方案	• 中央对符合条件的规模化大型沼气工程、规模化生物天然气试点工程予以投资补助。补助标准为:规模化大型沼气工程,每立方米沼气生产能力安排中央投资补助 1500 元;规模化生物天然气工程试点项目,每立方米生物天然气生产能力安排中央投资补助 2500 元。其余资金由企业自筹解决,鼓励地方安排资金配套。中央对单个项目的补助额度上限为 5000 万元 • 当地政府已出台沼气或生物天然气发展的支持政策、对中央补助投资项目给予地方资金配套、已按照或在申报时明确将按照试点内容开展相关工作的地区,中央将优先支持。对于已经建成或已投入运营的规模化生物天然气工程,也鼓励按上述内容积极开展试点,中央将进一步研究完善有关支持政策

在沼气工程建设方面,国家于 2003 年将农村沼气建设列入国债资金支持范围,2003～2005 年,国家每年投入 10 亿元;2006～2007 年,每年投入 25 亿元;2008～2010 年,每年投入超过 50 亿元;2011～2013 年,平均每年投入 40 余亿元,到 2011 年,国家投入资金累计达到 370 余亿元,扶持户用沼气、沼气服务体系及养殖小区和联户沼气建设。财政部、税务局、发改委等部委出台了《农村沼气建设国债项目管理办法(试行)》《全国农村沼气服务体系建设方案(试行)》及《养殖小区和联户沼气工程试点项目建设方案的通知》等政策,制定了相应的补贴标准。国家发展改革委和农业部 2015 年联合印发的《农村沼气工程转型升级工作方案》,提出 2015 年中央预算内投资将支持建设日产沼气 500 立方米以上的规模化大型沼气工程,开展日产生物天然气 1 万立方米以上的工程试点,预计年可新增沼气生产能力 4.87 亿立方米,处理 150 万吨农作物秸秆或 800 万吨畜禽鲜粪等农业有机废弃物。同时鼓励各地利用地方资金开展中小型沼气工程、户用沼气、沼气服务体系建设。在产品方面,2001 年以来,财政部国家税务总局先后发布 4 份财税文件,不断对以农林剩余物为原料生产产品的退税政策进行调整,2011 年 11 月下达的《关于调整完善资源综合利用产品及劳务增值税政策的通知》规定,利用农林资源发酵产生的沼气为原料生产的电力、热力、燃料产品实行增值税即征即退 100% 的政策;沼气发电可享受国家发改委制定的《可再生能源发电价格和费用分摊管理试行办法》《可再生能源电价附加收入调配暂行办法》《关于完善农林生物质发电价格政策的通知》及《电网企业全额

收购可再生能源电量监管办法》政策中规定的电价补贴；沼液生产有机肥可享受财政部、国家税务总局制定的《关于有机肥产品免征增值税的通知》中规定的免征增值税政策。

7.1.4　规范与标准

沼气标准化是服务于行业发展的基础，是加强市场管理的重要依据，国家专门成立了"全国沼气标准化技术委员会（SAC/TC515）"，挂靠于农业部科技发展中心，以便加强沼气行业的规范标准工作。目前，农业部科技教育司已制定沼气标准共 47 项，其中已作废 6 项。现行的国家标准有 9 项，行业标准有 32 项，涉及材料及设备、菌剂、测定方法、工程设计与施工、运行与管理等（见表 7-3）。

表 7-3　现行的沼气国家标准及行业标准

类型	标准（标准号）
材料及设备	制取沼气秸秆预处理复合菌剂（GB/T 30393—2013）
	中大功率沼气发电机组（GB/T 29488—2013）
	农村户用沼气输气系统第 1 部分：塑料管材（NY/T 1496.1—2015）
	农村户用沼气输气系统第 2 部分：塑料管件（NY/T 1496.2—2015）
	农村户用沼气输气系统第 3 部分：塑料开关（NY/T 1496.3—2015）
	沼气阀（GB/T 26715—2011）
	沼气压力表（NY/T 858—2004）
	沼气发电机组（NY/T 1223—2006）
	户用沼气脱硫器（NY/T 859—2014）
	户用沼气池密封涂料（NY/T 860—2004）
工艺及工程	户用沼气池设计规范（GB/T 4750—2016）
	户用沼气池施工操作规程（GB/T 4752—2016）
	农村家用沼气管路施工安装操作规程（GB 7637—1987）
	农村沼气集中供气工程技术规范（NY/T 2371—2013）
	沼气工程技术规范第 1 部分：工程设计（NY/T 1220.1—2019）
	沼气工程技术规范第 2 部分：输配系统设计（NY/T 1220.2—2019）
	沼气工程技术规范第 3 部分：施工及验收（NY/T 1220.3—2019）
	沼气工程技术规范第 4 部分：运行管理（NY/T 1220.4—2019）
	沼气工程技术规范第 5 部分：质量评价（NY/T 1220.5—2019）
	沼气工程沼液沼渣后处理技术规范（NY/T 2374—2013）
	玻璃纤维增强塑料户用沼气池技术条件（NY/T 1699—2016）
	规模化畜禽养殖场沼气工程设计规范（NY/T 1222—2006）

续表

类型	标准（标准号）
工艺及工程	规模化畜禽养殖场沼气工程运行、维护及其安全技术规程（NY/T 1221—2006）
	户用沼气池质量检查验收规范（GB/T 4751—2016）
	户用沼气池材料技术条件（NY/T 2450—2013）
	户用沼气池运行维护规范（NY/T 2451—2013）
	农村家用沼气管路设计规范（GB 7636—1987）
	农村沼气"一池三改"技术规范（NY/T 1639—2008）
	农村户用沼气发酵工艺规程（NY/T 90—2014）
	秸秆沼气工程质量验收规范（NY/T 2373—2013）
	秸秆沼气工程运行管理规范（NY/T 2372—2013）
	秸秆沼气工程工艺设计规范（NY/T 2142—2012）
	秸秆沼气工程施工操作规程（NY/T 2141—2012）
	沼气电站技术规范（NY/T 1704—2009）
	生活污水净化沼气池技术规范（NY/T 1702—2009）
使用产品	家用沼气灶（GB/T 3606—2001）
	沼气饭锅（NY/T 1638—2008）
	户用沼气灯（NY/T 344—2014）
其他	沼气工程规模分类（NY/T 667—2011）
	沼气物管员（NY/T 1912—2010）
	沼气中甲烷和二氧化碳的测定气相色谱法（NY/T 1700—2009）

7.2　中国生物燃气产业化分析

　　我国沼气由以户用沼气为主，逐步转变为户用沼气、联户集中供气、规模化沼气共同发展的格局。据统计，截至 2013 年年底，全国沼气用户（含集中供气户数）约 4300 万户，年产气量约 160 亿立方米；全国规模化沼气工程约 10 万处，年产气量约 20 亿立方米，总产气量相当于全国天然气年消费量的 12.4%，年减排 CO_2 6300 万吨[1]。我国基本形成了"上游原料收集-中游沼气生产-终端产品应用"的沼气产业链，在产业链上存在诸多效益点，沼气产业的发展将带动其他行业的发展，并创造更大的效益。

7.2.1　中国农村户用沼气发展状况

　　中国农村户用沼气的大规模建设开始于 20 世纪 50 年代末期，但是由于技术落后等因素限制，沼气建设很快回落。1979 年国务院批转农业部等《关于当前农村沼气建设中几个问题的报告》，中国沼气工作开始回升，并在 20 世纪 80 年代初期出现了农村户用沼气建设的小高峰。从 20 世纪 50 年代末到 80 年代初，中国沼气建设经历了"两起两落"的曲折发展历程。20 世纪 80 年代到 2000 年，中国农村户用沼气发展较为平稳，1983 中国农村户用沼气发展触底后开始反弹，1983 年到 2000 年农村户用沼气年均增长率为 4.6%，2000 年年底，农村户用沼气池达到 848 万户。2000 年以来，中国沼气事业进入快速发展的新阶段。2003 年，国家颁布了《农村沼气建设国债项目管理办法（试行）》，指出中央用国债对农村沼气建设项目进行补贴，大大刺激了中国农村户用沼气的建设。2007 年以来，中央有关部委密集出台了一系列鼓励、规范沼气发展的政策法规，其中《可再生能源中长期发展规划》的颁布，更是将沼气列为中国重点发展的生物质能源[2]。根据《中国农村能源年鉴》统计，2001~2009 年中央政府对沼气建设的累计投资达 196.1 亿元，其中对农村户用沼气的投资额度达到 156.3 亿元；累计补贴农户 1453.4 万户，占建池户数的 41.4%。在对农村户用沼气投资的同时，国家对沼气服务网点的投资也从无到有逐步增加，2007 年国家开始对沼气服务网点进行投资，2009 年，中央政府对服务网点的投资已达到 7 亿元。2000~2009 年，中国农村户用沼气池从 848 万户发展到 3507 万户，年均增长率高达 17.1%，沼气占农村生活能源的比例由 2000 年的 0.4%，上升到 2009 年的 1.9%，已经成为重要的农村生活能源[2]。

7.2.2　大型沼气工程发展现状

　　随着环境保护压力的加大，沼气工程已经成为中国处理有机污水和畜禽粪便的重要选择，国家对沼气工程，尤其是处理畜禽粪便的沼气工程支持力度逐年加大。2007 年，国家颁布《养殖小区和联户沼气工程试点项目建设方案》指出，对养殖小区集中供气沼气工程和畜禽粪便型联户沼气，按不超过国债户用沼气补助标准的 120% 予以补助；联户秸秆沼气按不超过国债户用沼气补助标准的 150% 予以补助。2008 年发改委和农业部进一步下达通知，加大对大中型沼气工程的补助力度。大中型沼气工程中央补助数额原则上按发酵装置容积大小等综合确定，西部地区中央补助项目总投资的 45%，总量不超过 200 万元；中部地区中央补助项目总投资的 35%，总量不超过 150 万元；东部地区中央补助项目总投资的 25%，总量不超过 100 万元。同时，地方政府原则上对于申请中央补助的项目，西部、中部、东部地区地方政府投资不得低于项目总投资的 5%、15%、25%。2007 年以来，国家对各类沼气工程的补贴力度逐年增加，2007 年，国家对沼气工程的补贴总额仅为 1.1 亿元，占国家沼气投资总额的 4.3%；2009 年，国家对沼气工程的投资额达到 8.6 亿元，占国家沼气投资总额的 17.2%[3]。

随着技术的进步和政府的扶持力度加大，国内涌现了一批大型沼气工程项目，原料主要为畜禽粪污、农作物秸秆及生活有机垃圾等，多采用高浓度中温发酵技术，燃气主要用于发电、提纯车用或输入天然气管网[4]。山东民和牧业沼气发电项目是目前国内畜禽养殖行业规模最大的沼气发电工程，也是首家获得批准温室气体减排碳交易项目；广西武鸣车用沼气示范工程是国内首个日产上万立方米的沼气纯化车用燃气项目，南宁市已有近 100 辆出租车改装使用生物燃气，其费用与汽油相比，平均每辆车每千米可节约 0.20 元，每天可节省 80 余元，每年可增加 2 万元收入；北京德清源沼气工程是国内第一个利用沼气发电并批准并网的工程，每年向华北电网提供 1400 万千瓦时的绿色电力和 16 万吨的优质有机肥料。这些特大型沼气工程的建设及运营的成功案例为沼气产业化发展提供了参考模式，并提振了国家及企业对沼气产业蓬勃发展的信心。

7.2.3　沼气产业链构成

沼气产业链由上游原料收集—中游沼气生产—终端产品应用构成（图 7-1）。

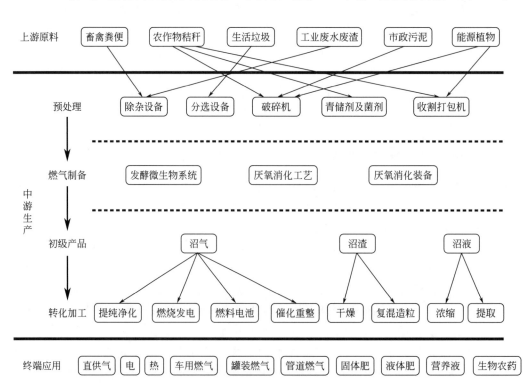

图 7-1　沼气产业链[6]

随着厌氧发酵技术的不断开发与进步，产业链在纵向上不断延伸、横向上不断拓宽。我国在沼气产业链的形成上具有的潜力包括：原料上，可利用的资源丰富、种类多样，主要有畜禽养殖废弃物、工业有机废水废渣、秸秆、生活有机垃圾、污水污泥及能源作物等。据统计，我国年产生轻工业废水废渣 10 亿吨、养殖粪便 30 亿吨、农作物秸秆 8 亿吨、林业剩余物 7760 万吨、城市生活垃圾 1.5 亿吨、干污泥 510 万吨[5]。中游生产上，畜禽养殖大中型沼气工程建设体系成熟，从沼气工程规划、技术与设备研发、项目方案编制与论证、工程设计与施工、专用设备制造与装配、工程评估与验收和后续运营管理与维护都有机构和单位实施和经营，也可借鉴国外先进技术装备及运营经验。终端应用上，具备农村生活供气、沼气发电自用、沼气热电联产并发电上网、沼气净化提纯生产管道燃气和车用燃气等产品应用市场。

目前，我国沼气产业链形成及完善的关键是通过成熟的商业运作模式将产业链上各环节有效地衔接。可利用原料虽然丰富，但原料收集困难；独立的技术成熟，但多种技术集成及配套设施仍需完善；终端产品的市场竞争力弱，用户认知及接受力有待提升。

7.2.4　沼气政策在产业链上的布局

沼气产业的发展有赖于国家的政策支持，相关政策分布在沼气产业链上的各环节。国家对整体沼气产业鼓励提倡：原料上鼓励利用农林废弃物、畜禽粪便等制沼气，并制定了补贴标准；工程上，户用沼气的建设派技术人员帮助农户进行沼气池的施工，为农户提供沼气灶具、管道、净化器等产品。对不同规模的沼气工程有相应的补贴标准，近年来工程建设的补贴标准也有所提高；产品上享受沼气发电并网售电补贴及有机肥产品免征增值税政策；服务体系建设补贴主要针对农村沼气服务网点，如图 7-2 所示。

从图 7-2 中可看出，国家对沼气工程的建设扶持力度较大，产业链上其他环节的政策支持力度相对薄弱。原料是产业的源头，在原料的收集及原料的定价方面应

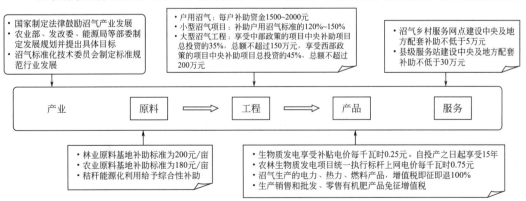

图 7-2　沼气产业政策在产业链上的布局[1]

出台相应的政策，稳定原料的供应。产品及配套设施及服务的支持政策急需完善，沼气产品多样，政策上应尽量跟进技术的发展，完善生物质天然气、车用燃气、沼肥等产品的补贴政策。

7.2.5 生物燃气产业化发展的障碍

（1）融资渠道单一、资金不足成为中国沼气发展的主要制约因素

中国农村户用沼气建设主要依靠中央补助和农户自筹资金建设，地方配套资金相对较少。目前每户"一池三改"（即户用沼气池建设与改厕、改圈和改厨同步设计、同步施工）沼气建设投资约5800元，中央投资补贴标准只占24％。农村沼气项目中央补助标准明显偏低造成了一些地方"三改"不到位，建设质量不高和使用率下降，影响农村沼气的可持续发展[7]。2000年中国开始对畜禽养殖场沼气工程进行补贴，但是国家补贴项目占中国已建沼气工程的不足1％。养殖场和企业建设沼气工程需要增加投入，同时所产沼气、沼渣、沼液由于市场不完善而难以产生经济效益，因此企业缺乏建设沼气工程的动力。融资渠道有限，制约了全国范围沼气工程的建设。

（2）相关政策不完善，导致企业发展沼气事业动力不足

为了鼓励发展沼气，政府出台了一系列激励政策。尽管这些法规规定对可再生能源发电予以一定的补贴，但是国家尚未制订强制性的可再生能源发电收购法案，电力公司往往以各种借口拒绝以高于成本的电价购买沼气发的电，导致沼气工程发电上网困难。目前中国养殖场沼气工程产生的沼气仅有不到3％用于发电，其余主要用于集中供气、养殖场自用，甚至没有得到有效利用[8]，这不仅对大气产生二次污染，而且也降低了养殖企业和工业企业建设沼气工程的积极性。

（3）服务体系尚不完善，沼气发展存在安全隐患

长期以来，由于部分地区片面追求建池率，中国农村沼气发展存在重建设轻管理的局面。近年来，国家认识到沼气服务体系的重要性，加大了对农村沼气服务体系的投资，但是目前中国农村沼气服务网络仍不健全。

7.3 生物燃气产业经济效益分析

7.3.1 户用沼气经济效益评价

在沼气综合利用经济效益评价中，作为一个独立的实施方案，其实施的效果及

方案取舍完全取决于自身的经济性，即只需检验它们是否能够通过净现值（NPV）、内部收益率（IRR）、动态投资回收期（T_p^*）等指标的评价标准[9]。

财务净现值是考察项目在其计算期内盈利能力的主要动态评价指标。其表达式为：

$$NPV = \sum_{i=0}^{n} (CI_t - CO_t)(1 + i_0)^{-t} \tag{7-1}$$

式中　NPV——净现值；

　　　　CI_t——第 t 年的项目成本；

　　　　CO_t——第 t 年的项目收益；

　　　　n——项目运行年限；

　　　　i_0——基准折现率。

其判别准则为：若 NPV>0，则项目可行。

内部收益率是指投资项目净现值等于零时的折现率，即在考虑了资金时间价值的情况下，使一项投资在未来产生的现金流量现值刚好等于投资成本时的收益率，它是一项投资可望达到的报酬率。内部收益率可通过下述方程求得：

$$NPV(IRR) \sum_{i=0}^{n} (CI_t - CO_t)(1 + IRR)^{-t} = 0 \tag{7-2}$$

式中各变量含义同式（7-1）。

其判别准则为：若 IRR≥i_0，则项目可行。

动态投资回收期就是在考虑资金时间价值的前提下，投资项目回收投资所需的时间，通过计算从项目投资之日起，用项目各年的净收益的现值将全部投资的现值收回所需的期限的时间长短来判断投资项目风险大小。动态投资回收期通过下述方程求得：

$$\sum_{i=0}^{T_p^*} (CI_t - CO_t)(1 + i_0)^{-t} = 0 \tag{7-3}$$

式中各变量含义同式（7-1）。

其判别准则为：若 $T_p^* \leqslant T_b^*$，则项目可行，其中 T_b^* 为基准动态投资回收期。

一般农村户用沼气投资在 3500 元左右，年维护费用平均约为 125 元，$8m^3$ 的户用沼气池年产气量可替代原煤节约消费支出约 720 元，发酵剩余物用于养殖、种植能够产生约 500 元效益，节约化肥、农药支出 200 元，以沼气池运行年限 15 年，基准收益率 10% 作为评价基准，在替代能源为原煤的情况下，根据计算式，可得沼气项目的净现值为 6349.87 元，为正值收益；内部收益率为 37%，高于 10% 的基准收益率；动态投资回收期为 3.32 年，回收期较短；各项指标均表明，该项目指标良好，项目可行[9]。

在以商品能源原煤为替代能源的情况下，户用沼气综合利用的效益指标极为优良，即使以非商品能源薪柴和秸秆作为替代能源，在不考虑薪柴和秸秆市场价值即能源替代效益为零的情况下，沼气综合利用所得收益的净现值指标为 873.50 元，仍为正值收益；内部收益率为 14％，高于 10％ 的基准收益率；项目指标仍较为良好。在以煤为替代能源，假定其他因素不变的情况下，以 10％ 作为户用沼气利用的基准收益率，可得项目的盈亏平衡点分别为建设费用 10000 元、综合利用效益 580 元，两项指标可分别上升 286.71％ 和下降 59.16％。按照现行的利用状况，超过平衡点的可能性较小，项目的抗风险能力较强[9]。

7.3.2　气热电联产模式经济效益分析

以东南地区某养猪场为例，进行具体计算分析。猪场年出栏量按 10000 头计，平均每头猪的产粪量约为 1.83kg，平均日产粪便量约 9.25t[10]。

7.3.2.1　用能需求分析

养殖场的主要用电设备包括幼崽用保温灯、水泵、饲料加工粉碎机和沼气工程设备。各个季节的用电规律基本一致，养殖场用电基本负荷在 20kW 以上，峰值为 90kW。

养殖场的热需求包括保育室的地热供暖、厌氧反应器的热需求以及工人洗澡用水。保育室只在冬季运行地热供暖，厌氧反应器的热需求和工人洗澡热水各个季节都有。鉴于厌氧反应器能稳定地利用沼气能源利用系统的热能，以下主要分析厌氧反应器的热能供需平衡。该工程厌氧反应器容积为 $600m^3$ 规模。厌氧反应器周围虽然有保温材料包覆，但其自身仍有散热损失，同时每天都有温度较低的新料进入，所以厌氧反应器所需热负荷 Q 等于其散热负荷 Q_1 与加热新料热负荷 Q_2 之和，见公式(7-4)。为了能够保证反应器内温度恒定在 37℃ 左右，在设计时应根据当地最不利条件下（冬季）每日最低气温的平均值来计算反应器一年中最大所需热负荷。该地区最低气温平均值为 0.68℃，进料温度为 5℃。

$$Q = Q_1 + Q_2 \tag{7-4}$$

冬季，经计算 $200m^3$ 厌氧反应器散热量为 6.5kW，新料从进料温度加热至 37℃ 所需热量为 11kW，见公式(7-5)、公式(7-6)。单个反应器所需热负荷为 17.5kW，3 个反应器总共热负荷为 52.5kW。

$$Q_1 = kA(t_内 - t_外) \tag{7-5}$$

式中　k——反应器传热系数；

　　　A——反应器表面积；

　　　$t_内$——反应器内料液温度；

　　　$t_外$——冬季室外最低温度平均值。

$$Q_2 = mCP(t_内 - t_料) \tag{7-6}$$

式中　m——每天进料质量；

　　　CP——进料比热容；

　　　$t_料$——冬季进料平均温度。

同理，夏季，经计算 3 个反应器总共热负荷为 27kW，春秋季的热负荷为 40kW 左右。

7.3.2.2　产能分析

厌氧反应器产气率为 0.8，600m³ 规模厌氧反应器的有效料液容积约为 500m³，故 500m³ 原料的日产气量为 400m³。该 400m³ 的沼气分别用于沼气锅炉、沼气发电机、沼渣烘干机以及沼气灶。沼气利用首先要保证锅炉燃烧给厌氧发酵池提供保温热水，剩余的沼气再用于沼渣烘干、沼气灶以及沼气发电机。

沼气利用分配情况见表 7-4。

表 7-4　沼气利用分配情况　　　　　　　　　　　　　　　　单位：m³/d

用气装置	冬季	夏季	春秋季
沼气锅炉	235	127	188
沼气灶	20	20	20
沼渣烘干机	100	100	100
沼气发电机	50	150	92

锅炉燃气量计算方法见公式(7-7)。

$$Q_t = \frac{3600Q}{Q_沼 \eta} \tag{7-7}$$

式中　$Q_沼$——沼气热值，取 23MJ/m³；

　　　η——沼气锅炉效率，取 0.8。

冬季锅炉以 50kW 运行，燃气量 Q_r 为 9.8m³/h，24h 耗气量为 235m³；夏季，锅炉 27kW 运行，燃气量为 5.3m³/h，24h 耗气量为 127m³；春秋季，锅炉 40kW 运行，燃气量 7.8m³/h，24h 耗气量为 188m³。

冬季扣除每天沼气锅炉、沼气灶和沼渣烘干机所用沼气量后，每天大约剩余 50m³ 沼气可供发电；夏季每天大约剩余 150m³ 沼气用来发电；春秋季每天剩余 92m³ 沼气用来发电。该养猪场内电力负荷情况如图 7-3 所示，本节选用 1.5kW·h/m³ 为发电机组发电耗气量参数，选用 20kW 的沼气发电机组，冬季每天能发电 75kW·h，夏季每天能发电 225kW·h，春秋季每天能发电 138kW·h。

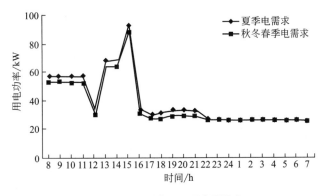

图 7-3　不同季节 24h 用电量需求

7.3.2.3 运行策略及经济性分析

当沼气热电联产系统中不安装发电机组余热回收装置时，系统构成简单，操作方便，初始投资低；为了提高能源利用效率和系统经济效益，可以增设发电机组的余热回收装置（烟气换热器），由余热回收装置和沼气锅炉共同为厌氧反应器供热。两种方案的运行策略和经济效益略有不同。

（1）不考虑发电机组余热回收的情况

当养殖场在原有沼气工程的基础上增加沼气热电联产系统所增加的费用包括发电机组5万元，沼气锅炉0.3万元，日常维护费用0.5万元，总计5.8万元。其经济效益主要来自所发电力，每年发电量为184万千瓦时，按照每千瓦时0.6元计，每年因发电而节约的电费为3.1万元。

（2）考虑发电机组余热回收的情况

相关表明，燃气发电机组投入燃料的能量中有30%左右转化为电能输出，有30%左右转化为烟气余热，余热回收效率为60%。按照以上效率计算20kW÷30%×30%×60%＝12kW，得该发电机组在满负荷运行时的余热回收量可达12kW，可以为厌氧反应器提供一部分热负荷需求。这样沼气锅炉可以降低负荷运行，节省的沼气用来发电，每年能增加发电时间270h。增加发电机组余热回收装置的费用为0.5万元，总计6.3万元。每年发电量约为5.724万千瓦时，每年节约电费3.4万元。

通过这样一套沼气利用模式，可以提高沼气的产气率，使产气率保持稳定高产；还能为养殖场带来可观的经济效益。在应用推广时，根据养殖场的类型和规模大小进行具体计算，确定出厌氧反应器的容量大小，再根据当地冬季、夏季平均气温计算反应器的散热量和进料所需热量，选用合适的沼气锅炉和发电机组以及运行策略。

7.3.3 集中供气生物燃气工程经济效益分析

选取10个秸秆沼气集中供气工程作为对象（表7-5），对经济效益具有重要影响的指标，包括建设总成本、预计运行周期、已运行时间、年均运行成本、年均收益、年均政府补贴、年均净收益、年均净收益现值等进行分析[11]。按已运行年限6年，工程的使用周期为20年计。

表 7-5 秸秆沼气集中供气工程财务分析现金流量表

工程名称	建设总成本/万元	预计运行周期/年	已运行时间/年	已运行年均成本/万元	已运行年均收益/万元	已获得年均政府补贴/万元	已运行年均净收益/万元	已运行年均净收益现值/万元
四川成都市新津县秸秆沼气集中供气示范工程	224	20	6	25.82	7.50	5	−13.32	−24.52
河南安阳县白壁镇东街村秸秆沼气集中供气示范工程	280	20	6	22.07	34.58	20	32.51	18.51

续表

工程名称	建设总成本/万元	预计运行周期/年	已运行时间/年	已运行年均成本/万元	已运行年均收益/万元	已获得年均政府补贴/万元	已运行年均净收益/万元	已运行年均净收益现值/万元
山西高平市秸秆沼气集中供气工程	339	20	6	12.03	11.40	0	−0.63	−17.58
山西晋中瑜次区王郝村秸秆沼气集中供气工程	350	20	6	10.15	28.47	0	18.32	0.82
内蒙古杭景后旗秸秆沼气集中供气示范工程	516	20	6	28.31	13.04	0	−15.27	−41.07
山东郯城县高峰头镇北蔺村秸秆沼气集中供气工程	95	20	6	15.40	16.43	0	1.03	−3.72
河南济源市克井镇白涧村秸秆沼气集中供气工程	189	20	6	17.68	13.14	0	−4.54	−15.44
江苏南京市淳化街道新兴社区秸秆沼气集中供气工程	425	20	6	19.00	23.00	0	4.00	−18.50
河南安阳县瓦店乡小集村秸秆沼气集中供气工程	192	20	6	13.40	21.90	0	8.50	−1.50
河南安阳县吕村镇耿洋凡村秸秆沼气集中供气工程	166	20	6	11.48	15.33	0	3.85	−5.15

采用净现值（NPV）方法对秸秆沼气工程进行经济评价。

选取近年来国家银行一年期定期存款利率均值 2% 作为不含风险的贴现率，即 $R=2\%$；同时，考虑不确定因素，估算确定使用年限期间内的年均期望的现金流 E_i 为秸秆沼气工程的已运行年均净现值，代入数据，计算得：NPV＝−2376.48 万元。

根据现有数据进行推算，按照现有规模，10 个秸秆沼气集中供气工程在运行周期（20 年）内，预见将出现 2376.48 万元的亏损。结合选取的 10 个秸秆沼气工程的现状分析、年均产量售气单价，统计见表 7-6。

表 7-6　秸秆沼气工程经济效果评价表

工程名称	已运行年均净现值/万元	年产气量/m³	售气单价/元	每方气盈利金额/元
四川成都市新津县秸秆沼气集中供气示范工程	−24.52	60000	1.5	−4.08
河南安阳县白壁镇东街村秸秆沼气集中供气示范工程	18.51	233560	1.5	0.79
山西高平市秸秆沼气集中供气工程	−17.58	95000	1.2	−1.85
山西晋中瑜次区王郝村秸秆沼气集中供气工程	0.82	237300	1.3	0.03
内蒙古杭景后旗秸秆沼气集中供气示范工程	−41.07	86400	0.7	−4.75
山东郯城县高峰头镇北蔺村秸秆沼气集中供气工程	−3.72	109500	1.0	−0.34
河南济源市克井镇白涧村秸秆沼气集中供气工程	−15.44	131400	1.0	−1.175

工程名称	已运行年均净现值/万元	年产气量/m^3	售气单价/元	每方气盈利金额/元
江苏南京市淳化街道新兴社区秸秆沼气集中供气工程	−18.50	153300	1.5	−1.21
河南安阳县瓦店乡小集村秸秆沼气集中供气工程	−1.50	146000	1.5	−0.10
河南安阳县吕村镇耿洋凡村秸秆沼气集中供气工程	−5.15	102200	1.5	−0.50

7.4 生物燃气产业社会效益分析

7.4.1 大中型沼气工程

（1）增加就业率

沼气工程建设后，日常的维护和运行需要新增就业员工，并且沼气工程的良好运行还可能带动养殖业和种植业的进一步发展，有利于企业进一步扩大再生产，增加当地人民的就业机会，带来良好的社会效益。

（2）项目区群众利用可再生能源和保护环境意识提高

沼气工程利用废弃物进行资源化处理，使周围卫生环境状况得到很大改善，周围群众使用沼气作燃料，比使用传统燃料方便卫生，在实践中体会到了使用可再生能源的益处，认识到废弃物资源化利用的价值，逐步建立了环保意识。因此，建设沼气工程可以提高周围群众利用可再生能源和环境保护意识，可以促进社会发展，具有良好的社会效益。

（3）使用沼气户的家庭生活质量提高

使用沼气对比使用传统燃料如煤炭、秸秆、薪柴等方便卫生许多，可以改善人民家庭生活环境，提高人民生活质量，具有良好的社会效益。

（4）产业结构的优化

开发沼气工程有利于企业进一步扩大再生产，能带动养殖业和种植业的进一步发展，沼液、沼渣的施用有助于农产品升级，能够促进传统种植业向生态农业转变，推动农产品加工业的发展，优化当地产业结构。

（5）社会声誉的提高程度

如果沼气工程能够真正发挥其良好的效益，可为当地树立起示范工程，项目企业社会声誉将得到相应的提高。

7.4.2　农村户用沼气

（1）改变农村环境条件，提高农民健康水平

① 降低了污染疾病发病率。据调查，沼气发酵原料中的病菌、虫卵经沼气发酵后，杀灭率达 98％以上。

② 沼气池建设改变了农民传统的生产、生活方式，农户使用上了优质的沼气能源，厨房干净又整洁，厕所向无害化卫生厕所发展，从而改善了村容村貌和环境卫生，提高了群众健康水平。

③ 沼气池建设促进了农村精神文明建设的发展，促进了经济、社会、环境的协调发展，实现了农村的可持续发展和社会的文明进步。

（2）增加农民收入，提高农民生活质量

发展农村沼气，给农民带来看得见的实惠。

① 以沼气为纽带的生物质资源利用模式的发展，不仅保障生态系统良性循环，有助于农户参与农业产业结构调整，增加农民收入，还有助于改变农民的思想观念，从而促进农业增长方式的创新。

② 通过生物间的食物链关系，循环利用废物，使农业有机废弃物资源化，同时节约生产成本，也增加单位土地面积的农产品产出，从而增加农民的收入。

③ 以沼气建设项目为纽带的生物质资源的利用，能使传统的粗放耕作变为精耕细作；户用沼气对解放农村妇女的劳动强度，提高农民生活质量，对全面建设农村小康社会起着重要的推动作用。

（3）提高农民科技意识，加强农民素质教育

当前，我国农村劳动力资源丰富，人力资源开发潜力巨大，但是农民教育素质偏低，人力资源开发成本较大，这就直接影响了我国农业和涉农产业的劳动生产力。因此，加强农村基础教育，特别是农村的成本教育和职业教育，加快农村人力资源开发，是提高农民收入乃至解决"三农"问题的根本途径。大力推广沼气建设的同时也对农民进行了相关技术的培训，从而拓展了农民的思想，增长其科学技术知识，进而也有助于提高农民的综合素质。建立以沼气为纽带的生物质资源利用体系，可以有效地解决剩余劳动力；激发农户学科学、用科学，将实用技术转化为现实生产力的积极性；增强农户的科技素质；从而使农业废弃物等生物质资源得到充分和高层次的利用，为农村经济的发展做出贡献。通过培训、学习和实践，提高了农民的科技素质，使农民懂得了农业生产必须从传统农业中走出来，采用先进技术，讲究标准管理，规模经营，增强了持续发展意识。

（4）实现农村人力资源开发，带动农村脱贫致富

我国农村人口众多，而很多地区农业的收益又较低，根本无法满足农民生活的需要。农民要改变生活现状，实现脱贫致富，都挤在农业这条路上，依靠农业本身的进步，短期内是不可能成功的。因此，要加速脱贫的步伐，就必须加强农民自身的劳动素质，向多元化的劳动方式转移。根据调查显示，在同等条件下，利用沼气系统进行农业生产的农户，不仅能减少劳动力的需求量，使剩余劳动力有外出打工

的机会，而且在对沼气的利用的过程中，农民自身也会不断地学习相关知识，从而提高了农民的文化素质。

7.5 生物燃气产业发展对环境的影响分析

7.5.1 生物燃气环境效益评价

沼气工程的建设在废弃物无害化综合利用、产出清洁燃料和沼渣沼液有机肥等方面具有良好的环境效益，可减少 CO_2、CH_4 和 N_2O 等温室气体的排放，也是缓解全球气候变暖的有效途径。

以华南地区某车用生物天然气工程为例，该工程利用周边区域收集的 300t 禽畜粪便、香蕉秸秆、稻草、市政污泥等有机废弃物为原料，以中温发酵技术、高压水洗技术为核心日产车用沼气 3 万立方米（标态），作为清洁燃料供给本市公共交通系统，沼渣和沼液生产有机肥反哺当地生态农业。

CO_2、CH_4 和 N_2O 是最重要的 3 种温室气体，对温室效应的贡献率分别为 56%、15% 和 5%，虽 CH_4 和 N_2O 对温室效应的贡献比例较小，但其增温潜势巨大，分别是 CO_2 增温潜势的 21 倍和 296 倍。沼气工程对温室气体减排主要表现在：

① 沼气作为清洁能源替代柴油、煤炭、薪柴和秸秆等传统燃料所减少的 CO_2、CH_4、N_2O 排放；

② 禽畜粪便和有机废液经过厌氧发酵处理所减少的直接向空气中排放的 CH_4；

③ 农作物秸秆若不作为沼气工厂原料作为生物质燃料被燃烧时所排放的 CO_2。

采用《2006 年 IPCC 国家温室气体清单指南》中移动源燃烧温室气体排放的核算方法对沼气替代其他燃料的温室气体排放量进行估算，方法如下：

$$C_{ER} = (C_{ER,CO_2} + C_{ER,CH_4} + C_{ER,N_2O})\varepsilon_j \qquad (7\text{-}8)$$
$$= \sum_j (P_i \times EF_{ij} - P_b \times EF_{b,j})\varepsilon_j$$

式中　C_{ER}——车用沼气作为替代传统燃料产生的温室气体减排量，以 CO_2 当量计，kg/a；

C_{ER,CO_2}——车用沼气作为替代传统燃料产生的 CO_2 减排量，kg/a；

C_{ER,CH_4}——车用沼气作为替代传统燃料产生的 CH_4 减排量，kg/a；

C_{ER,N_2O}——车用沼气作为替代传统燃料产生的 N_2O 减排量，kg/a；

P_i——被车用沼气替代的柴油数量，kg/a；

$EF_{i,j}$——被替代柴油燃烧的 j 类温室气体（如 CO_2、CH_4、N_2O 等）排放因

子，$10^{-3}\,\mathrm{kg/kg}$；

　　P_{b}——车用沼气数量，$\mathrm{m^3/a}$；

　　$\mathrm{EF}_{\mathrm{b},j}$——沼气燃烧的 j 类温室气体排放因子，$10^{-3}\,\mathrm{kg/m^3}$；

　　ε_j——j 类温室气体相对于 CO_2 的全球变暖趋势。

　　生产的车用沼气作为可再生清洁能源替代柴汽油作为车用燃料，可供给公交车和出租车（标态）约 1080 万米^3/年的清洁燃料，可替代汽柴油约 8600t/a，在一定程度上，填补了车用天然气的供应缺口，缓解主城区天然气供气紧张局面。车用沼气代替柴油传统燃料使用每年可以减少温室气体的排放量为 $1.55\times10^4\,\mathrm{t}$（以 CO_2 计）。

　　柴油和天然气主要参数对比如表 7-7 所列。

表 7-7　柴油和天然气主要参数对比

排放源	热值/(MJ/kg)	密度/(kg/m³)	温室气体排放因子[1] [柴油/(10^{-3}kg/kg)；天然气/(10^{-3}kg/m³)]		
			CO_2	CH_4	N_2O
柴油	46.040	0.830~0.855	3411.564	0.180	0.180
天然气[2]	35.400	0.637	1264.051	2.073	0.068

　　[1] 温室气体排放因子数据根据 IPCC 全球温室气体清单指南中缺省温室气体排放因子数据进行单位转换而得。

　　[2] 天然气热值和密度数据来源于广东省质量监督燃气产品检验站对车用沼气出具的检验报告。

　　禽畜粪便管理下 CH_4 的排放量采用《IPCC 国家温室气体清单优良做法指南和不确定性管理》中推荐的计算方法，计算公式如下：

$$\mathrm{BE}_{\mathrm{m,CH_4}}=\sum_{I}(\mathrm{EF}_I\times N_I\times\varepsilon_{\mathrm{CH_4}}) \tag{7-9}$$

式中　$\mathrm{BE}_{\mathrm{m,CH_4}}$——粪便管理过程中的 CH_4 排放量（以 CO_2 计），kg/a；

　　　EF_I——I 种禽畜粪便管理中每头牲畜 CH_4 排放因子，kg/a；

　　　N_I——I 种禽畜数量；

　　　$\varepsilon_{\mathrm{CH_4}}$——$CH_4$ 相对于 CO_2 的全球变暖趋势。

　　工程每日处理禽畜粪便约 120t，其中：猪粪 100t/d，按照每头猪一昼夜的排粪量约为 4kg，可推算出工程年处理的猪粪来自 2.5 万头猪；牛粪 20t/d，按照每头牛一昼夜的排粪量约为 20kg，可推算出工程年处理的牛粪来自 1000 头牛；可计算出每年减少的禽畜粪便管理 CH_4 排放量为 $2.16\times10^3\,\mathrm{t}$（以 CO_2 计）。

　　农作物秸秆作燃烧时 CO_2 排放量的估算公式如下：

$$C_{\mathrm{BM,CO_2}}=\mathrm{BM}C_{\mathrm{cont}}O_{\mathrm{frac}}\times44/12 \tag{7-10}$$

式中　$C_{\mathrm{BM,CO_2}}$——农作物秸秆燃烧的 CO_2 排放量，kg/a；

　　　BM——农作物秸秆燃料的消耗量，kg；

　　　C_{cont}——农作物秸秆燃料的含碳量，为 40%；

　　　O_{frac}——农作物秸秆燃料的氧化率，为 85%。

　　项目日处理农作物秸秆类废弃物约 80t，可计算出每年减少的农作物秸秆被燃烧

CO_2 的排放量为 $3.59 \times 10^4 t$。

通过计算，该车用生物燃气工程每年可减少温室气体的排放量为 53560t CO_2 当量。

7.5.2 生物燃气生态效应分析

7.5.2.1 沼肥的土壤改良效应

长期不合理的化肥施用，会导致土壤板结、酸化、肥力下降且污染严重。我国的耕地只占世界的 7%，化肥使用量却超过了世界总量的 40%。这直接导致了中国高达 90% 的农田土壤均发生不同程度的土壤酸化。所使用的氮肥在转化过程中形成的阴离子硝酸盐，在水的浸染下，携带着碱性的阳离子，如钙、镁离子离开土壤系统，从而使土壤酸度增加。

随着人们生态意识的增加，对于环境的保护也日益注重，开发新型绿色肥料实现生态农业也势在必行。沼液含有丰富的速效养分，养分利用率高，且其中的维生素、氨基酸及抗生素类物质对动植物生长发育都有促进作用。沼液以浇灌的形式消解，能有效提高土壤有机质及速效氮、磷、钾的含量，提高土壤中细菌、真菌、放线菌等微生物的种群数量，在施用与化肥等氮量沼液的情况下效果尤为明显。施用沼液提高了土壤中微生物的优势度、丰富度和均一度，增加土壤微生物的多样性；与使用化肥相比，施用等氮量的沼液可降低对浅层地下水铵态氮和硝态氮的污染。

7.5.2.2 减少森林破坏率

当地农民在使用沼气作为能源后，减少了对薪柴的需求，从而减少对森林的砍伐。森林是生态环境中重要的组成元素，被誉为地球之肺。保护森林产生的效益是多方面的，包括涵养水源、水土保持、抑制风沙、改善小气候、吸收二氧化碳、净化大气、减轻水旱灾、消除噪声、游憩资源、野生动物保护等。

7.6 生物燃气工程案例

7.6.1 热电联产生物燃气工程

热电联产是目前生物燃气利用的主要方式[12-15]，如德国约有 3000 余处生物燃气工程都是发电上网模式，其中 80% 为热电联产工程，发电余热主要用于发酵罐加热。我国也有如民和牧业养殖场发电工程、德青源热电联供工程和永登县万荣生猪养殖场热电联产工程等典型示范工程。下面介绍民和牧业养殖场发电工程和德青源热电联供工程的概况，该工程体现了集"畜禽养殖—食品加工—清洁能源—有机肥料—有机种植—订单农业"于一体的循环经济产业模式。

7.6.1.1 民和牧业养殖场发电工程

基于规模化养鸡场废弃物厌氧发酵工程的热电联产沼气工程采用的工艺流程如图 7-4 所示。

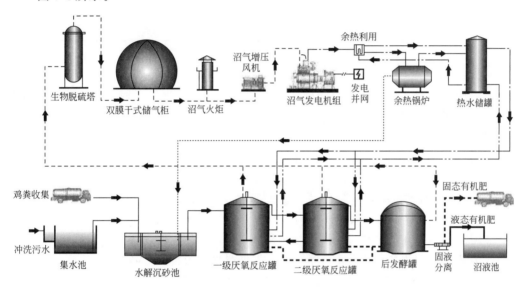

图例： 物料 —— 沼气 ---- 沼液 —— 沼渣 ▪▪▪▪ 热水 —— 冷水 —— 蒸汽 ▪▪▪▪ 电 ╱

图 7-4 规模化养鸡场热电联产沼气工程工艺流程

民和牧业养殖场发电工程以鸡粪和污水为原料，项目于 2008 年 11 月建成，于 2009 年 2 月并网发电。目前，民和牧业养殖场发电工程每年可处理鸡粪约 18 万吨，污水约 12 万吨，生产沼气 1095 万立方米，年可发电 2190 万千瓦时，发电机组产生的余热用于冬季厌氧罐的增温，保证 38℃中温发酵，并可产生 20 多万吨固态和液态有机肥，可用于周边著名的烟台苹果和张裕葡萄的种植基地，既减少了化肥的使用量，又实现了资源的循环利用和污染物的零排放。目前，该公司所发的电全部在网上销售，每千瓦时电按 0.65 元计算，年收入可达 1400 多万元。该项目是国内首个在联合国完成清洁发展机制（clean development mechanism，CDM）碳交易的农业领域沼气项目。民和牧业养殖场发电工程工艺参数、成本及收益见表 7-8。

表 7-8 民和牧业养殖场发电工程工艺参数、成本及收益

	日进料量	500t 鸡粪	产气量	32000m³/d
工艺参数		500t 污水	年发电量	65000kW·h/d
	罐体容积	3200m³×8	储气柜容积	2150m³
	发电装机	1063kW×2		

投资成本	投资成本/万元			
	土建投资		900	
	工艺设施与设备		3900	
	发电机组及上网设备		1500	
	其他投资		700	
收益	其他收益/(万元/年)		直接收入/(万元/年)	
	CDM	617	发电	1430[0.65元/(kW·h)]
			肥料	720

7.6.1.2 德青源热电联供工程概况

德青源热电联供工程以养殖场鸡粪和蛋品加工废水等为原料。养殖场通过全自动机械清粪系统实现鸡粪日产日清,清出的鸡粪通过纵贯全场的地下密闭中央清粪带直接输送到沼气工程,日产鸡粪量约为212t。此外,在蛋品加工时会产生约318t废水,还有雨水和回用的部分沼液。

生物燃气工程是该循环经济体系的核心。主要包括4座3000m³主发酵罐,1座5000m³二级发酵罐,安装有沼气发电机组,实现了热电的联供,其主要工艺参数见表7-9。该工程生物燃气年产量为700万立方米,可发电1400万千瓦时,可回收相当于标煤4500t的余热。发酵剩余物沼液17万吨/年,作为有机液态肥料用于周边约2万亩果树、蔬菜和2万亩玉米种植,发展绿色无公害农产品。

德青源热电联供工程工艺参数、成本及收益如表7-9所列。

表7-9 德青源热电联供工程工艺参数、成本及收益

工艺参数	进料浓度	10%～12%	年产气量	700万立方米
	日进料量	636t	年发电量	1400万千瓦时
	罐体容积	3000m³×4	储气柜容积	2150m³
	发电装机	1063kW×2		
投资及运行成本	投资成本/万元		运行成本/(万元/年)	
	发酵工程	3000	燃料动力	378
	发电工程	3500	折旧费用	300(15年摊销,残值率25%)
			维修费用	150(折旧费50%)
			工资福利	60[12人,5万元/(人·年)]
			税收	138(收入的17%)
			原料费用	368.9(212吨/天,365天,50元/吨)
收益	其他收益/万元		直接收入/万元	
	CDM	700 (约8.4万吨/年)	发电	833[0.595元/(kW·h)]
			售气	73,目前为无偿提供给农户
			肥料	18,目前无偿提供给附近农户

7.6.2　纯化供气生物燃气工程

气体中甲烷含量经提纯和净化后可提升至 97%～99%，与常规化石天然气无异，属于一种高品位能源，国际上称作"生物天然气"（bio-natural gas）或"生物甲烷"（bio-methane），是一种可再生的绿色能源。在瑞典、德国、瑞士等欧洲国家的生物天然气产业已日趋成熟。如瑞典在 1996 年就开始将生物天然气作为车用燃料使用，并制定了相关标准，并计划到 2020 年生物天然气将替代 50% 天然气，到 2060 年生物天然气将完全替代天然气。我国生物天然气工程刚刚起步，暂未形成完善的产业体系、技术支撑体系以及政策体系，产业处于发展起步初级阶段，截至 2018 年年底，已建成并实现商业化运营项目不多，年产生物天然气量约 5760 万立方米[16-19]。

7.6.2.1　德青源农业沼气纯化制备压缩天然气（CNG）工程

德青源农业沼气纯化制备压缩天然气（CNG）工程以秸秆、沼液、餐厨、果蔬垃圾等混合发酵生产沼气，经纯化、压缩，以 CNG 运输车为万户农户供气，成为"延庆万户绿色燃气供气工程"。

德青源农业沼气纯化制备压缩天然气（CNG）工程的工艺流程如图 7-5 所示。其工艺参数、成本及收益见表 7-10。

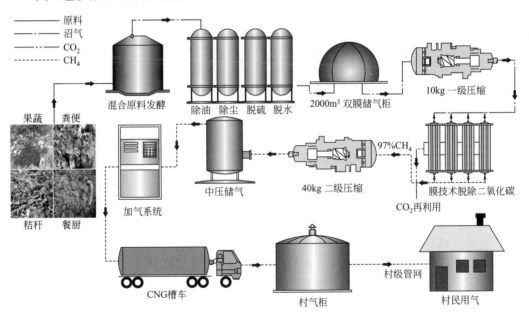

图 7-5　德青源沼气纯化万户供气工程工艺流程

德青源农业沼气纯化制备压缩天然气（CNG）工程所采用的技术有如下特点：

① 使用两级膜提纯，建设成本比水洗等降低 70%；

② 以解决山区半山区农民清洁能源供应为出发点，开发全新的"沼气生产—纯化压缩—CNG 送气—村气柜储存—管道到户"的供气模式；

表 7-10 德青源农业沼气纯化制备压缩天然气（CNG）工程工艺参数、成本及收益

工艺参数	原料	秸秆等	罐体容积	$2000m^3×2+500m^3×2$
	日进料量	45t	储气柜容积	$2000m^3$
	年产气量	460万立方米	年产纯化气量	276万立方米
	甲烷得率	≥99%	提纯模式	膜提纯
			纯化后甲烷含量	≥97%
投资及运行成本	投资成本/万元		运行成本/（万元/年）	
	发酵工程	4783.3	原辅材料及燃料动力费	16.43
	到户安装工程	7611.7	制气工段燃料动力费	33.75
	工程建设	1411	纯化压缩工段燃料动力费	112.5
	纯化部分	500	人员费用及工资等	260.4
			折旧费	586.6
			其他费用	122.32
收益	直接收入/万元			
	秸秆换气		98.55	
	售气		188.36	
	肥料		219	

③ 以沼液和秸秆混合发酵，无需额外成本来调节 C/N，并充分利用秸秆中活的微生物加快秸秆发酵；

④ 多种有机原材料混合发酵。

7.6.2.2 高台县方正节能公司规模化生物天然气项目工程

该工程以畜禽粪污和干玉米秸秆为原料，其中畜禽粪污通过和当地规模化肥牛、猪、羊养殖场签署代消纳处理协议获得，而干玉米秸秆采用农牧合作社代购与专业收割公司自行收集结合方式。

该项目工艺主要包括畜禽粪污接收、干秸秆预处理、厌氧发酵、肥料生产、沼气储气/天然气储气、沼气提纯和 BNG 加气等关键工艺环节。其中干秸秆采用皮带＋螺旋机械输送，畜禽粪污采用除砂后直接泵送；厌氧发酵为高浓度联合消化；沼渣沼液固液分离后，沼渣进入肥料生产线生产有机肥料，沼液部分回流进入秸秆预处理环节，多余沼液管输至 20km 外的现代农业示范园。

该工艺中涉及的关键设备和参数见表 7-11。

本项目通过粪污治理费＋气＋肥并举的综合盈利模式，提升项目收益。根据近年来粪污治理费到厂 20 元/t（按 4%TS）、车用气体（自有加气站）3.5～4.0 元/m³ 和固态有机肥销售价 1000～1500 元/t 的销售情况，年产值达到 3300 万元。考虑原料、电耗、人工和折旧等成本后，年运行综合平均成本：车用气体 2.5～3.0 元/m³ 和固态有机肥 600～800 元/t。通过粪污治理费和车用气体产品维持项目的运行成本，盈利部分则完全依赖肥料产品的深挖掘。

表 7-11　工艺中涉及的关键设备和参数

关键工艺环节	设备名称	参数	其他
秸秆粉碎、预处理与进料	粉碎与预处理设备	粉碎处理量 8t/h，出料粒径 10mm 左右	含粗切碎机、细粉碎机和预处理混料机等
	进料设备	进料能力 75t/h	含螺旋加料机、斜皮带机和螺旋机等
联合厌氧发酵	厌氧发酵罐	容积 7500m³	水力停留时间 HRT：秸秆 40d，粪便 20d
	搅拌设备	采用立、侧组合式	立、侧间断运行，2～5min/h
肥料生产	肥料生产线	年产 5 万吨	包括条垛翻抛机、配料机、造粒机等
储气与提纯	储气设备	干式双膜气柜	公称容积 4000m³
	沼气提纯设备	压力水洗提纯技术	处理量 1250m³/h

参考文献

[1]　李颖，孙永明，李东，等.中外沼气产业政策浅析［J］.新能源进展，2014，2（6）：413-422.

[2]　王飞，蔡亚庆，仇焕广.中国沼气发展的现状、驱动及制约因素分析［J］.农业工程学报，2012，28（1）：184-189.

[3]　邓良伟，陈子爱，龚建军.中德沼气工程比较［J］.可再生能源，2008，26（1）：110-114.

[4]　刘晓风，李东，孙永明.我国生物燃气高效制备技术进展［J］.新能源进展，2013，1（1）：38-44.

[5]　李海滨，袁振宏，马晓茜.现代生物质能利用技术［M］.北京：化学工业出版社，2012.

[6]　贾敬敦，马龙隆，蒋丹平，等.生物质能源产业科技创新发展战略［M］.北京：化学工业出版社，2014.

[7]　汪海波，辛贤.中国农村沼气消费及影响因素［J］.中国农村经济，2007（11）：60-65.

[8]　方淑荣.我国农村沼气产业化发展的制约因素及对策［J］.农机化研究，2010（2）：216-219.

[9]　刘叶志.农村户用沼气综合利用的经济效益评价［J］.中国农学通报，2009，25（1）：264-267.

[10]　张亚鹏，刘青荣，吴家正等.养殖场热电联产沼气综合利用模式研究［J］.中国沼气，2014，32（3）：69-71.

[11]　宋静，邱坤.基于 NPV 法的秸秆沼气集中供气工程经济效益分析［J］.中国沼气，2016，34（6）：77-79.

[12] 潘文智. 大型养殖场沼气工程——以北京德青源沼气工程为例 [J]. 中国工程科学, 2011, 13（2）: 40-43.

[13] 倪欢. 农村废弃物零排放与生物燃气开发的循环经济实例分析 [J]. 世界环境, 2014, 2: 24-27.

[14] 李倩, 蓝天, 寿亦丰, 等. 热电肥联产大型鸡场废弃物沼气工程技术 [J]. 中国工程科学, 2011, 13（2）: 35-39.

[15] 周强. 浅析大型养殖场沼气发电——以山东民和养殖场沼气发电工程为例 [J]. 中国沼气, 2009, 28（1）: 34-36.

[16] 张小燕. 大型沼气热电联产工程综合利用效益分析 [J]. 甘肃农业, 2019, 11: 101-103.

[17] 邱灶杨, 张超, 陈海平, 等. 现阶段我国生物天然气产业发展现状及建议 [J]. 中国沼气, 2019, 37（6）: 50-54.

[18] 白红春, 孙清, 葛慧, 等. 我国生物天然气产业发展现状 [J]. 中国沼气, 2017, 35（6）: 33-36.

[19] 张良, 方翔, 王建荣, 等. 甘肃省高台县国家试点规模化生物天然气项目技术方案与实施 [J]. 环境工程学报, 2020, 14（7）: 1-9.

索　引

233